中国科学院科学出版基金资助出版

现代化学专著系列·典藏版 32

天然产物合成化学

——科学和艺术的探索

吴毓林 姚祝军 著

科学出版社

北 京

内 容 简 介

天然产物合成化学集中体现了现代有机合成的科学成就和艺术创造。本书取材于作者所在课题组20年来在国内外优秀期刊上先后发表的140多篇论文,系统介绍了课题组在六类具有重要生理活性,且为世界各国有机合成化学家所感兴趣的天然产物分子合成中所取得的进展。全书共分7章,第1章为引言,以下各章则分章对六类天然产物在选题、合成设计思想、具体合成策略、合成方法学的发展以及合成中问题的解决思路和经验等方面进行系统阐述。

本书可供有机合成专业的教师、研究生以及从事有机合成及药物合成的科研工作者及产品开发人员阅读、参考。

图书在版编目(CIP)数据

现代化学专著系列:典藏版/江明,李静海,沈家骢,等编著. —北京:科学出版社,2017.1

ISBN 978-7-03-051504-9

Ⅰ.①现… Ⅱ.①江… ②李… ③沈… Ⅲ. ①化学 Ⅳ.①O6

中国版本图书馆CIP数据核字(2017)第013428号

责任编辑:周巧龙 吴伶伶 王国华 / 责任校对:桂伟利

责任印制:张 伟 / 封面设计:铭轩堂

科学出版社 出版

北京东黄城根北街16号

邮政编码:100717

http://www.sciencep.com

北京厚诚则铭印刷科技有限公司印刷

科学出版社发行 各地新华书店经销

*

2017年1月第 一 版 开本:720×1000 B5

2017年1月第一次印刷 印张:14

字数:257 000

定价:7980.00元(全45册)

序　一

天然产物化学是有机化学的一个重要分支。天然产物化学又是发现新药的重要源泉,当今临床应用药物的三分之一是由天然产物或以天然产物为先导化合而来的。吴毓林教授和他的研究组长期耕耘在天然产物合成研究的领域。我和他相知数十年,深知他在天然产物合成领域中高深的造诣、渊博的知识和显著的成绩。现在他和姚祝军教授一起把他们在该领域中的领悟、体会汇聚成书,我认为这样的切身经验之谈,结合具体实例的讨论,会给读者更多的帮助、借鉴和参考。

吴毓林教授的天然产物合成研究工作的特点是:

(1) 在选题上特别重视目标化合物的生理活性,这是他选择天然产物进行合成研究的一贯指导思想。从早期的白三烯到近期的唾液酸类的合成,都体现了他的这种思想。

(2) 在天然产物全合成的研究中,不仅重视实现目标化合物的全合成,而且在合成工作的基础上进行了天然产物类似物(natural product like)的合成工作。番荔枝内酯的合成就是一个例子,他们找到了结构大为简化、可明显抑制肿瘤活性且选择性极高的类似物。又如,他们在青蒿素类似物、衍生物的合成基础上提出了抗疟机理。

(3) 利用廉价的糖作手性源(chiron)。有些糖的价格不高,甚至低于一般溶剂。巧妙地利用糖的多个手性中心,往往起到事半功倍的效果。

(4) 在讲课、讲学中他始终贯彻合成策略中的一些重要概念,如反合成分析、对称性的利用、关键键的切断等。这对国内化学界的影响很大。

因此,我认为这是一本很有特色的天然产物合成研究的专著。我祝贺该书的出版并向读者热忱推荐。

2006. 6. 1

序　二

天然产物全合成是长期以来人类向自然学习的一个内容。通过几个世纪的努力,人类不但合成了天然产物,还在天然产物的启发下,创造了无数新物质。从早期靛蓝的合成开始,遍及染料、材料和医药等各个领域,使人类能够战胜病魔,生活得以不断改善。这一切成就都起源并应该归功于天然产物的全合成。

从20世纪80年代起,天然产物全合成进入了一个新的发展时期,反合成分析、反应的选择性、不对称合成等科学的合成设计思想渗入到天然产物的合成中,使天然产物的全合成发展到一个新的阶段。1990年Nobel化学奖得主Corey在他的得奖演讲中说:“这些年来在我们实验室所完成的多步化学合成之所以成功,要归功于方法学的创造”。在这段时间,他们实验室大概创建了50多种新方法。这正是新一代天然产物全合成的特点。

也许是机遇、巧合,吴毓林的课题组的成长和发展,正处于这样一个发展潮流中。吴毓林研究员及其助手们撰写的《天然产物合成化学——科学和艺术的探索》一书取材于作者20多年来在天然产物合成方面的工作积累,介绍了六类天然产物分子合成中的构思、策略和经验,对合成中问题的解决思路和经验进行了系统的阐述。这是一本在国内不多见的著述,尤其所述内容都是作者自己的工作,更为少见。

该书不是一般的教科书,但书中所述往往涉及某个细节及解决问题的方法,这正是一般教科书所没有的。所以该书可以和作者的另一本著作《现代有机合成化学》互补。

时代在前进,机遇在不断出现,重要的是我们要掌握好科学的规律。只要我们能掌握好天然产物全合成和有机合成方法学这两门学科的规律,就一定会把我国的合成化学推进到一个新的阶段。是为序。

2006年5月21日

目　录

第1章 引 言

天然产物全合成是一门基于有机化学和相关学科发展成就之上的综合学科，天然产物全合成的成功是科学和艺术交融的产物，每项天然产物分子的全合成研究都是一次科学高峰的攀登。1965 年 Nobel 化学奖获得者 R. B. Woodward 和 1990 年 Nobel 化学奖获得者 E. J. Corey 正是这一科学高峰攀登者中的杰出代表，他们的合成工作是全合成发展史中的里程碑。

从 20 世纪 80 年代起，天然产物全合成进入了一个新的发展时期。反合成分析、关键键的选择等科学的合成设计思想溶入到天然产物合成的艺术创造，天然产物召唤高效新合成方法的发现，而巧妙的新反应则也依赖天然产物合成为其提供展现才华的舞台。选择性反应，尤其是提供手性纯产物的不对称反应，因而有了空前的进步，这一推动有机化学前进的潮流一直延续至今。进入 20 世纪 90 年代后，天然产物合成与生物活性研究的结合又日益突显。巧妙的合成也从天然产物本身扩展到了天然产物的衍生物以至类似物。用合成的产物来进一步研究它们与其他生物分子、生物大分子的相互作用，从而再探索生命过程的分子基础，这在某种程度上反映了当前化学生物学成长发展的轨迹。近年天然产物的合成又与建立分子库、发展分子多样性联系起来，这也是这一发展轨迹的延续。

也许是一个机遇、一个巧合，我们课题组在 20 世纪 80 年代也正置身于这样一个发展的潮流中。我们开始从事花生四烯酸脂氧化酶代谢产物的合成，这类手性不饱和脂链化合物的合成是当时对合成化学一项新的挑战。我们的策略是避免使用昂贵的试剂和原料，设计自己的合成路线，应用我们自己发展的反应。经过几年的集体努力，我们确实发展了一系列简捷、高效的合成路线。在这一过程中，另一个令人高兴的收获是我们熟悉和发展了以糖作为手性源在不对称合成中的应用。基于这一知识积累，我们在 20 世纪 90 年代较早地进入了天然产物番荔枝内酯合成的领域，发展了神秘天然化合物鞘氨醇类化合物新的合成方法。与此同时，开展了具有生物活性的天然倍半萜和二萜的合成。我们尤其注重我们自己和我国科学家鉴定的天然产物，发展高效的合成途径，开展结构-活性关系的研究，进一步探索它们的作用机理。茼蒿素类化合物的合成是受到天然产物分离时出现的现象启发而发展起来的，从合成消旋体到合成光学活性体，从天然产物目标分子导向的合成到分子多样性导向的合成。

基于上述背景，本书第 2～7 章将系统总结我们课题组近 20 年来六大类、数十个天然产物分子以及它们的类似物的合成工作。如实介绍选题之初的科学考虑、合成设计中的逻辑思维和实践计划过程时的合成技巧和艺术。既表述我们的创新和特色,也不讳言在实施中出现的失策和错误,以此总结我们研究工作中的经验和教训。与此同时,也介绍有关的国际背景和同行们的贡献。希望这本书对从事有机合成、药物和精细化工合成的研究人员和实际工作者以及正在进入这一领域的年青同行们有参考和借鉴作用。

第 2 章 糖为手性源的花生四烯酸脂氧化酶代谢物等脂链化合物的合成

花生四烯酸(**1**, arachidonic acid)是哺乳动物必需的脂肪酸,主要是作为 2-位的脂肪酸而存在于细胞膜上的磷脂酸类的磷脂中。磷脂酸类磷脂通过磷脂酶(phospholipase, PL)代谢可得到一系列十分重要的信息分子[1],其中磷脂酶 A_2(PLA_2)在激活后专一水解磷脂的 2-位酰基,因此,成为体内产生游离花生四烯酸的主要途径。由此生成的花生四烯酸进一步在环氧化酶(cyclooxygenase, Cox)等作用下可生成一系列的前列腺素(PG)、凝血氧烷(TX)和前列环素(PGI)等活性化合物;但也可以在脂氧化酶(lipoxygenase)等作用下生成白三烯(LT)、脂氧三醇(LX)等脂链化合物。这两类花生四烯酸氧化酶代谢物有时总称为廿碳酸类化合

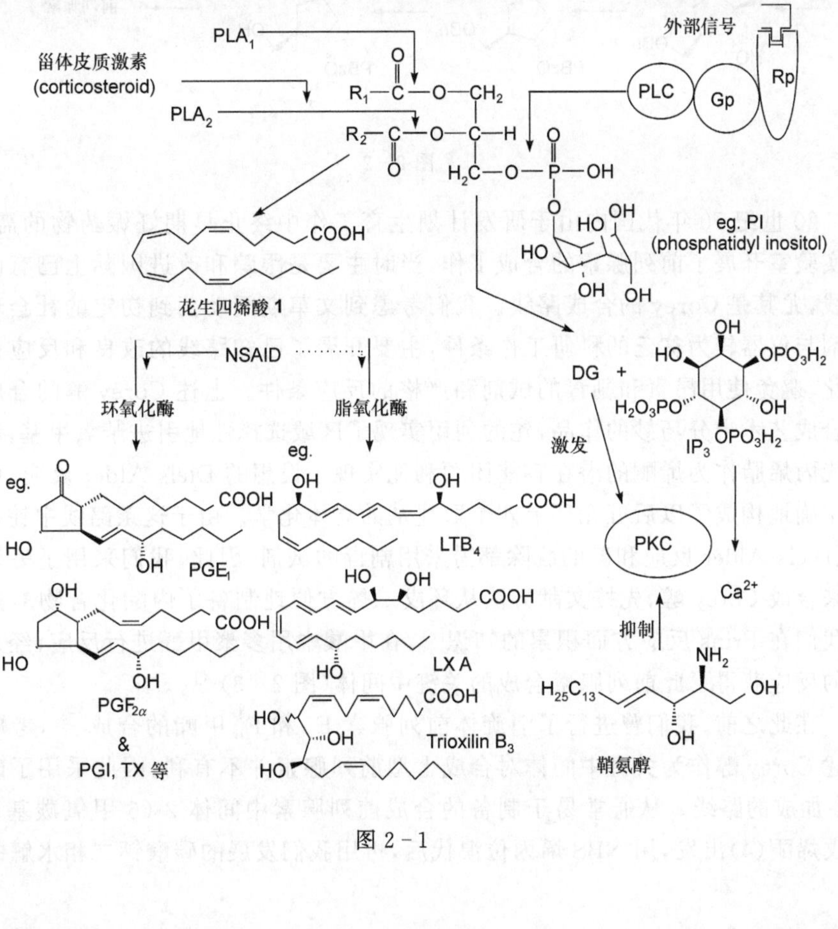

图 2-1

物(eicosanoid)。图 2-1 大致显示了磷脂代谢的几条途径,图中也标出通常所用的甾体抗炎药(corticosteroid)和非甾体抗炎药(NSAID)的作用位点。

20 世纪 60~70 年代 Bergström、Vane 和 Samuelsson 等从花生四烯酸的环氧化酶代谢产物中分离到了纯品,确定其结构,发现它们在炎症、生育、血小板凝集等生理过程中起着十分重要的作用,因而 Bergström 等三人分享了 1982 年的 Nobel 医学奖,由此在有机合成化学界掀起了一股环氧化酶代谢产物前列腺素的合成高潮。期间 Harvard 大学的 Corey 小组做了大量系统的研究工作,发展出了最为成功的合成路线,尤其是他们合成中的关键中间体已被认为是前列腺素和其类似物合成中最有用的万能中间体,被称为 Corey 醇(**2**, 图 2-2)[2]。

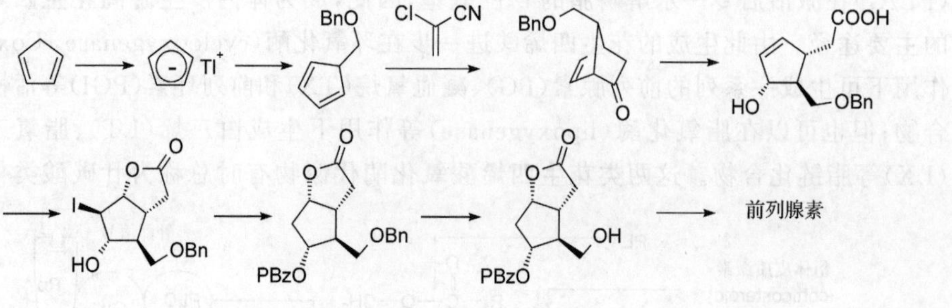

BnO Cl CN BnO COOH Ti⁺ HO OBn O I HO OBn PBzO OBn PBzO OH 2 前列腺素

图 2-2

20 世纪 70 年代国内由于研发计划生育工作中终止早期妊娠药物的需要,多个实验室开展了前列腺素的合成工作,当时主要是跟踪和改进国际上已有的合成路线,尤其是 Corey 的合成路线。我们考虑到文革期间动荡到初定的社会环境和试剂与仪器较为贫乏的科研工作条件,主要开展了已知路线的改良和反应条件的优化,避免使用昂贵和剧毒的试剂和严格的反应条件。上述 Corey 醇的合成路线是合成艺术十分巧妙的作品,铊的利用实现了区域选择性地引进苄氧甲基,利用 α-氯代丙烯腈作为烯酮的潜在官能团顺利地实现了设想的 Diels-Alder 反应,而此反应正确地构成了以后五元环上四个取代基的立体化学。由于这条路线中铊盐的生成、Diels-Alder 反应和碘的脱除都需采用剧毒的试剂,因此,我们采用了另外的路线来合成 Corey 醇,先按文献方法从环戊二烯方便地制备了内酯化合物**3**,然后依据我们在 Prins 反应方面积累的知识[3],在甲酸中用多聚甲醛进行反应,经几步普通的反应获得了此前列腺素合成的关键中间体(图 2-3)[4]。

在此之前,我们曾进行了消旋体前列腺素 E_1 和 $F_{1\alpha}$ 甲酯的合成[5],考虑到用上述 Corey 醇作为关键中间体对合成Ⅰ型前列腺素并不有利,因此采用了改良的 1,4-加成的路线。从通常易于制备的合成前列腺素中间体 2-(6-甲氧羰基己基)-环戊烯酮(**4**)出发,用 NBS 烯丙位溴代后,再用我们发展的碳酸钙二相水解的方法

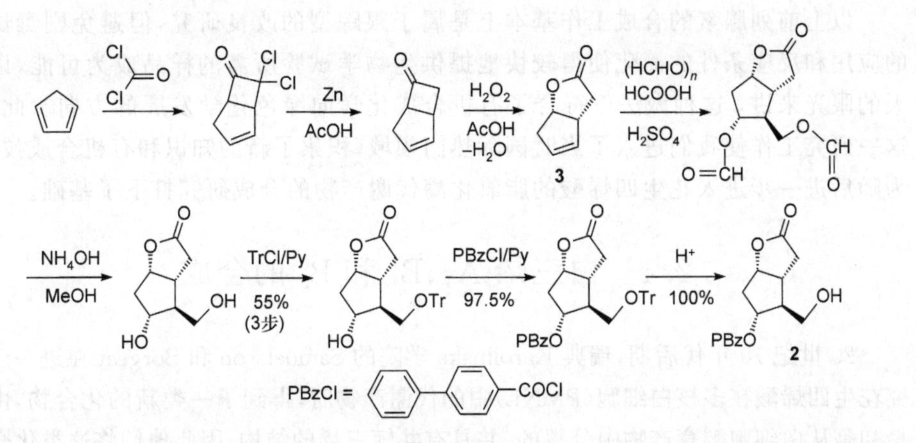

Cl Cl O

O Cl Cl

Zn AcOH

O

H_2O_2 AcOH $-H_2O$

O O

3

$(HCHO)_n$ HCOOH H_2SO_4

O O O CH O O=CH O

NH_4OH MeOH

O O HO OH

TrCl/Py 55% (3步)

O O HO OTr

PBzCl/Py 97.5%

O O PBzO OTr

H^+ 100%

O O PBzO OH

2

PBzCl = COCl

图 2-3

方便地引入了前列腺素的 11-羟基，1，4-加成则采用了较易获得的 Grignard 试剂在碘化亚铜和配体六甲基亚磷酰胺存在下进行，得到了 11，12，8-位上所需的反反相对构型，从而以切实可行的方法获得了这两个前列腺素的甲酯，在 20 世纪 70 年代提供了克级的样品，进行了几十例的临床引产试验和几百例的畜牧业试验。前列腺素 E_1 甲酯经酶水解后可得前列腺素 E_1，进一步确证了合成产物的结构(图 2-4)。

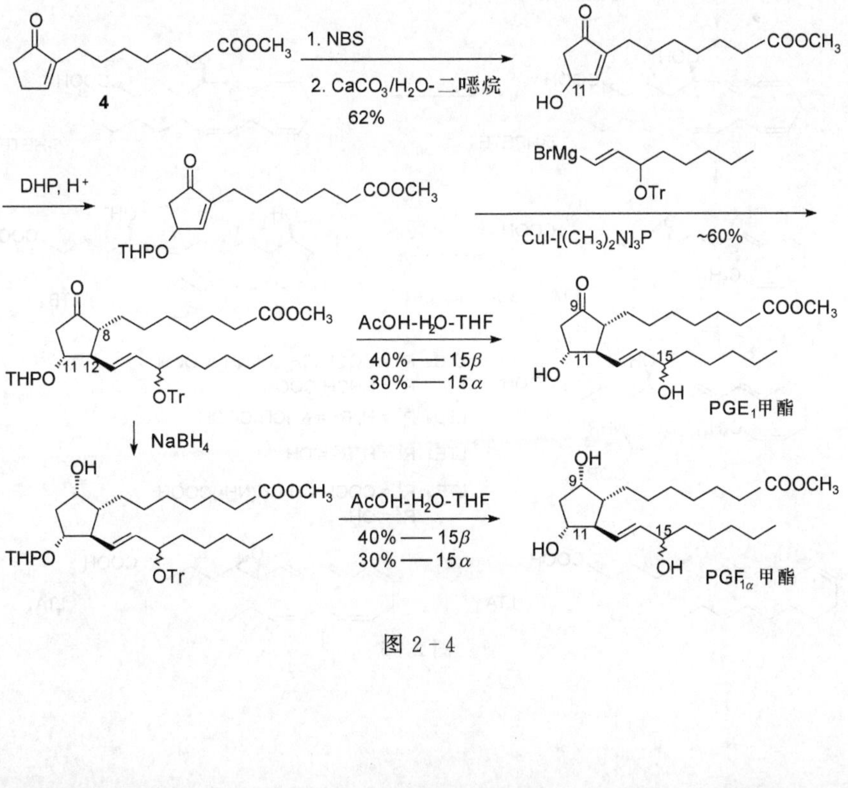

O $COOCH_3$

4

1. NBS

2. $CaCO_3/H_2O$-二噁烷

62%

O $COOCH_3$ HO 11

DHP, H^+

O $COOCH_3$ THPO

BrMg OTr

$CuI-[(CH_3)_2N]_3P$ ~60%

O $COOCH_3$ 8 THPO 11 12 OTr

AcOH-H_2O-THF

40% — 15β

30% — 15α

O 9 $COOCH_3$ HO 11 15 OH

PGE_1甲酯

$NaBH_4$

OH $COOCH_3$ THPO OTr

AcOH-H_2O-THF

40% — 15β

30% — 15α

OH 9 $COOCH_3$ HO 11 15 OH

$PGF_{1\alpha}$ 甲酯

图 2-4

以上前列腺素的合成工作基本上是属于跟踪型的改良研究，但避免剧毒试剂的应用和反应条件的简化使得较快地提供生物学试验所需的样品成为可能，以今天的眼光来讲，这种做法正符合了有机合成化学向绿色化学发展的方向。此外，这一研究工作使我们进入了当时国际热门领域，积累了新的知识和有机合成技巧，为随后进一步进入花生四烯酸的脂氧化酶代谢产物的合成研究打下了基础。

2.1 白三烯 A_4、B_4 和 B_3 的合成

20 世纪 70 年代后期，瑞典 Karolinska 学院的 Samuelsson 和 Borgeat 在进一步研究花生四烯酸在多核白细胞(PMNL)中的代谢产物时，得到了一类新的化合物，由于最初是从白细胞孵育产物中分得的，并具有共轭三烯的结构，因此他们将这类化合物总称为白三烯(leukotriene，LT)。后来的研究证明它们是花生四烯酸 5-脂氧化酶的代谢产物，图 2－5 显示白三烯中 A、B、C、D、E、F 各子类的生成过程，其中的 LTA 是其他各类生源合成的前体。由于 5，8，11-廿碳三烯酸和 5，8，11，14，17-廿碳五烯酸在 5-脂氧化酶存在下也可进行类似的代谢，因此再用分子碳链中双键的总数作为下标来进行区别，如图 2－5 中的 LTA_3 和 LTA_5。

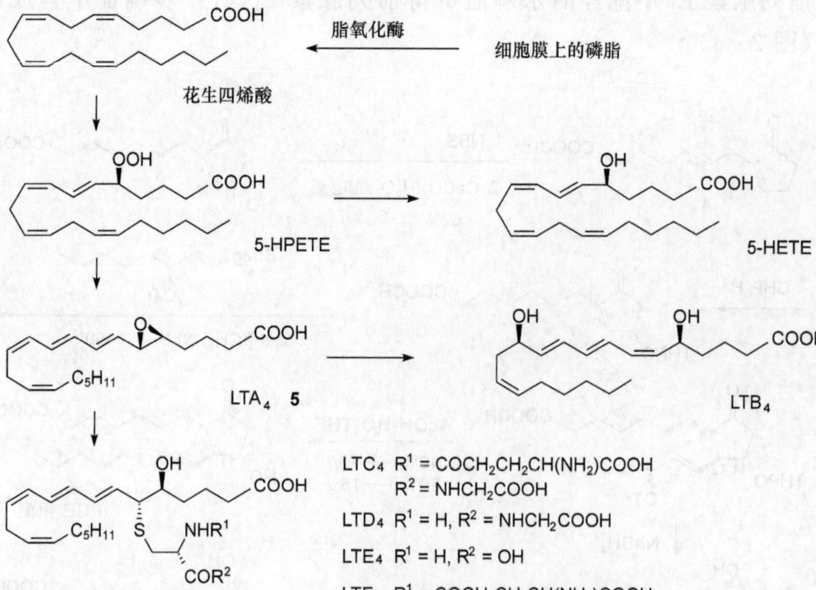

图 2－5

白三烯的分离、鉴定确定了它们中的 LTC、LTD 和 LTE 也就是早在 20 世纪 30 年代后期已报道的 SRS（slow reacting substance）或 SRS-A（slow reacting substance-anaphylaxis）中的主要组分，SRS 是一类能引起变态反应的物质，是引起支气管哮喘的重要介质，但作用较慢，在当时的条件下一直未能纯化和定出结构。进一步的研究表明 LTB_4 是引起炎症的重要介质，而且还有很强的抗病毒活性。

白三烯的高生理活性、生物体内来源的稀罕和开始时一些结构细节的不明确使得它们的化学合成成为 20 世纪 80 年代有机合成领域中的一个热点。在这样的形势下，我们在以往前列腺素合成工作的基础上，先后开展了白三烯 A_4、A_3（LTA_4、LTA_3）和白三烯 B_4（LTB_4）的合成研究。

2.1.1　白三烯 A_4 的合成

白三烯 A_4 有环氧、反，反，顺–三个共轭双键和一个孤立顺式双键，两个手性中心就在环氧基团上。20 世纪 80 年代乃至 2000 年有关 LTA_4 的反合成分析大多按照图 2 – 6 所示的方式[6~8]，其中关键的是 C_1～C_7 手性环氧片段**6** 的获得和 C_7～C_{12} 三个共轭双键的立体控制形成。

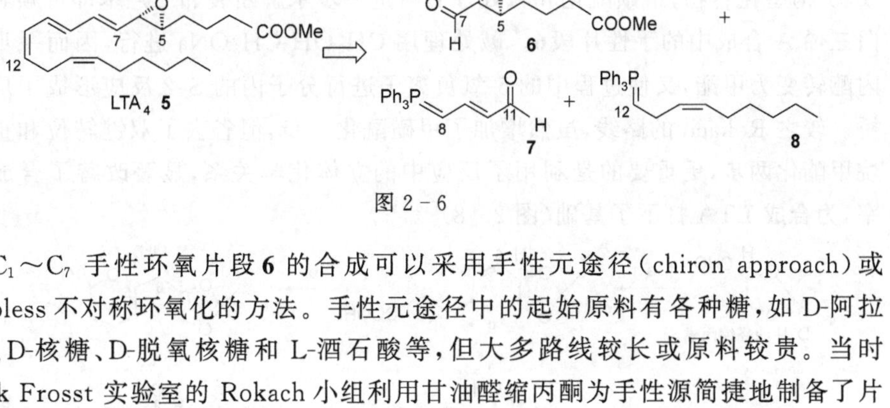

图 2 – 6

C_1～C_7 手性环氧片段**6** 的合成可以采用手性元途径（chiron approach）或 Sharpless 不对称环氧化的方法。手性元途径中的起始原料有各种糖，如 D-阿拉伯糖、D-核糖、D-脱氧核糖和 L-酒石酸等，但大多路线较长或原料较贵。当时 Merck Frosst 实验室的 Rokach 小组利用甘油醛缩丙酮为手性源简捷地制备了片段**6**，但可惜环氧化一步选择性很差，使用 L-甘油醛缩丙酮最好也仅能得到 2∶1 的选择性(图 2 – 7)[9]。

考虑到甘油醛缩丙酮较易获得，尤其是 D-型的甘油醛可由价廉的甘露醇方便地制得，因此我们也选择它作为起始的手性原料，开始试探了用碘内酯化再用碱处理形成氧桥的方法，发现此时选择性的方向和比例与直接环氧化十分类似。于是我们又改用 OsO_4-NMMO 双羟基化的方法，我们的设想是直接利用 5，6-顺式双键的中间体**9** 进行顺式双羟基化，生成的 5-位羟基与酸形成 δ-内酯，游离的 6-位羟基甲磺酰化后用碱处理可离去–转位生成所需的反式氧桥。因此，由 D-甘油醛缩丙

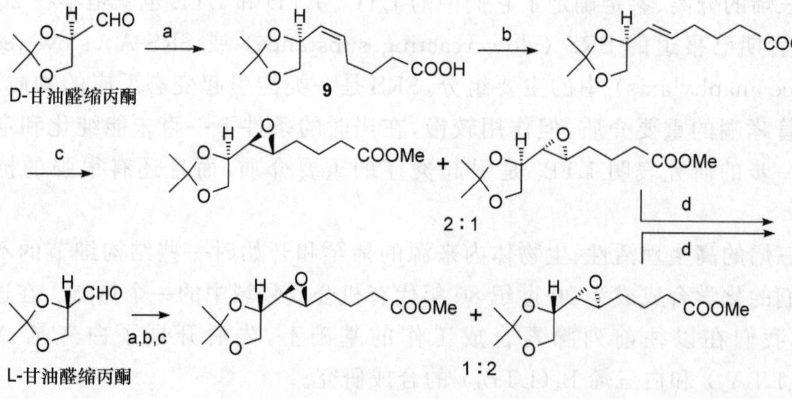

图 2-7

试剂和反应条件：a. $Br^- Ph_3P^+(CH_2)_4COOH$/ dimsyl；b. i) $h\nu$，PhSSPh，ii) CH_2N_2，70%；c. *m*-CPBA，88%；d. $NaIO_4$/HOAc-H_2O

酮出发，与当时已可大量获得的 2-型前列腺素中间体-戊酸的 ω-三苯基膦盐在 NaH-二甲基亚砜中反应即可得中间体**7**，令人高兴的是，发现进一步的双羟基化反应具有很好的非对映选择性（9∶1），而且白色晶体的主产物也正是预期的（5*S*），（6*S*）-构型化合物，甲磺酰化和碱处理后再进一步水解断裂邻二羟基即可顺利获得白三烯 A 合成中的手性片段**6**。碱处理用 CH_3OH-CH_3ONa 进行，因而一步即将内酯转变为甲酯，又使过程中的 5-氧负离子进行分子内的 S_N2 反应形成了反式氧桥。较之 Rokach 的路线，虽然增加了甲磺酰化一步，但省去了双键转位和重氮甲烷甲酯化两步，更重要的是利用了反应中的立体化学关系，显著改善了合成的效率，为合成 LTA 打下了基础（图 2-8）[10,11]。

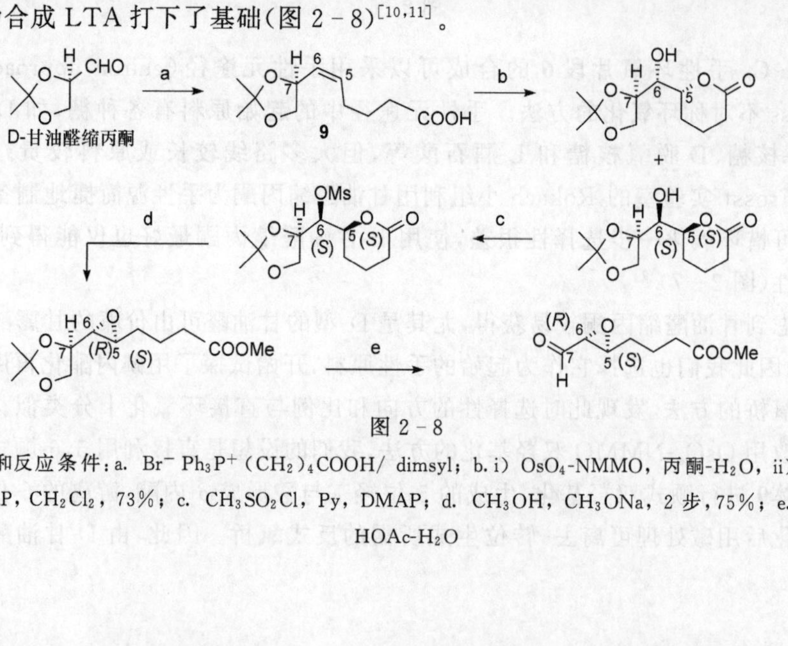

图 2-8

试剂和反应条件：a. $Br^- Ph_3P^+(CH_2)_4COOH$/ dimsyl；b. i) OsO_4-NMMO，丙酮-H_2O，ii) DCCI，DMAP，CH_2Cl_2，73%；c. CH_3SO_2Cl，Py，DMAP；d. CH_3OH，CH_3ONa，2 步，75%；e. $NaIO_4$/HOAc-H_2O

1990 年前后我们在开展白三烯 B_4 的合成时，也发展了手性片段 **6** 的新合成途径。这次我们也是利用糖作为手性源，化合物 **10** 易于从葡萄糖内酯或甘露醇制备，Wittig-Horner 反应延长两个碳原子后，与镁-甲醇反应还原-消除了 2-位的双键和 4-位的羟基，苯甲酸酯保护 5-羟基后，去缩丙酮、选择性伯羟基苯甲磺酰化，再进一步碱处理进行 Payne 重排，即得片段 **6** 的羟基前体化合物(图 2-9)[12]。在这一合成中 5-位的手性中心直接来自原料，而 6-位的手性中心则是将原料中的手性翻转而得。

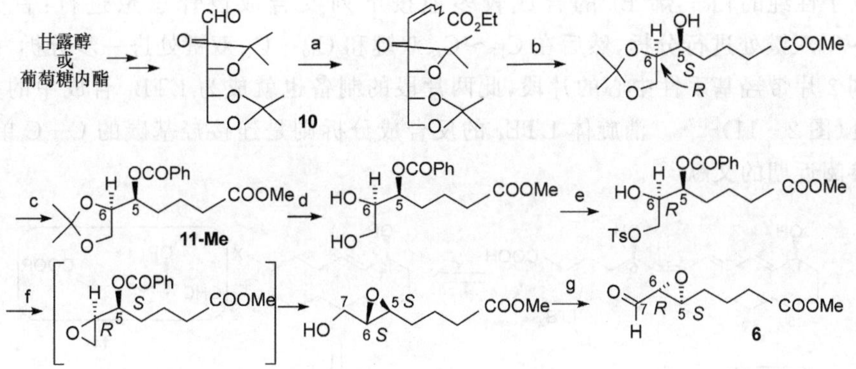

图 2-9

试剂和反应条件：a. $Ph_3P{=}CHCOOEt$，甲苯，回流，86%；b. Mg，MeOH，r. t.，79%；c. PhCOCl，DMAP，Et_3N，86%；d. HCl，MeOH，60 ℃，86%；e. 1.2 eq① TsCl，Et_3N-Py；f. K_2CO_3，MeOH，23 ℃，24 h；g. Collins 氧化

后来在进一步合成白三烯 B_4 时，又发展了上述路线中合成中间体 **11** 的新方法，这时又以 D-甘油醛缩丙酮为原料，以不对称炔丙基化反应引入 5-位手性，详情见“白三烯 B_4 合成”节。

由 C_1～C_7 手性环氧片段 **6** 进一步合成 LTA_4 通常先采用膦 Ylide 反应的方法，插入两个反式双键，然后再引入 C_{11} 顺式双键和以后的碳链，但插入两个反式

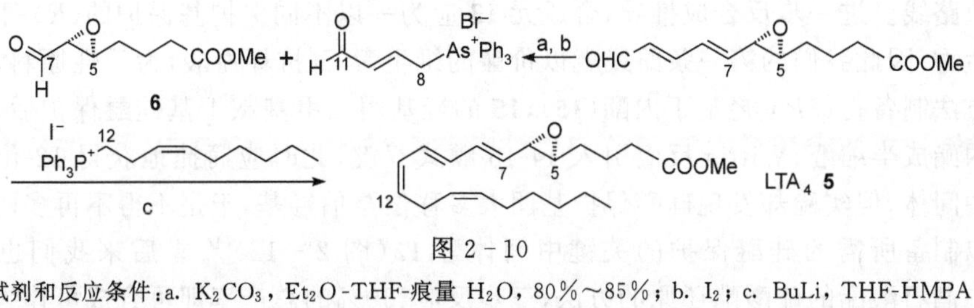

图 2-10

试剂和反应条件：a. K_2CO_3，Et_2O-THF-痕量 H_2O，80%～85%；b. I_2；c. BuLi，THF-HMPA

① eq 为当量的英文缩写，为非法定用法。

双键的产率不高。其时黄耀曾小组正发展了用胂 Ylide 的醛甲酰基-烯化反应，我们在此基础上又进一步合作发展了胂 Ylide 的醛甲酰烯基-烯化反应，并应用在合成底物 **6** 上，高产率地一次引入两个双键，在碘处理后可得纯的反、反构型，由此顺利制备了 11 个碳的中间体。随后我们再按已知方法最终合成了结晶的 LTA_4 甲酯（图 2－10）[10]。

2.1.2　白三烯 B_4、B_3 的合成

手性纯的白三烯 B_4 的合成较多地按下列反合成设计思想进行：首先在 C_6～C_7 双键处进行分拆，然后在 C_{14}～C_{15} 双键和 C_{10}～C_{11} 双键处进一步分拆，由此得到 2 片带羟基手性中心的片段，此两片段的制备也就成为 LTB_4 合成中的关键之处（图 2－11）[6,7]。消旋体 LTB_4 的反合成分拆则是连接羟基碳的 C—C 单键，可参阅近期的文献[13]。

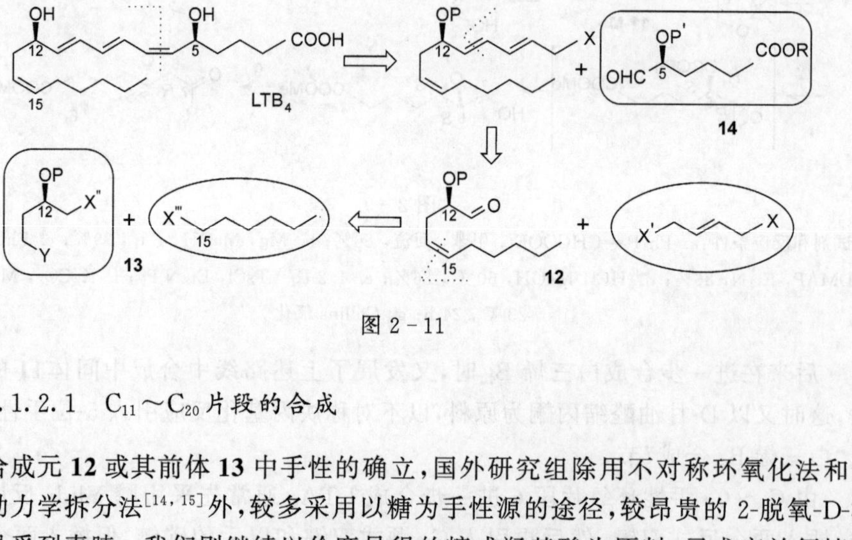

OH 12 15 OH 5 COOH LTB_4 ⟹ OP 12 X + OP' OHC 5 COOR **14**

OP 12 X'' Y **13** + X''' 15 ⟸ OP 12 O 15 **12** + X' X

图 2－11

2.1.2.1　C_{11}～C_{20} 片段的合成

合成元 **12** 或其前体 **13** 中手性的确立，国外研究组除用不对称环氧化法和近期的动力学拆分法[14,15]外，较多采用以糖为手性源的途径，较昂贵的 2-脱氧-D-核糖更是受到青睐。我们则继续以价廉易得的糖或羟基酸为原料，寻求高效便捷的合成路线。进一步反合成推导，合成元 **13** 应为一以不同保护基保护的(*R*)-丁三醇衍生物，因此我们的第一条路线就以价廉的维生素 C（抗坏血酸）为手性原料，按已知方法制备得(3*R*)-羟基丁内酯(**15**)，**15** 的羟基用二甲基叔丁基硅醚保护后，再还原内酯成半缩醛，Wittig 反应引入 14-15 顺式双键，此时应简捷地获得 12-位保护的中间体，但实验却发现硅醚保护基团大多移位至伯羟基，于是不得不再多两步反应以制备所需的硅醚保护的关键中间体醛 **12**（图 2－12）[16]。后来我们也采用(*R*)-酒石酸酯的硫酸酯还原的方法，三步反应、60％的总产率即可合成可作为合成元 **12** 的(*R*)-丁三醇，只是由于产物水溶性大，后处理有一定麻烦（图 2－13）[17]。

后来我们在不对称合成方法学的探索中，发现溴丙炔-锌粉在 THF-DMF 溶

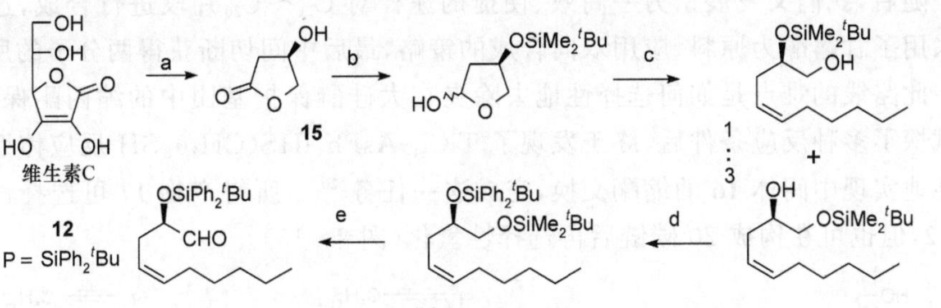

图 2 - 12

试剂和反应条件：a. 文献；b. i) $^tBu\ Me_2SiCl$，Et_3N，DMAP，ii) $^tBu_2AlH$，甲苯，−78 ℃；c. $C_5H_{11}CH_2P^+Ph_3Br^-$，BuLi，THF-HMPA；d. $^tBu\text{-}Ph_2SiCl$，Et_3N，DMAP；e. i) $AcOH\text{-}THF\text{-}H_2O$，ii) $CrO_3\text{-}Py/CH_2Cl_2$

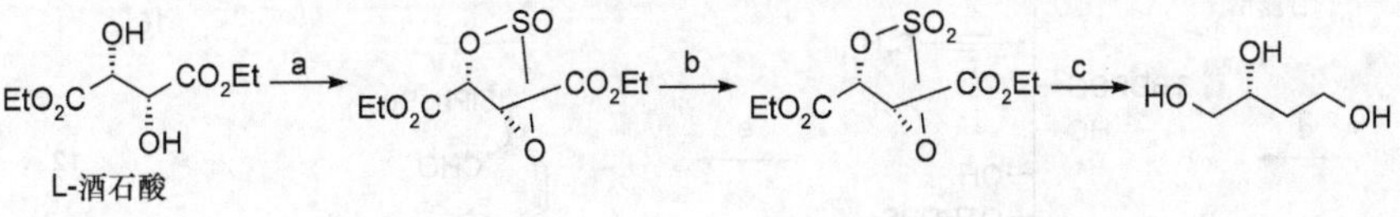

图 2 - 13

试剂和反应条件：a. $SOCl_2$，Et_3N，CH_2Cl_2；b. $RuCl_3/NaIO_3$；c. $LiAlH_4/THF$，0 ℃，99%

液中可与 α-烷氧基醛发生炔丙基化反应，产率和非对映选择性均佳[18]。于是我们就将这一反应用于硅醚保护的关键中间体醛 **12** 的合成，来自维生素 C 的 L-甘油醛缩丙酮炔丙基化后再进行苯甲酰化，分得赤式(*erythro*)-选择性的主产物，转换至硅醚保护，烷基化，再部分氢化得所需的 14-15 顺式双键，最后将缩丙酮转化为醛基而获得了 C_{11} ~ C_{20} 的片段(图 2 - 14)[19]。此合成路线为除去约 15% 的异构体而增加了苯甲酰化一步，是其不足之处。

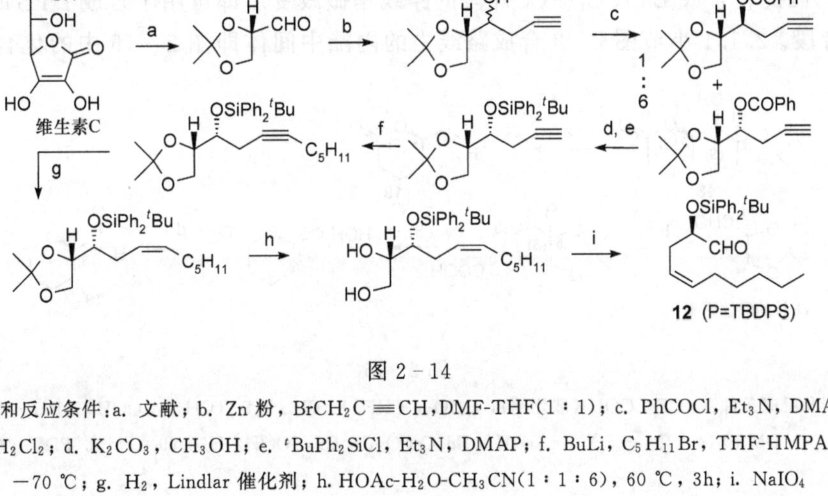

图 2 - 14

试剂和反应条件：a. 文献；b. Zn 粉，$BrCH_2C\equiv CH$，DMF-THF(1∶1)；c. PhCOCl，Et_3N，DMAP，CH_2Cl_2；d. K_2CO_3，CH_3OH；e. $^tBuPh_2SiCl$，Et_3N，DMAP；f. BuLi，$C_5H_{11}Br$，THF-HMPA，−70 ℃；g. H_2，Lindlar 催化剂；h. $HOAc\text{-}H_2O\text{-}CH_3CN$(1∶1∶6)，60 ℃，3h；i. $NaIO_4$

随后，我们又发展了另一高效、便捷的途径对 C_{11}～C_{20} 片段进行合成，这时还是采用了甘露醇为原料，应用双向合成的策略，最后中间切断获得两分子的所需产物。此路线的难点是如何选择性地去除夹在大硅醚保护基团中的缩丙酮保护基，在试探了多种反应条件后，终于发现了 $TiCl_4$-$AsPh_3$-$HS(CH_2)_3SH$ 反应体系能选择性地实现中间体 **16** 的缩酮交换，完成这一任务[20]。所得产物 **17** 可选择性氢化至 **12**，但也可在构成 20 碳链后再选择性氢化(图 2－15)。

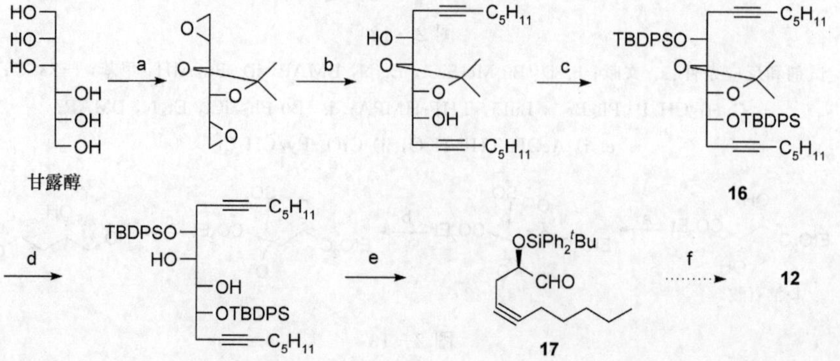

图 2－15

试剂和反应条件：a. 文献；b. $C_5H_{11}CH_2C\equiv CH$，BuLi，THF-HMPA；c. ${}^tBuPh_2SiCl$，咪唑，DMF，80% (2 步)；d. $TiCl_4$-$AsPh_3$-$HS(CH_2)_3SH$，CH_2Cl_2，－78 ℃至 r.t.，86%；e. $Pb(OAc)_4$，PhH，r.t.，74%；f. H_2，Lindlar 催化剂

2.1.2.2 C_1～C_6 片段的合成

本节之初曾介绍 LTA 是 LTB 生源合成的前体，而 C_1～C_6 片段实际上是一致的，因此将合成 LTA C_1～C_7 片段的路线稍做改变后即可用于合成 LTB 的C_1～C_6 片段。2.1.1 小节图 2－8 合成路线中的内酯中间体即图 2－16 中的化合物 **18**

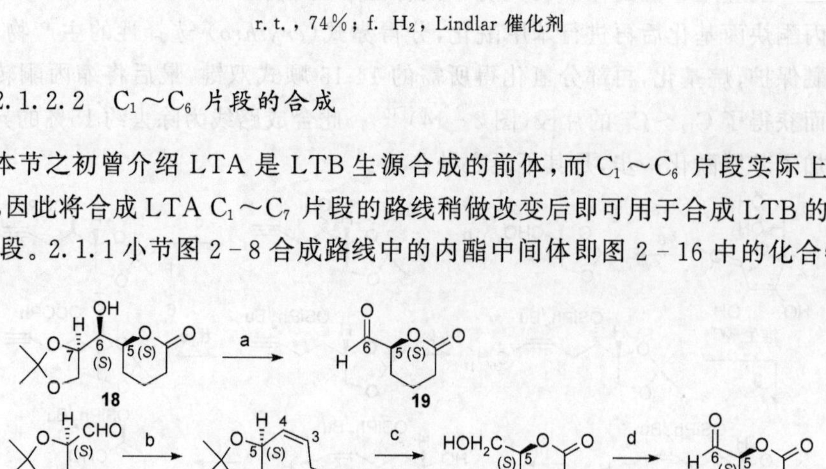

图 2－16

试剂和反应条件：a. CF_3COOH (催化剂)，H_5IO_6，THF；b. $Cl^-Ph_3P^+(CH_2)_2COOH$，n-BuLi，THF/DMSO (4 : 1)，－5 ℃；c. i) H_2，$Pd/CaCO_3$，ii) CF_3COOH/ H_2O (9 : 1)；d. PDC

经水解、过碘酸断邻二醇后即可得 LTB $C_1 \sim C_6$ 片段 **14**(图 2-11)的内酯式 **19**。其实由 D-甘油醛缩丙酮出发,经丙酸膦盐 Wittig 反应后,氢化、酸处理也可得内酯片段 **19**[21](图 2-16)。

由于片段 **19** 的内酯最终还是要转化成开链的羟基酯,这将会给 LTB 合成的最后阶段带来一些麻烦。为此我们又发展了两条直接合成 LTB $C_1 \sim C_6$ 片段 **14** 的开链式的新路线。其中一条路线是将图 2-9 LTA_4 $C_1 \sim C_7$ 片段 **7**(图 2-6)合成中的中间体 **11** 水解、氧化断邻二醇即得 $C_1 \sim C_6$ 片段 **14** 的开链式 **20**[12]。其时我们已发展了新的方法,此两步反应可以在一个反应瓶内一次进行(图 2-17)[22]。

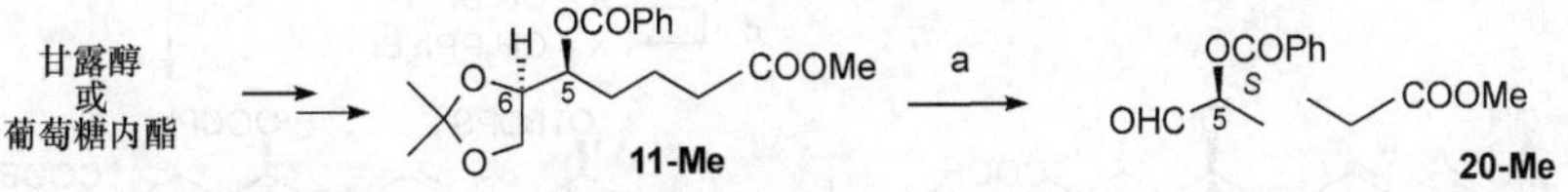

图 2-17

试剂和反应条件:a. H_3IO_5(1.5 eq),乙醚,r.t.,93%

另一条路线则是按图 2-14 所示合成 $C_{11} \sim C_{20}$ 片段的方法,但由 D-甘油醛缩丙酮出发,经炔丙基化、保护成苯甲酸酯后分得纯的赤式产物,然后引入乙酯基、氢化、水解、氧化断邻二醇得乙酯基的片段 **20**(图 2-18)[18]。此路线开发较早,最后两步尚需分开进行,但应该可以像图 2-17 那样高产率地一步完成。路线中的中间体 **11-Et** 与图 2-9 中合成 LTA_4 $C_1 \sim C_7$ 片段的中间体 **11** 相同,仅甲酯或乙酯之差,因此经 Payne 重排和氧化也可合成 LTA_4 的片段 **6**。

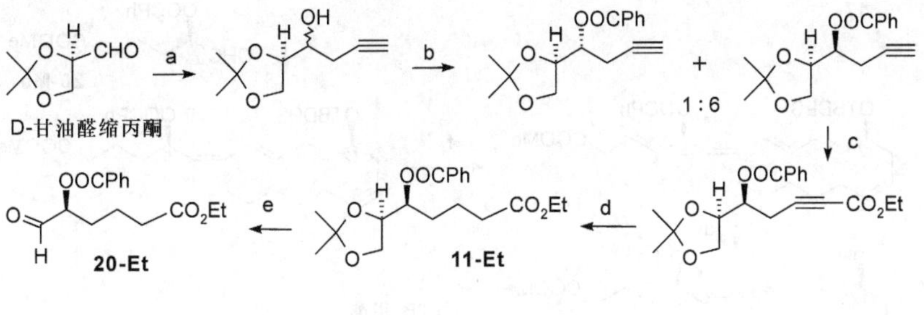

图 2-18

试剂和反应条件:a. Zn 粉,$BrCH_2CCH$,1∶1 DMF-THF;b. PhCOCl,Et_3N,DMAP,CH_2Cl_2;c. $LiN(^iPr)_2$,$ClCO_2Et$,THF,-50 ℃;d. H_2,Pd/C;e. i)1 mol/L HCl-C_2H_5OH,ii) $NaIO_4$

2.1.2.3　LTB_4 的合成

$C_1 \sim C_6$ 和 $C_{11} \sim C_{20}$ 片段合成后,下一步 LTB_4 的合成首先是连上中间的四个碳原子,然后再将全部的碳原子连起来。对此我们再一次采用了胂 Ylide 的醛甲酰烯基烯化反应，合成得 $C_7 \sim C_{20}$ 片段，转化成 Wittig 试剂后，再与 $C_1 \sim C_6$ 片段连接得全保护的 LTB_4 乙酯（图 2－19）[23]。之后我们又发现 2.5eq 二碳胂 Ylide（$Ph_3AsCHCHO$）也可一次插入四碳两双键，从含炔键的 $C_{11} \sim C_{20}$ 片段 **17** 出发顺利地合成到 LTB_4 甲酯（图 2－20）[20]。

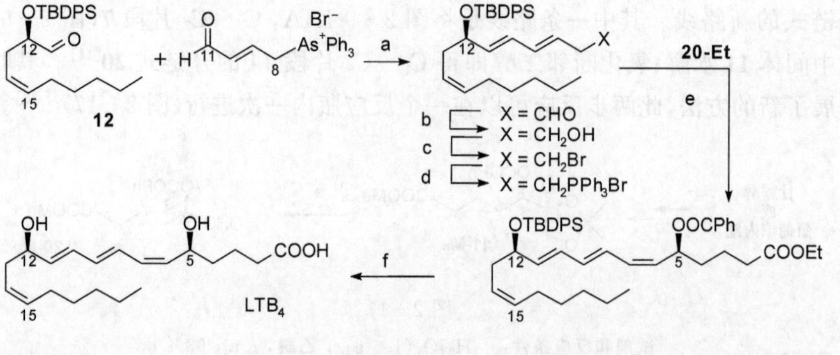

图 2－19

试剂和反应条件：a. K_2CO_3，Et_2O-THF-痕量 H_2O，24h；b. $NaBH_4$，$CeCl_3$，^iPrOH，2h；c. CBr_4，PPh_3，0 ℃，CH_2Cl_2，5 min；d. PPh_3，CH_3CN，0～25 ℃，3h；e. BuLi，THF-HMPA，－70～0 ℃；f. 文献

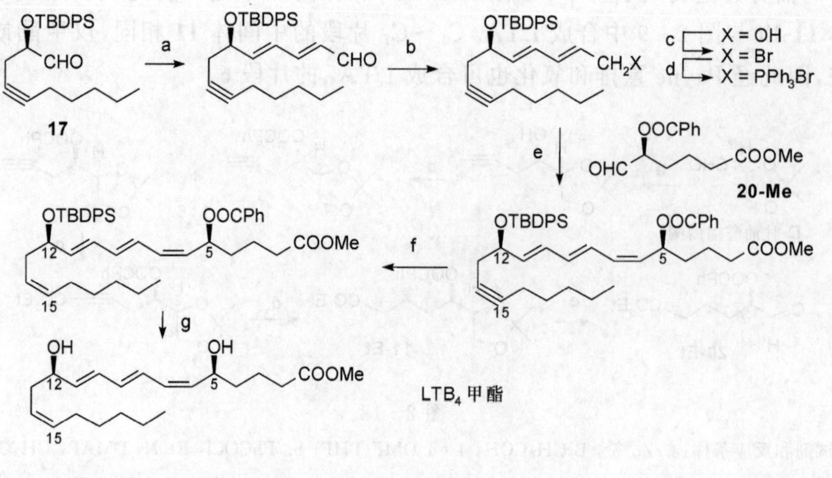

图 2－20

试剂和反应条件：a. 2.5 eq. $[Ph_3AsCH_2CHO]^+Br^-$，K_2CO_3，Et_2O-THF-痕量 H_2O，24h，51%；b. $NaBH_4$，$CeCl_3$，^iPrOH，6h，89%；c. CBr_4，PPh_3，0℃，CH_2Cl_2，5 min；d. PPh_3，CH_3CN，r. t.，4h，70%（2 步）；e. BuLi，THF-HMPA，－80～0℃，84%；f. H_2/Pd-$CaCO_3$-Pb，1% 喹啉，EtOAc，78%；g. i) Bu_4NF，THF，ii) K_2CO_3，MeOH，69%（2 步）

白三烯 B_3 的合成报道较少，曾采用了 Sharpless 不对称环氧化的方法引入了11,12-环氧得化合物 **21**，然后用共轭开氧环的方法合成得 $C_7 \sim C_{20}$ 的 Wittig 试剂，再与上述合成 LTB_4 时同样的片段 **20** 对接，最后合成 LTB_3（图 2-21）[24]。对此我们采用糖为手性源的方法，由 D-甘油醛缩丙酮出发，非对映选择性地（6∶1）获得了结晶的羟基环氧中间体 **22**，断邻二醇得报道的化合物 **21**，从而完成了 LTB_3 的合成[25]（图 2-22）。较之 Sharpless 不对称环氧化方法，这一途径易于放大，而且也不必担心产物对映纯度不高的问题。

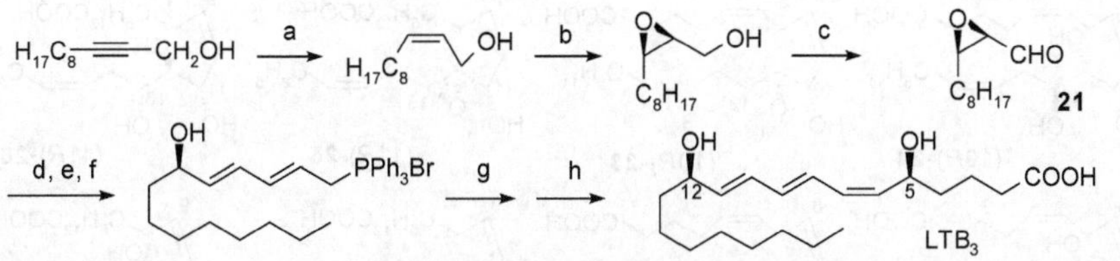

图 2-21

试剂和反应条件：a. H_2，Lindlar 催化剂；b. Sharpless 环氧化，(+)-TDME，85%；c. Collins 氧化，80%；d. $CH_2CHCHPPh_3$，60%；e. HBr；f. PPh_3，70%；g. *n*-BuLi，THF，HMPA，**20**，30%；h. K_2CO_3

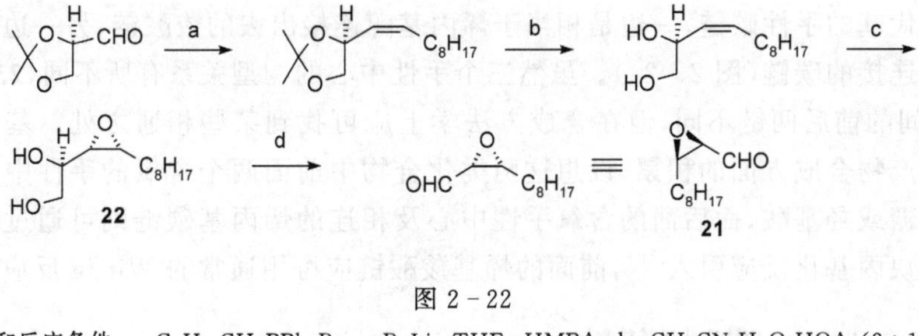

图 2-22

试剂和反应条件：a. $C_8H_{17}CH_2PPh_3Br$，*n*-BuLi，THF，HMPA；b. $CH_3CN-H_2O-HOAc(2∶1∶1)$，70 ℃，3h；c. TBPH，$VO(Acac)_2$，CH_2Cl_2；d. $NaIO_4$

2.2　Hepoxilin B_3、Trioxilin B_3 和抗稻瘟病介质

Hepoxilin B_3/Trioxilin B_3 是花生四烯酸 12-脂氧化酶的代谢产物，与胰岛素的分泌、皮肤炎症的引发有关。Hepoxilin B_3/Trioxilin B_3 各有一对 10-位差向异构体。抗稻瘟病介质（rice blast disease resisting agent，RBDRA）则是一类 18-碳烯酸的（13-脂氧化酶）代谢物，是水稻感染稻瘟病后自身产生的抗性物质中的一种[26]，包括与 Hepoxilin B_3/Trioxilin B_3 相类似的邻羟基氧桥和邻三羟基化合物，它们也各有一对 11-位的差向异构体（图 2-23）。

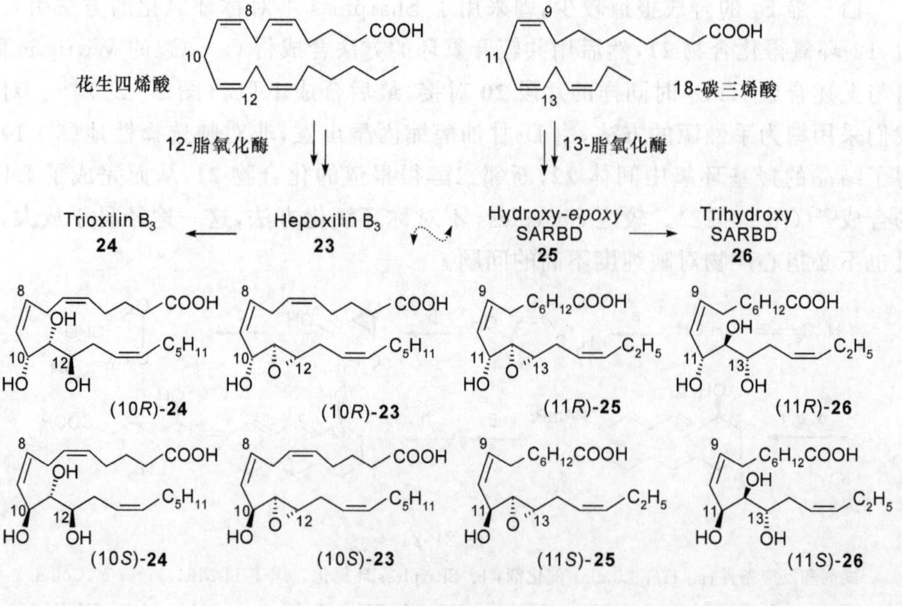

图 2 - 23

分析以上八个天然产物的结构，可以看出它们有一个共同的特征，即连续三个含氧取代基的手性碳链，一边是相当于烯丙基醇连接出去的羧酸链，另一边是高烯丙基醇连接的碳链(图 2 - 24)。虽然三个手性中心的构型关系有所不同，**23**/**24** 和 **25**/**26** 间的前后两链不同，但在合成方法学上应可找到某些相通之处。基于我们在天然产物合成方面的积累，设想这两类化合物中前面两个含氧的手性中心可直接取自糖或羟基酸，而后面的含氧手性中心及相连的烯丙基碳链则可通过我们的不对称炔丙基化反应引入[18]，前面的烯基羧酸链应可用通常的 Wittig 反应构建。

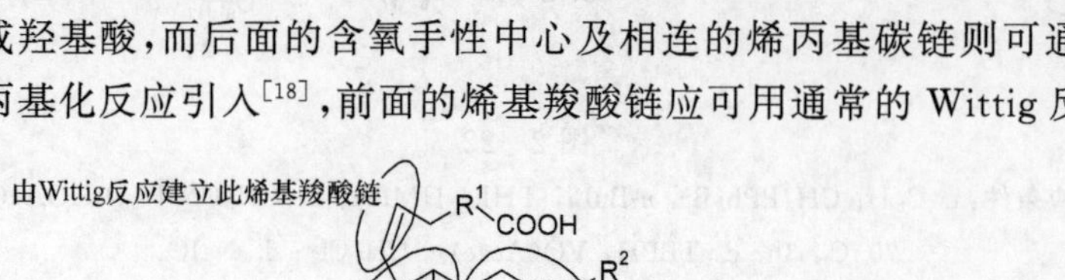

图 2 - 24

按照上面这一设想，我们先由两个构型的酒石酸完成了两个 RBDRA[(11*S*)-**26** 和(11*R*)-**25**]的合成，(11*S*)-**26** 中苏式(threo)-11,12-二羟基的手性中心系直接取自 L-酒石酸的两个手性中心，而 13-羟基的手性中心则来自于赤式-选择性的不对称炔丙基化反应，由此构建了苏式，赤式-11，12，13-三羟基的中心片段结构。(11*R*)-**25** 的合成则由 D-酒石酸开始，采用类似的反应，不同的只是在形成 12,13-氧桥时，13-位构型发生翻转，从而构筑起了苏式，苏式-11-羟基-12，13-环氧的中心片段[27]（图 2-25）。

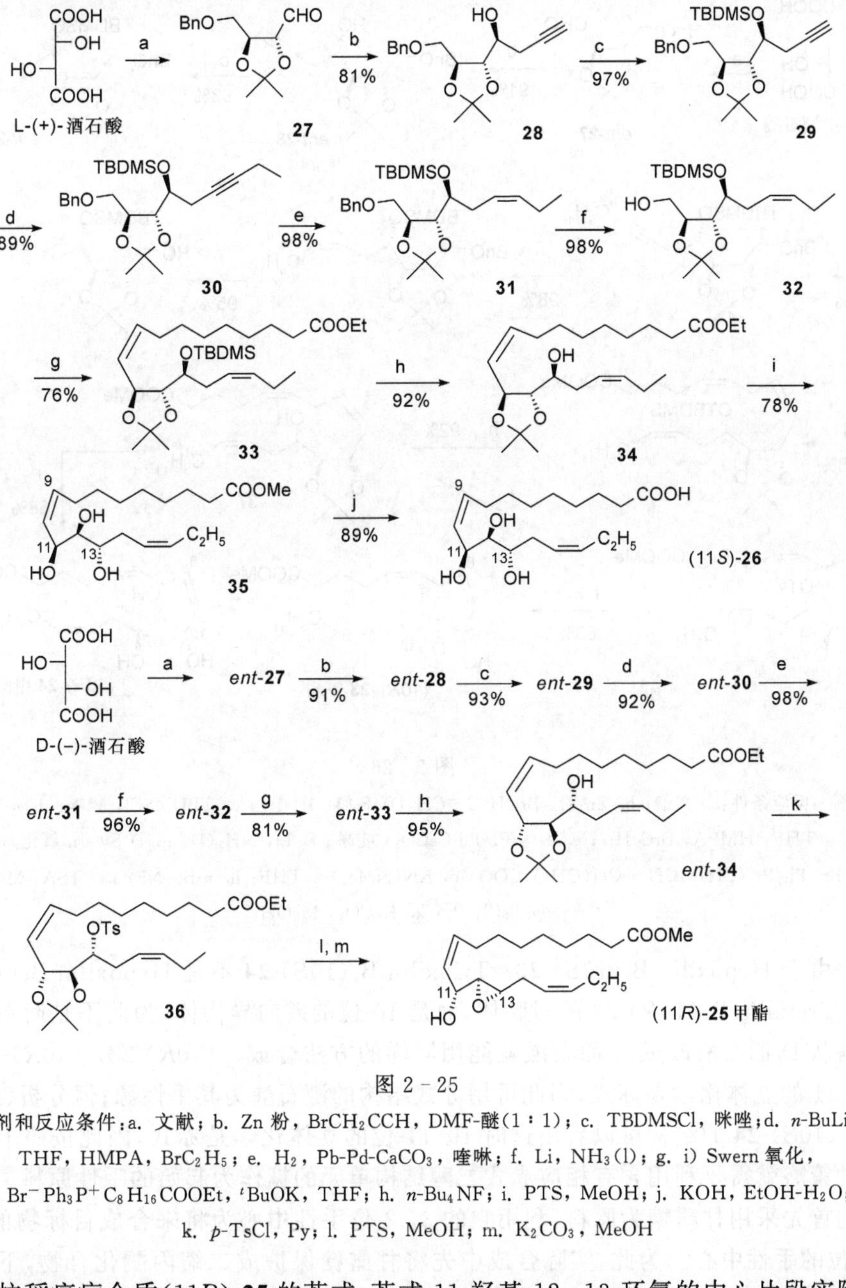

图 2-25

试剂和反应条件：a. 文献；b. Zn 粉，$BrCH_2CCH$，DMF-醚（1∶1）；c. TBDMSCl，咪唑；d. *n*-BuLi，THF，HMPA，BrC_2H_5；e. H_2，Pb-Pd-$CaCO_3$，喹啉；f. Li，NH_3(l)；g. i) Swern 氧化，ii) $Br^- Ph_3P^+ C_8H_{16}COOEt$，$^tBuOK$，THF；h. *n*-$Bu_4NF$；i. PTS，MeOH；j. KOH，EtOH-H_2O；k. *p*-TsCl，Py；l. PTS，MeOH；m. K_2CO_3，MeOH

抗稻瘟病介质(11*R*)-**25** 的苏式，苏式-11-羟基-12，13-环氧的中心片段实际上是完全等同于 Hepoxilin B_3（10*R*）-**23** 的苏式，苏式-10-羟基-11，12-环氧片段，因此采用同样的合成策略，由 D-酒石酸开始也合成了 Hepoxilin B_3（10*R*）-**23**，合成过

程中的羟基中间体 **37** 去保护后则可得 Trioxilin B_3(10*R*)-**24**[28](图 2-26)。

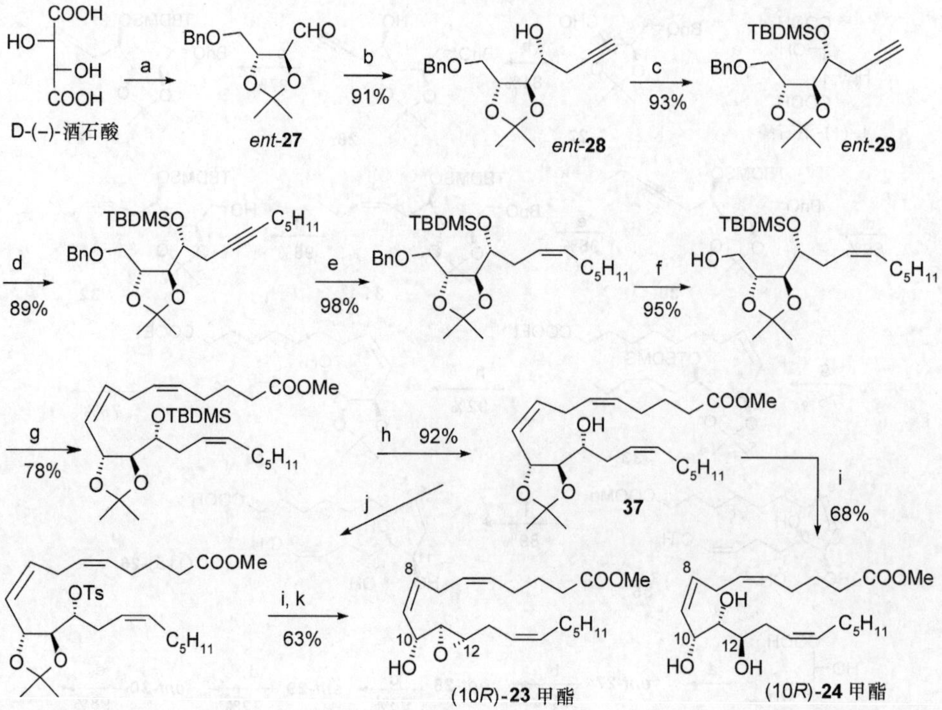

图 2-26

试剂和反应条件:a. 文献;b. Zn 粉,$BrCH_2C{\equiv}CH$,DMF-醚(1∶1);c. TBDMSCl,咪唑;d. *n*-BuLi,THF,HMPA,BrC_5H_{11};e. H_2,Pb-Pd-$CaCO_3$,喹啉;f. Li,NH_3(l);g. i) Swern 氧化,ii) $Br^-Ph_3P^+(CH_2)_2CH{=}CH(CH_2)_3COOMe$,$KN(SiMe_3)_2$,THF;h. *n*-$Bu_4NF$;i. PTSA,MeOH;j. *p*-TsCl,Py;k. K_2CO_3,MeOH

由于 Hepoxilin B_3(10*S*)-**23**/ Trioxilin B_3(10*S*)-**24** 不是 Hepoxilin B_3(10*R*)-**23**/ Trioxilin B_3(10*R*)-**24** 的对映体,而是 10-位的差向异构体,为此不是简单地将原料从 D-酒石酸改成 L-酒石酸就能用同样的方法合成。(10*R*)-**23**/ (10*R*)-**24** 中 10,11 的立体化学是苏式,因此可用苏式结构的酒石酸为其手性源;但分析(10*S*)-**23**/ (10*S*)-**24** 的结构可以看出这时 10,11-位的立体化学是赤式,因此按照上面设计的策略就需要利用含有相应赤式二醇结构单元的糖作为起始的手性原料。对此我们首先采用甘露糖为原料,利用它的 3, 2-位手性中心为将来合成目标物的 10,11-位的手性中心。为此,实际合成中先将甘露糖保护成二缩丙酮化合物,下一步由于半缩醛不能与锌试剂反应,所以采用了炔丙基 Grignard 试剂进行加成反应,加成产物 **38** 进一步烷基化后可分得 64%产率所需的苏赤式产物 **39** 和 6%的苏式产物 **40**,产物 **39** 部分氢化后再断去左边两个碳原子得半缩醛 **41**,此时可先选择性水解末端缩丙酮，再用过碘酸钠断邻二醇，也可更方便地由过碘酸一步选择性地完成此 2 步反应[22]。获得 **41** 后即可按上述合成(10*R*)-**23**/ (10*R*)-**24** 时一样的方法高产率地合成(10*S*)-**23**/ (10*S*)-**24**(图 2－27)[29]。

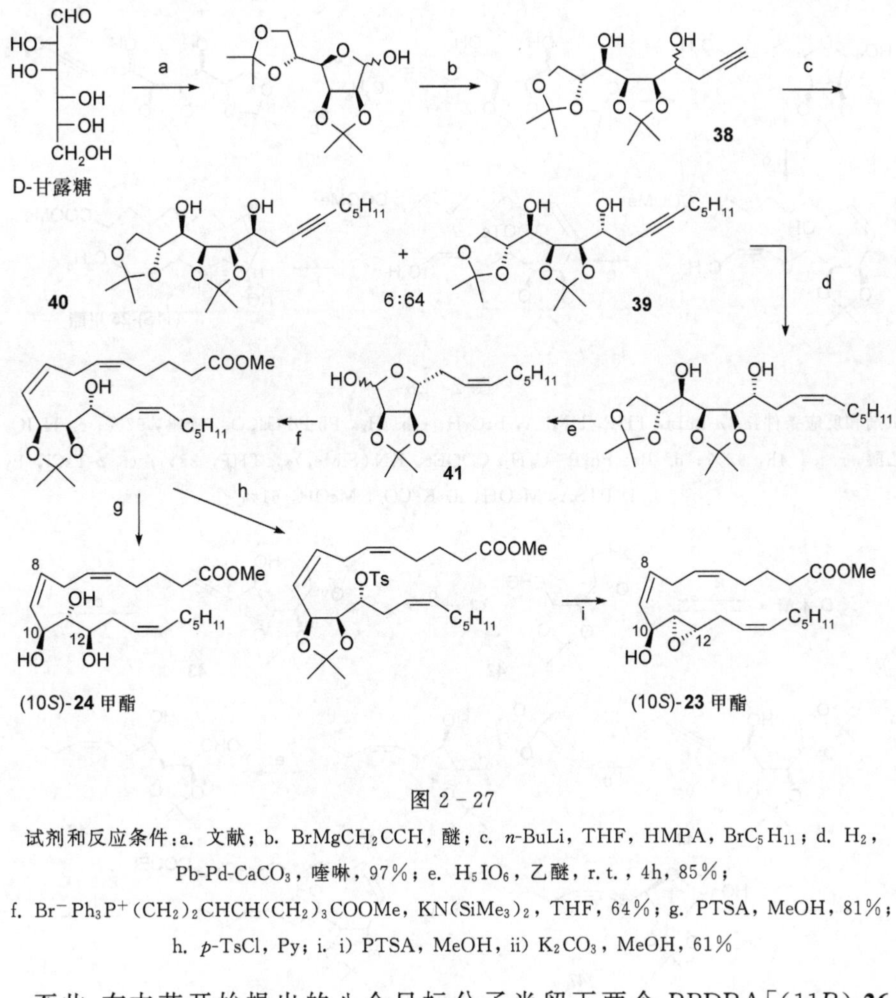

图 2－27

试剂和反应条件：a. 文献；b. $BrMgCH_2CCH$，醚；c. *n*-BuLi，THF，HMPA，BrC_5H_{11}；d. H_2，Pb-Pd-$CaCO_3$，喹啉，97%；e. H_5IO_6，乙醚，r. t.，4h，85%；f. $Br^-Ph_3P^+(CH_2)_2CHCH(CH_2)_3COOMe$，$KN(SiMe_3)_2$，THF，64%；g. PTSA，MeOH，81%；h. *p*-TsCl，Py；i. i) PTSA，MeOH，ii) K_2CO_3，MeOH，61%

至此，在本节开始提出的八个目标分子尚留下两个 RBDRA[(11*R*)-**26** 和(11*S*)-**25**]未合成，由于(11*R*)-**26** 和(11*S*)-**25**-RBDRA 也不是(11*S*)-**26** 和(11*R*)-**25**-RBDRA 的对映体，而是 11-位的差向异构体，同时前者 11，12-的相对构型为赤式，而后者为苏式，为此，也不能从苏式构型的 D-或 L-酒石酸来合成，而需另行设计。但是(11*S*)-**25**-RBDRA 的中心片段却和 Hepoxilin B_3 (10*S*)-**23** 的中心片段完全一致，因此，就可套用(10*S*)-**23** 的方法完成它的合成(图 2－28)[30, 31]。

最后一个抗稻瘟病介质(11*R*)-**26** RBDRA 则在 Trioxilin B_3 中未见相对应的化合物，为此，不得不另辟蹊径来专门完成它的合成。这次我们采用了 D-木糖作

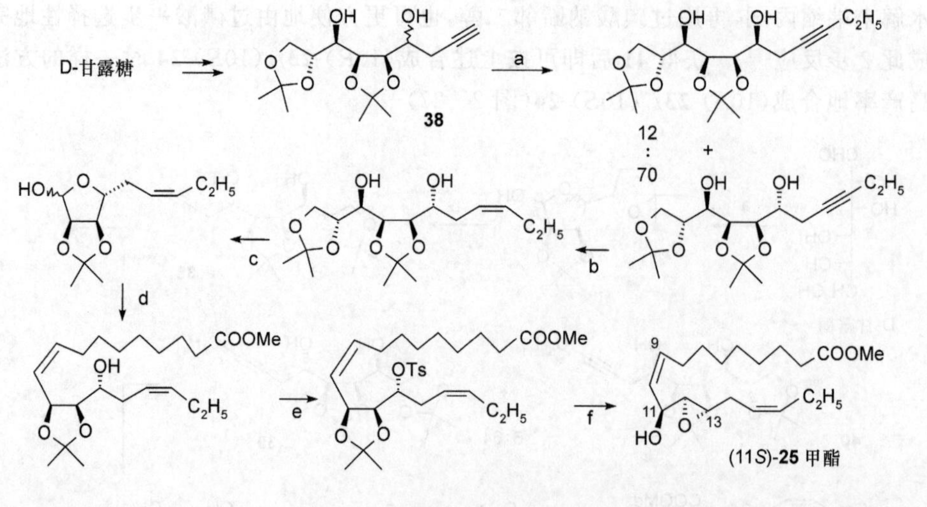

D-甘露糖 → OH OH **38** —a→ OH OH C_2H_5 12 : 70 + OH OH C_2H_5

—b→ OH OH C_2H_5 —c→ HO O C_2H_5

—d→ COOMe OH C_2H_5 —e→ COOMe OTs C_2H_5 —f→ 9 COOMe 11 13 C_2H_5 HO O (11S)-**25** 甲酯

图 2-28

试剂和反应条件：a. n-BuLi，THF，HMPA，BrC_2H_{11}；b. H_2，Pb-Pd-$CaCO_3$，喹啉，97%；c. H_5IO_6，乙醚，r. t.，4h，92%；d. $Br^- Ph_3P^+ C_8H_{16}COOEt$，$KN(SiMe_3)_2$，THF，38%；e. p-TsCl，Py；f. i) PTSA，MeOH，ii) K_2CO_3，MeOH，61%

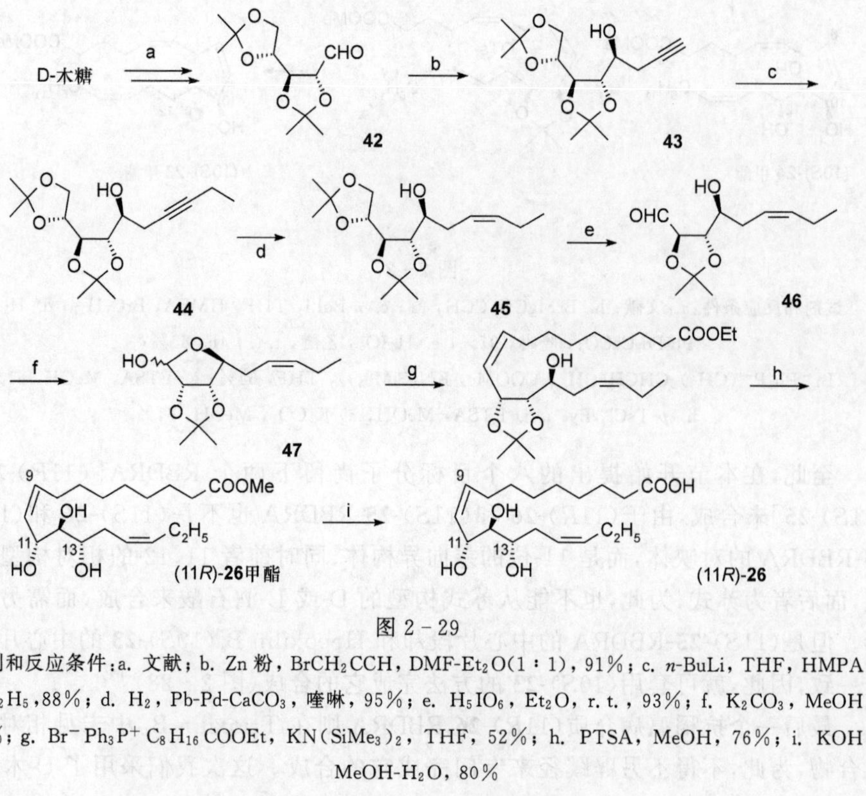

D-木糖 —a→ CHO **42** —b→ HO **43** —c→

HO **44** —d→ HO **45** —e→ OHC HO **46**

—f→ HO O **47** —g→ COOEt OH —h→

9 COOMe OH 11 13 C_2H_5 HO OH (11R)-**26**甲酯 —i→ 9 COOH OH 11 13 C_2H_5 HO OH (11R)-**26**

图 2-29

试剂和反应条件：a. 文献；b. Zn 粉，$BrCH_2CCH$，DMF-Et_2O(1∶1)，91%；c. n-BuLi，THF，HMPA，BrC_2H_5，88%；d. H_2，Pb-Pd-$CaCO_3$，喹啉，95%；e. H_5IO_6，Et_2O，r. t.，93%；f. K_2CO_3，MeOH，76%；g. $Br^- Ph_3P^+ C_8H_{16}COOEt$，$KN(SiMe_3)_2$，THF，52%；h. PTSA，MeOH，76%；i. KOH，MeOH-H_2O，80%

为起始手性原料，先按已知方法制备得 2，3，4，5-四羟基缩丙酮保护的游离醛 **42**，用我们的不对称炔丙基反应[18]以 91%的产率获得了所需的赤式产物，未测得有苏式产物。乙基化、选择性氢化后，再选择性用过碘酸水解缩丙酮和断邻二醇[22]后得羟基醛 **46**。**46** 用碳酸钾处理后 α-位羟基发生构型转位，从而形成半缩醛 **47**，这一转位是由于两个五元并环只能以顺式方式存在而实现的。至此已成功构筑起了 11-位以后的分子片段，再经 Wittig 反应和去保护最终顺利获得了抗稻瘟病介质(11*R*)-**26**(图 2－29)[32]。

上述由 D-木糖合成抗稻瘟病介质(11*R*)-**26** 的路线中所显示的策略，实际上不仅仅能用于这一化合物的合成，而且还可用于其他抗稻瘟病介质和 Hepoxilin B_3/Trioxilin B_3 的合成。如图 2－29 中的中间体 **45** 羟基保护后，再选择性一步过碘酸水解缩丙酮-断邻二醇和 Wittig 反应即可获得图 2－25 中合成(11*S*)-**26** 时的中间体 **33**，因而也就完成了(11*S*)-**26** 的形式合成(图 2－30)。

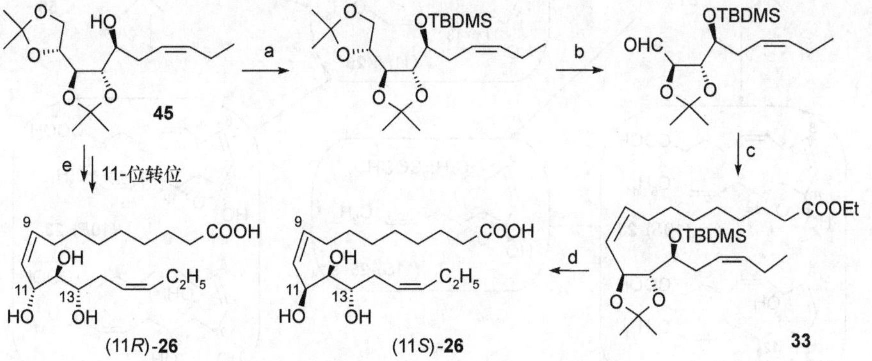

图 2－30

试剂和反应条件：a. TBDMSCl，咪唑，92%；b. H_5IO_6，Et_2O，r. t.，91%；c. $Br^- Ph_3P^+C_8H_{16}COOEt$，$KN(SiMe_3)_2$，THF；d. 见图 2－25；e. 见图 2－28

图 2－30 显示了这一扩散型合成策略中一个最简单的例子——一个手性纯的原料可以合成一对差向异构体的天然产物。进一步地应用这一策略，改用由甘露醇或葡萄糖内酯来的 2，3，4，5-四羟基缩丙酮保护的游离醛 **10**，就可以合成到本节的其他六种天然产物[32,33]。由 **10** 出发，不对称炔丙基化得 **48**，然后乙基化或戊基化，再氢化至共同的中间体 **49**，硅基保护后按前面的方法进行，即可获得(10*R*)-Hepoxilin B_3/Trioxilin B_3 或(11*R*)-RBDRA。但如先选择性水解缩丙酮-断邻二醇后，转位形成半缩醛 **51**，再继续反应则可合成(10*S*)- Hepoxilin B_3/Trioxilin B_3 或(11*S*)-RBDRA(图 2－31)。从天然产物、复杂分子合成设计的角度来讲，这是在扩散型合成策略中一个十分巧妙而又高效的例子。

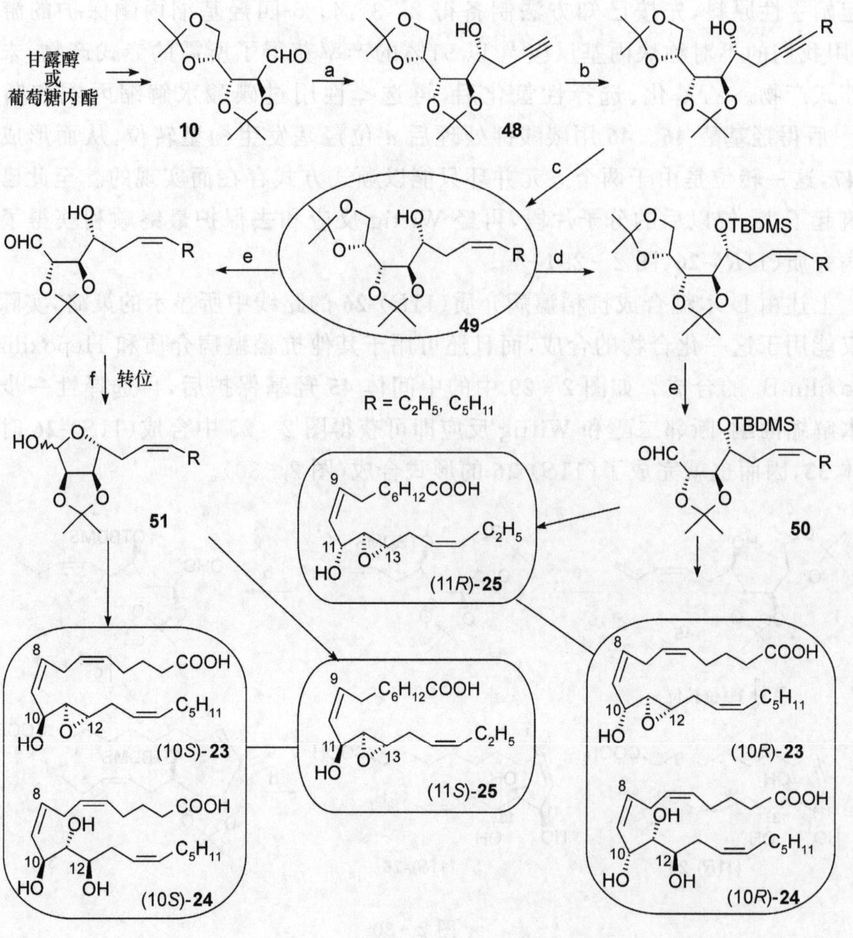

图 2-31

试剂和反应条件：a. Zn 粉，$BrCH_2CCH$，DMF-醚(1∶1)，86%；b. *n*-BuLi，THF，HMPA，BrC_2H_5(BrC_5H_{11})；c. H_2，Pb-Pd-$CaCO_3$，喹啉；d. TBDMSCl，咪唑；e. H_5IO_6，醚，r. t.；f. K_2CO_3，MeOH

2.3 脂氧三醇的合成

20 世纪 80 年代 Samuelsson 等又发现了另一类含三羟基、四共轭双键的花生四烯酸脂氧化酶代谢产物，考虑可能为 5-及 15-脂氧化酶多重作用的产物，因此命名为 Lipoxin(lipoxygenase interaction product，LX)，中文暂称为脂氧三醇，LXA_4 和 LXB_4 是其中最主要的成员。脂氧三醇在炎症中起着十分关键的作用，有趣的是，其他的花生四烯酸脂氧化酶代谢产物，如前列腺素、白三烯是引发和维持炎症，而脂氧三醇则是控制和缓解炎症,因而合成稳定的 LXA_4 类似物来探索新的抗炎剂还是长期受关注的题目[34]。LXA_4 和 LXB_4 是结构提出之初,为了确证它们的立体化学和提供样品,即有少数实验室开展它们的合成工作[7],以后也陆续有一些报道[35],这些合成中较多采用各种糖为手性源或采用 Sharpless 不对称环氧化等方法分头合成了 LXA_4 和 LXB_4。

我们在开始 LXA_4 和 LXB_4 合成之前先考察了它们的结构,发现它们是一对中心结构、构型完全相同,而头尾倒置的化合物,因此就可设计出一类似的合成路线,同时适用于它们二者的合成。反合成分析如图 2－32 所示,首先在顺式双键处分拆,然后分拆去两个片段中的双键得两个醛片段 **52** 和 **53**。**52** 带两个羟基手性,而 **53** 含一个羟基手性中心,基于我们上面几节中所谈的合成经验,很自然地,但也很有趣地推导至同一个手性原料——D-甘油醛缩丙酮。

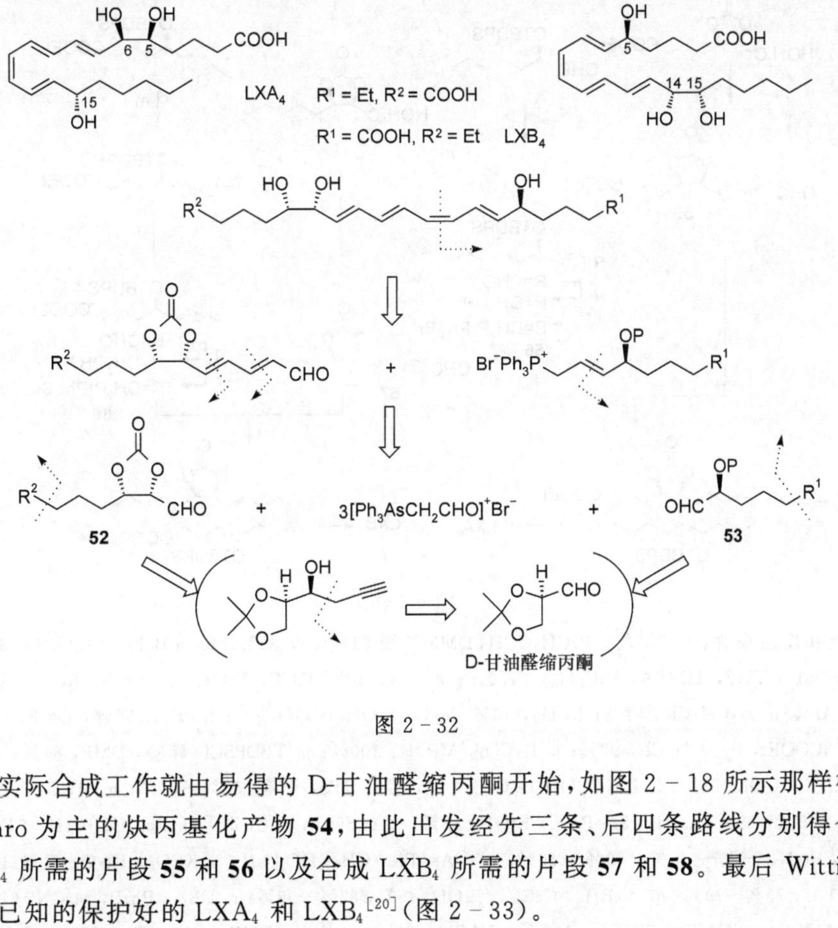

HO OH COOH 6 5 15 OH
LXA_4　R^1 = Et, R^2 = COOH
R^1 = COOH, R^2 = Et　LXB_4
OH COOH 5 14 15 HO OH
R^2 HO OH OH R^1
R^2 O O O CHO + $Br^-Ph_3P^+$ OP R^1
R^2 O O O CHO **52** + $3[Ph_3AsCH_2CHO]^+Br^-$ + OP OHC R^1 **53**
H OH O O ⟹ H O O CHO
D-甘油醛缩丙酮

图 2－32

实际合成工作就由易得的 D-甘油醛缩丙酮开始,如图 2－18 所示那样得以 erythro 为主的炔丙基化产物 **54**,由此出发经先三条、后四条路线分别得合成 LXA_4 所需的片段 **55** 和 **56** 以及合成 LXB_4 所需的片段 **57** 和 **58**。最后 Wittig 反应得已知的保护好的 LXA_4 和 LXB_4[20](图 2－33)。

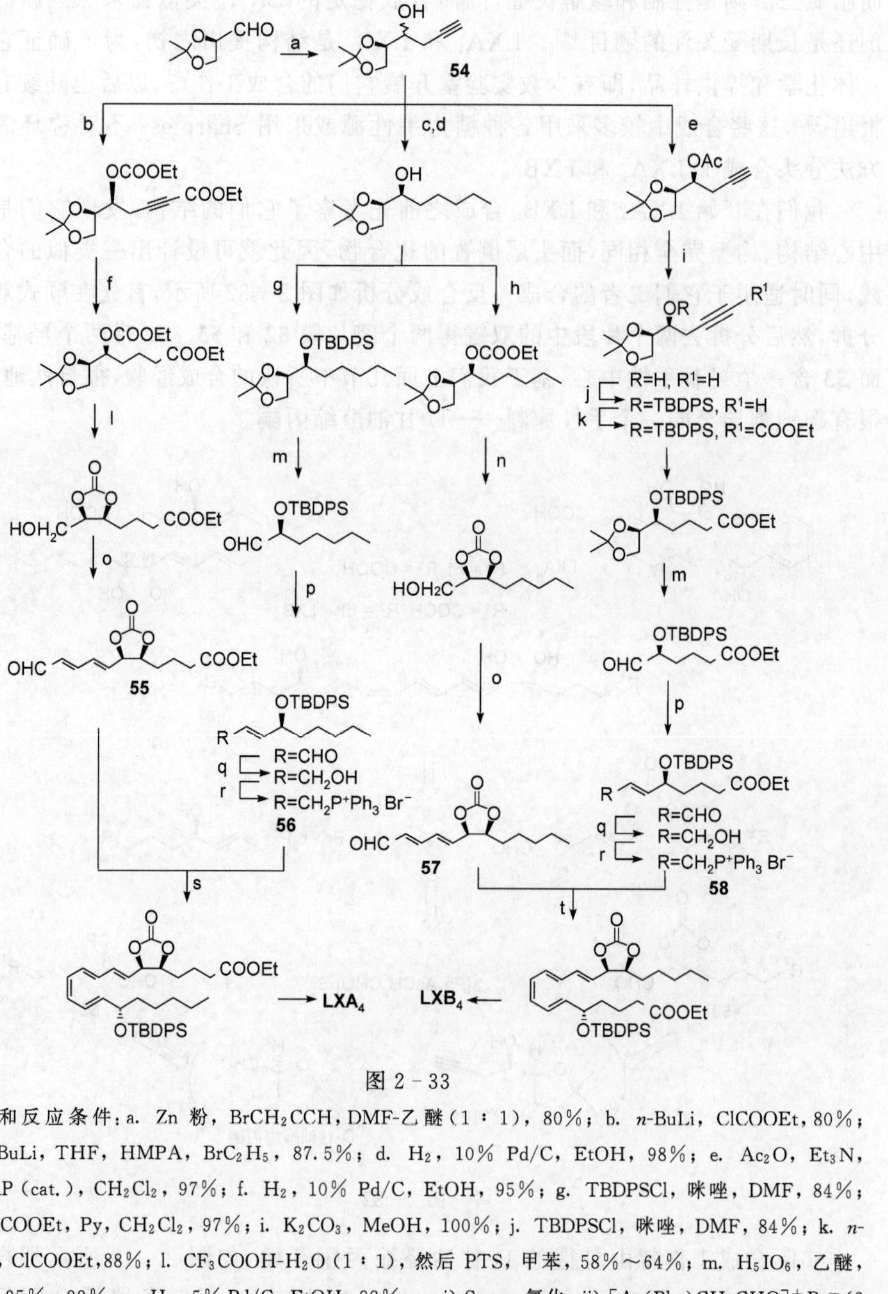

图 2-33

试剂和反应条件：a. Zn 粉，$BrCH_2CCH$，DMF-乙醚（1∶1），80%；b. *n*-BuLi，ClCOOEt，80%；c. *n*-BuLi，THF，HMPA，BrC_2H_5，87.5%；d. H_2，10% Pd/C，EtOH，98%；e. Ac_2O，Et_3N，DMAP (cat.)，CH_2Cl_2，97%；f. H_2，10% Pd/C，EtOH，95%；g. TBDPSCl，咪唑，DMF，84%；h. ClCOOEt，Py，CH_2Cl_2，97%；i. K_2CO_3，MeOH，100%；j. TBDPSCl，咪唑，DMF，84%；k. *n*-BuLi，ClCOOEt，88%；l. CF_3COOH-H_2O（1∶1），然后 PTS，甲苯，58%～64%；m. H_5IO_6，乙醚，r. t.，95%～99%；n. H_2，5% Pd/C，EtOH，88%；o. i) Swern 氧化，ii)［$As(Ph_3)CH_2CHO$］$^+$ Br^-（2 eq），Et_3N，－20～0 ℃，60%～66%；p.［$As(Ph_3)CH_2CHO$］$^+$ Br^-，KCO_3，Et_2O，痕量 H_2O，－10 ℃，75%～79%；q. $NaBH_4$，$CeCl_3$，^{i}PrOH，0 ℃，83%～98%；r. CBr_4，Ph_3P，MeCN，61%～64%；s. LiHMDS，THF，－100 ℃，HMPA，61%；t. BuLi，THF，－100 ℃，HMPA，76%

2.4 库蚊产卵地引诱剂

相对于前面三节所合成的天然产物而言，库蚊产卵地引诱剂，(—)-(5*R*, 6*S*)-6-乙酰氧基-5-十六烷酸内酯 (**59**)，是一较为简单的合成目标分子。但仍然是有机合成界十分瞩目的课题，仅 20 世纪 80 年代就有超过 20 条的合成路线被报道。我们在用糖作为手性源合成手性脂链化合物的课题内，以合成白三烯等实践积累的基础上，发展了三条合成路线，见图 2-34。第一、二条合成路线分别从 L-甘油醛

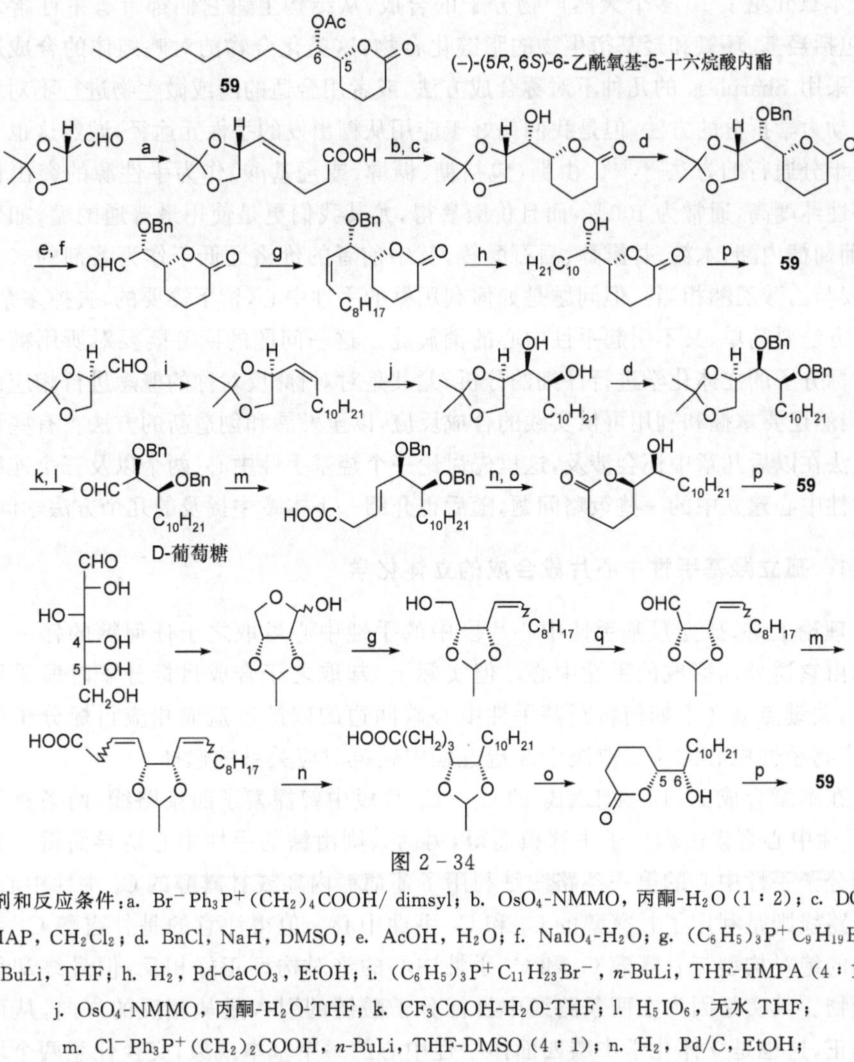

(—)-(5R, 6S)-6-乙酰氧基-5-十六烷酸内酯

D-葡萄糖

图 2-34

试剂和反应条件：a. $Br^-Ph_3P^+(CH_2)_4COOH$/ dimsyl；b. OsO_4-NMMO，丙酮-H_2O (1∶2)；c. DCCI, DMAP, CH_2Cl_2；d. BnCl, NaH, DMSO；e. AcOH, H_2O；f. $NaIO_4$-H_2O；g. $(C_6H_5)_3P^+C_9H_{19}Br^-$, *n*-BuLi, THF；h. H_2, Pd-$CaCO_3$, EtOH；i. $(C_6H_5)_3P^+C_{11}H_{23}Br^-$, *n*-BuLi, THF-HMPA (4∶1)；j. OsO_4-NMMO，丙酮-H_2O-THF；k. CF_3COOH-H_2O-THF；l. H_5IO_6，无水 THF；m. $Cl^-Ph_3P^+(CH_2)_2COOH$, *n*-BuLi, THF-DMSO (4∶1)；n. H_2, Pd/C, EtOH；o. CF_3COOH-H_2O (9∶1)；p. Ac_2O, Py, CH_2Cl_2

缩丙酮和 D-甘油醛缩丙酮出发，但前者先引入酸端，后者则先接上碳链端，都采用底物诱导不对称双羟基化为关键反应引入所需的两个手性中心，最终都合成到库蚊产卵地引诱剂 **59**[36]。第三条路线则直接利用葡萄糖的 5，4-位手性中心作为库蚊产卵地引诱剂 **59** 的 5，6-位手性中心，以简捷、高效的方式获得了目标物[37]。

2.5 本章撷要——手性元途径合成羟基脂链化合物中的设计思想和方法技巧

本章介绍了 10 多个天然产物分子的合成，从结构上讲它们都带有手性含氧基团，包括羟基、环氧和羟基衍生物的脂链化合物，这类化合物的对映纯体的合成通常可以采用 Sharpless 的几种不对称合成方法，或者用合适的酶或微生物进行不对称还原或动力学拆分的方法，但是我们偏好于应用从糖出发的手性元途径，诚然这也是国际上十分通行的方法[38,39]。由糖（包括糖、糖醇、或羟基酸）作为手性源的突出优点是手性纯度高，通常为 100%，而且价廉易得，尤其我们更是使用最普通的糖，如葡萄糖、葡萄糖内酯、木糖、甘露醇、酒石酸等，其中前者的价格远低于作为溶剂的二氧六环，仅与乙酸乙酯相当。但问题是如何利用糖的手性中心，留下需要的，去掉多余的，而且方法要简单，又不引起手性中心的消旋化。这一问题的回答既要对所用糖分子与目标分子的立体化学进行仔细的分析，尤其是对对称-反对称的概念进行相应的设想，当然还要掌握和利用可供实践的合成反应，以至发展和创造新的方法。有些设想和方法在以后几章中还会涉及，这里先讨论一个羟基手性中心、两个以及三个连续含氧手性中心建立中的一些策略问题，随后也介绍一下本章中提及的几个方法学问题。

2.5.1 孤立羟基手性中心片段合成的立体化学

理论上讲，孤立羟基手性中心片段中的手性中心可取之于任何糖的任一手性碳或由它诱导而形成的手性中心。但实际上，却取之于合成目标分子时所采用的反应，关键点就在于如何将羟基手性中心碳两边的碳链改造成相应目标分子的碳链，产物手性中心的构型取决于改造过程中碳链对应关系的选择。

在本章合成 LTB_4 和 LXB_4 的 $C_1 \sim C_6$ 片段中曾探索了四条路线，两条路线中 C_5 手性中心直接由糖分子中移植而得，另两条则由糖的手性中心诱导而得。直接用糖分子手性中心的第一条路线是利用了葡萄糖内酯或甘露醇的 C_4 手性中心；第二条路线则是利用了甘露醇的 C_2 和 C_5 手性中心。值得注意的是甘露醇 C_4 手性中心的绝对构型与甘露醇 C_2 和 C_5 手性中心的绝对构型正好相反，但最终却得同一产物。其实是因为在两条路线中目标分子酸链的引入是从相反的方向，从而负负得正，这也是立体化学中碳四面体手性中心的一个基本现象，交换任意两个取代基会导致构型相反，再一次交换任意两个取代基则又恢复原来构型。两条糖手性中心诱导的不对称合成路线，都是利用 D-甘露醇 C_2 和 C_5 手性中心来的 D-甘油醛缩丙酮为手性源，两个不对称反应都是 *erythro* 选择性，某种程度上相当于原构型手性中心的延伸、复制，而且酸链的引入方向也与上面直接利用 D-甘油醛缩丙酮时相同，因而也正确地合成到了 LTB_4 和 LXB_4 的 $C_1 \sim C_6$ 片段（图 2-35）。

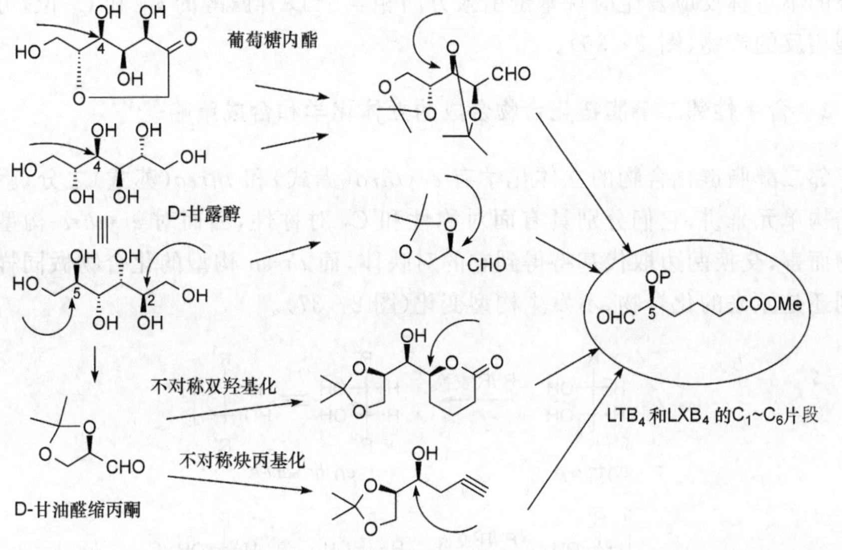

图 2-35

LTB_4 的 $C_1 \sim C_6$ 片段合成时也曾探索了四条可能的路线，三条路线中 C_{12} 手性中心直接来自糖，另一条则由糖的手性中心诱导而得。直接使用其手性中心的

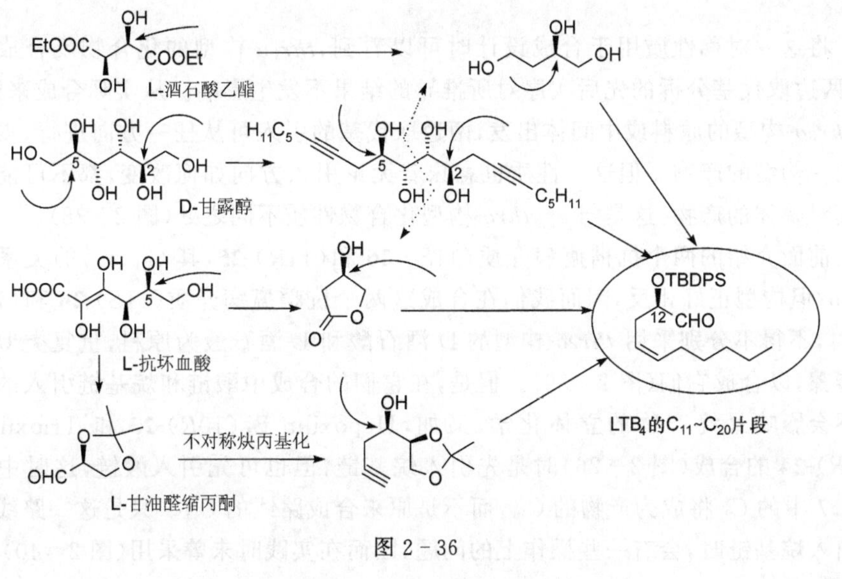

图 2-36

糖有维生素 C(L-抗坏血酸)的 C_5 手性中心、L-酒石酸羟基手性中心(两个羟基等价)以及甘露醇的 C_2 和 C_5 手性中心,这时烷基链引入于 C_1 和 C_6 位。糖手性中心诱导的不对称合成路线,则是利用维生素 C 的 C_5 手性中心来的 L-甘油醛缩丙酮为手性源,此时不能使用 D-甘露醇 C_2 和 C_5 手性中心来的 D-甘油醛缩丙酮,因为诱导的不对称反应发生时烷基链引入方向相当于 D-甘露醇的 C_3 和 C_4 位,可合成构型相反的产物(图 2-36)。

2.5.2　含手性邻二醇脂链化合物合成的立体化学和合成策略[40,41]

邻二醇脂链化合物的立体化学有 *erythro*(赤式)和 *threo*(苏式)之分,就此局部结构单元来讲,它们分别具有面对称性和 C_2 对称性,因而对 *erythro*-构型的化合物而言,交换两边取代基将得到它的对映体,而 *threo*-构型的化合物做同样的交换则还是原来的化合物,不发生构型变化(图 2-37)。

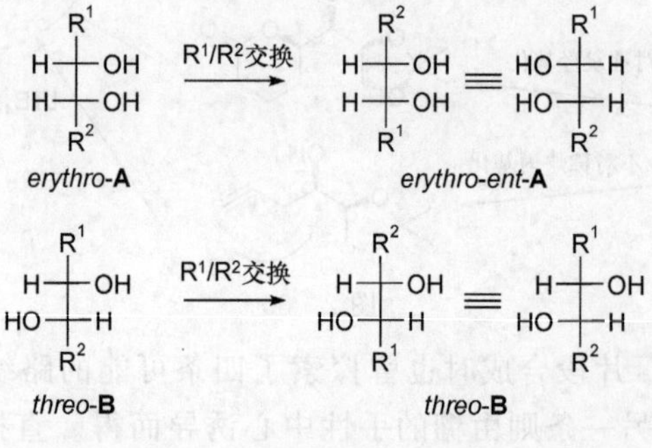

图 2-37

将这一对称性质用于合成设计时可以看到,*threo*-构型的化合物反合成分析时,两边取代基分拆的先后次序对所推导的结果不发生影响。从实际合成来讲,从一 *threo*-构型的原料或中间体出发,两边取代基的引入可从任一方向进行,得到的是同一构型的产物。但这一性质也意味着无论引入方向如何改变,都不可能合成含其对映体的产物,这是与 *erythro*-构型化合物性质不同之处(图 2-38)。

前面介绍的两个抗稻瘟病介质(11*S*)-**26** 和(11*R*)-**25**,其 C_{11}、C_{12} 的关系都是 *threo*,但构型正好相反,因而我们在合成这两个抗稻瘟病介质(11*S*)-**26** 和(11*R*)-**25** 时,不得不分别采用 *threo*-构型的 D-酒石酸和 L-酒石酸为原料,重复类似的合成步骤,以合成它们(图 2-39)。但是,在它们的合成中酸链和烷基链引入的先后都不会影响最终产物的立体化学,又如,Hepoxilin B_3 (10*R*)-**23** 和 Trioxilin B_3 (10*R*)-**24** 的合成(图 2-26)时是先引入烷基链,但也可先引入酸链,这时中间体 *ent*-**27** 中的 C_2 将成为产物的 C_{10},而不是原来合成路线的 C_{11}。只是这一路线在随后引入烷基链时,会有一些操作上的问题,因而在实践时未曾采用(图 2-40)。

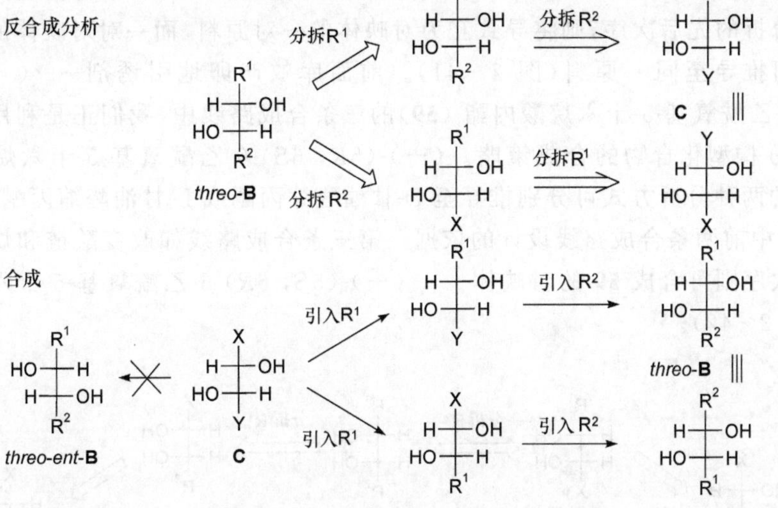
反合成分析
分拆R¹
分拆R²
分拆R²
分拆R¹
threo-B
C
合成
引入R¹
引入R²
引入R¹
引入R²
threo-ent-B
C
threo-B

图 2 - 38

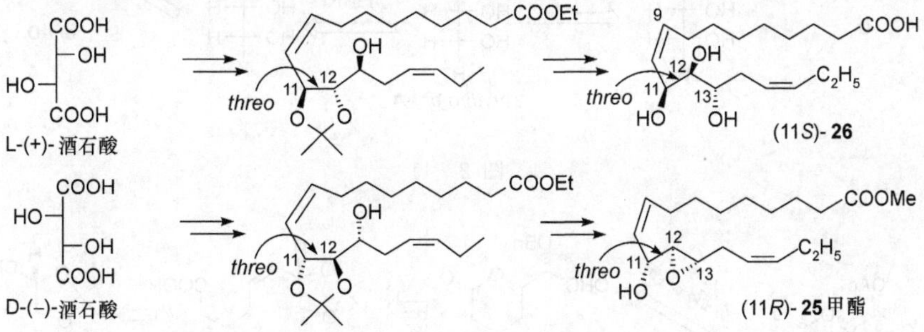
L-(+)-酒石酸
COOEt
threo
COOH
(11S)-26
D-(-)-酒石酸
COOEt
threo
COOMe
(11R)-25甲酯

图 2 - 39

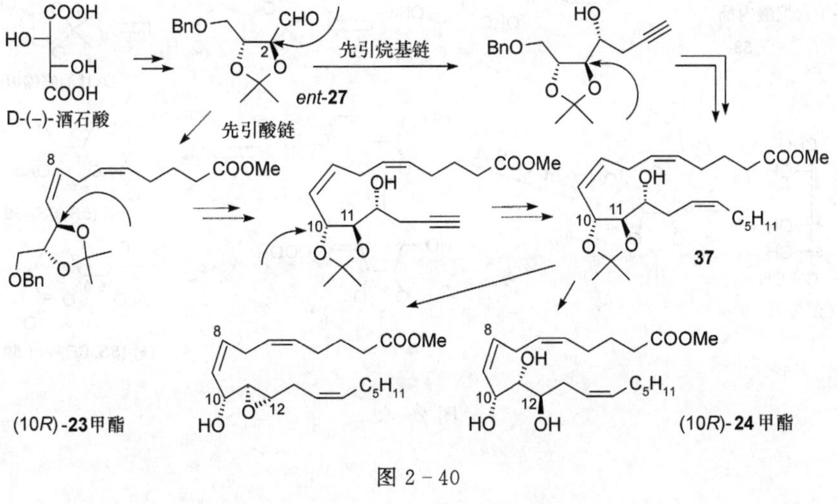
D-(-)-酒石酸
BnO
CHO
ent-27
先引烷基链
先引酸链
COOMe
37
(10R)-23甲酯
(10R)-24甲酯

图 2 - 40

对 *erythro*-构型化合物的反合成分析则又是一完全不同的状况，改变两边取代基分拆的先后次序，则将导致互为对映体的一对原料，而一对对映体的目标分子则可推导至同一原料(图 2-41)。前面库蚊产卵地引诱剂——(－)-(5*R*，6*S*)-6-乙酰氧基-5-十六烷酸内酯 (**59**)的三条合成路线中，我们正是利用了这一 *erythro*-构型化合物的合成策略。(－)-(5*R*，6*S*)-6-乙酰氧基-5-十六烷酸内酯(**59**)的两种分拆方式可分别推导至 D-甘油醛缩丙酮或 L-甘油醛缩丙酮，这是图 2-34 中前两条合成路线设计的依据。第三条合成路线如改变酸链和烷基链引入的次序则可合成 **59** 的对映体——(＋)-(5*S*，6*R*)-6-乙酰氧基-5-十六烷酸内酯(图 2-42)。

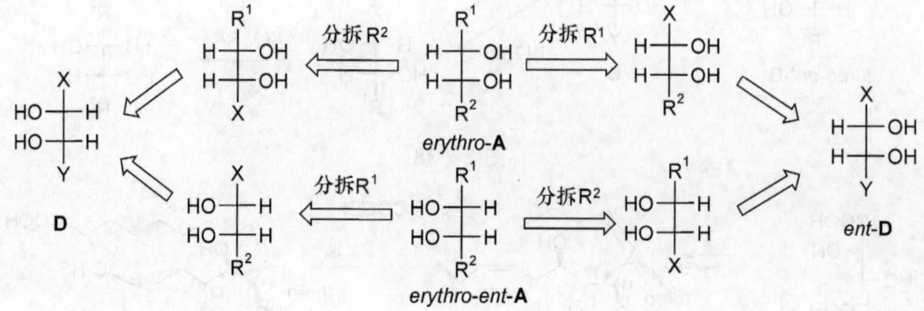

图 2-41

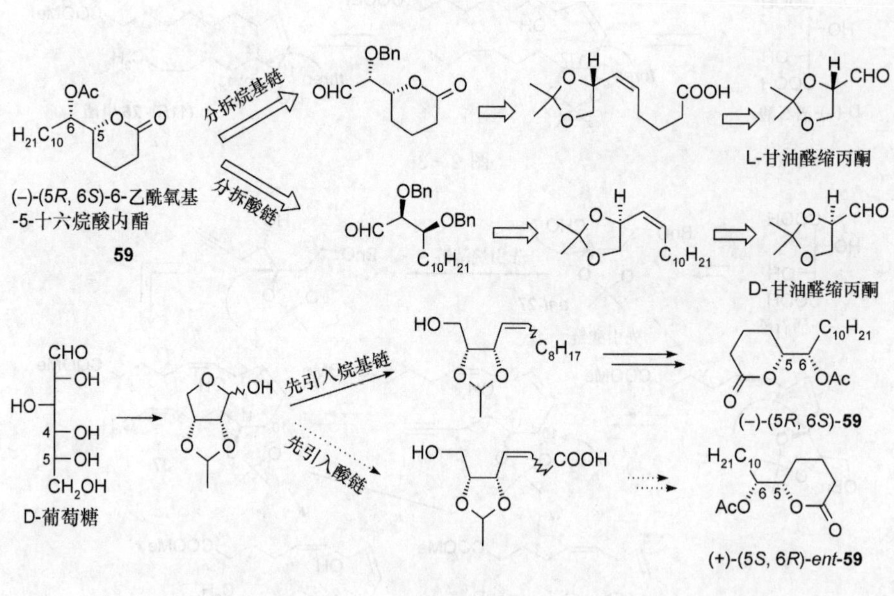

图 2-42

2.5.3　脂链化合物合成中的方法学探索

天然产物合成的进展既依赖于巧妙的合成设计思想，但也有待于合成反应方法学的进步。反过来讲，反应方法学的研究也总期待着能在天然产物合成中一显身手的机会。作为天然产物合成的化学工作者，我们也总设法用上新的反应方法，使合成能更简洁、有效，也希望能自己发展出针对性更强、更高效的合成反应。我们曾发展、应用了一些新的反应，下面将对不对称炔丙基化反应、选择性水解缩丙酮-断邻二醇和砷 Ylide 甲酰烯化反应做一介绍。

2.5.3.1　α-烷氧基醛的不对称炔丙基化反应

醛的烯丙基化反应形成高烯丙基醇，也常称为 Barbier 反应，是较为常见的，而醛的炔丙基化 Barbier 反应就较少应用，手性醛的炔丙基化反应则更少报道。但我们考虑在开展含手性羟基脂链化合物的合成时，α-烷氧基醛的非对映选择性炔丙基化反应将是很有用的反应，形成的高炔丙基醇，既可在炔端方便地延伸碳链，又可进一步将炔键氢化成所需的双键或单键。于是我们将文献上醛烯丙基化的反应条件稍做变动，α-烷氧基醛和溴丙炔在 DMF-乙醚（或四氢呋喃）混合溶剂中缓慢分批加入锌粉，反应能以很好的产率获得 *anti* (*erythro*) 选择性一般大于 10∶1 的产物。它的 *anti* 选择性可从 Felkin-Anh 模型解释，在 β-位有含氧基团时也可归之于锌离子络合的过渡态，因锌离子体积较大，在羰基氧和 β-位含氧基团间形成络合，这时的效果与 Felkin-Anh 模型的推测一致，如 D-甘油醛缩丙酮时的炔丙基化反应（图 2-43）。

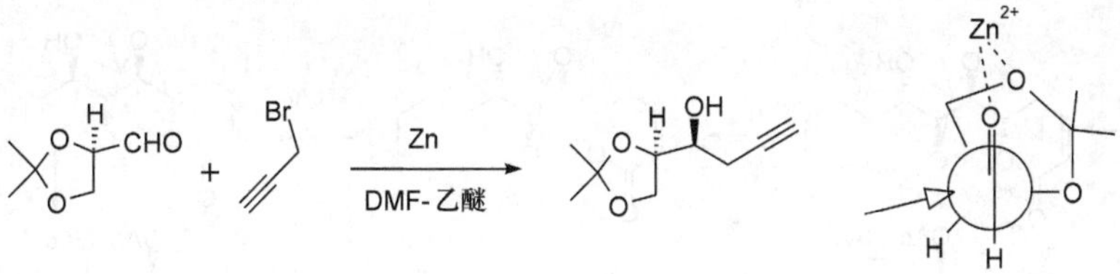

图 2-43

在本章中多处应用了这一反应，获得了很好的效果，显示了它的生命力，在本书第 5 章高碳糖天然产物合成中，我们还会介绍它的应用。此外，我们也曾利用于 D-脱氧核糖和 L-脱氧核糖以及 boronolide 的合成。脱氧核糖，尤其是 L-脱氧核糖的合成并非易事，通常需要从其他非常见的糖经多步反应方能制备[42]，但如利用前述甘油醛缩丙酮炔丙基化反应的产物，即可简捷地获得[43]（图 2-44）。

(+)-boronolide 是一多羟基的天然产物，由非洲一些树木中分得，20 世纪 90 年代后多个研究小组开展了它的合成工作。我们以两种设计思想展开了它的合成

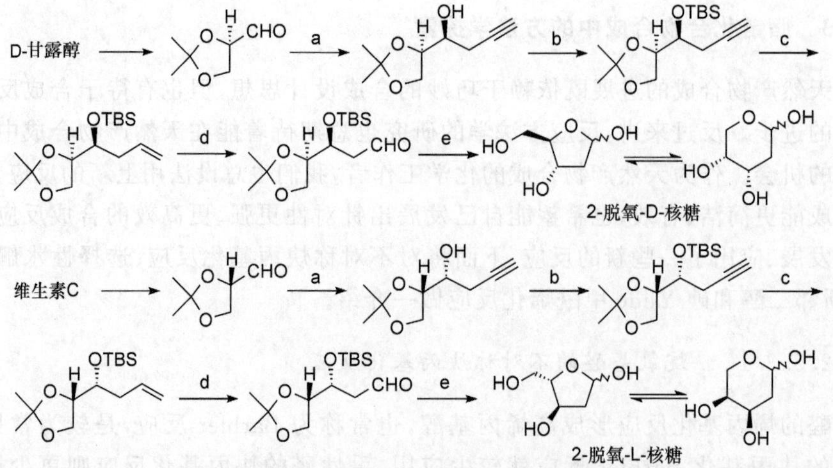

图 2-44

试剂和反应条件：a. Zn 粉，炔丙溴，DMF-醚；b. TBDMSCl，DMF；c. H_2/Lindlar；d. O_3，CH_2Cl_2-MeOH，Me_2S；e. 稀 HCl，THF

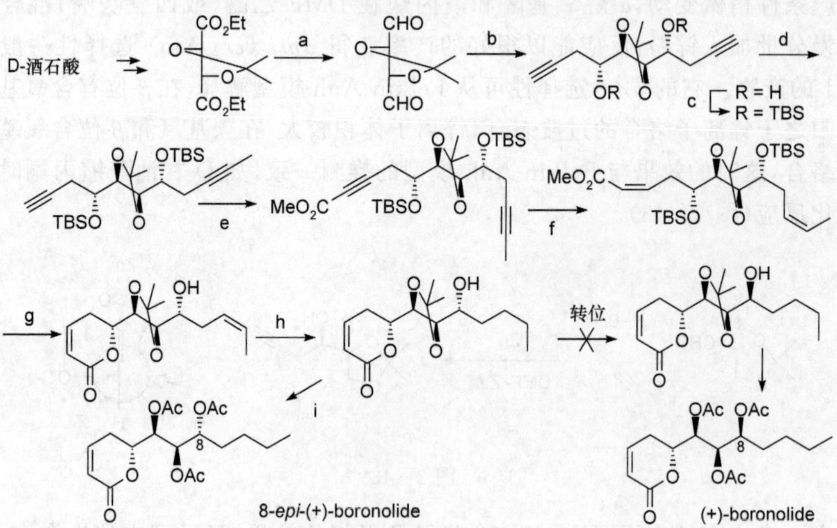

图 2-45　8-*epi*-boronolide 的合成

试剂和反应条件：a. DIBAL-H (2.4 eq)，甲苯，−78 ℃；b. 炔丙溴，Zn 粉，DMF-Et_2O；c. TBSCl，DMF，咪唑，DMAP，r. t.，44% (3 步)；d. BuLi (1.15 eq，1.6mol/L 正己烷溶液)，CH_3I，THF，−78 ℃至 r. t.，83%；e. BuLi (1.5 eq，1.6 mol/L 正己烷溶液)，$ClCO_2Me$，THF，−78 ℃至 r. t.，81.3%；f. H_2，Lindlar cat.，喹啉，乙酸乙酯，50～60℃，91%；g. HF (40%)-乙腈 (16∶1) 或 NH_4F，MeOH，60 ℃，48h；h. H_2，$(Ph_3P)RhCl$，苯-EtOH (6∶1)，r. t.，86%；i. i) $CuCl_2 \cdot 2H_2O$，MeCN-MeOH (6∶1)，r. t. 至 50 ℃，ii) Ac_2O，Py，DMAP，CH_2Cl_2，77% (2 步)

探索，但都以α-烷氧基醛的非对映选择性炔丙基化反应为合成的关键反应。第一条设计路线是基于 boronolide 虽不是一个对称分子，但经反合成分析后可推导至一个具有 C_2 对称轴的中间体，此中间体可以 D-酒石酸为原料经双向合成而得，其中的双向反应就应用了炔丙基化反应，这一路线的实验结果因最后羟基转位未成，而仅合成 8-差向-boronolide[44]（图 2－45）。设计的第二条合成路线是采用葡萄糖内酯为手性原料，合成过程中利用我们发展的选择性一步水解缩丙酮-断邻二醇反应获得醛基，再在此醛基上进行炔丙基化反应，最终顺利获得（＋）-boronolide[44]（图 2－46）。这两条路线都是利用生成的高炔丙醇构筑了分子中特征的δ-不饱和内酯，也显示了选择性炔丙基化反应有很广的应用范围。

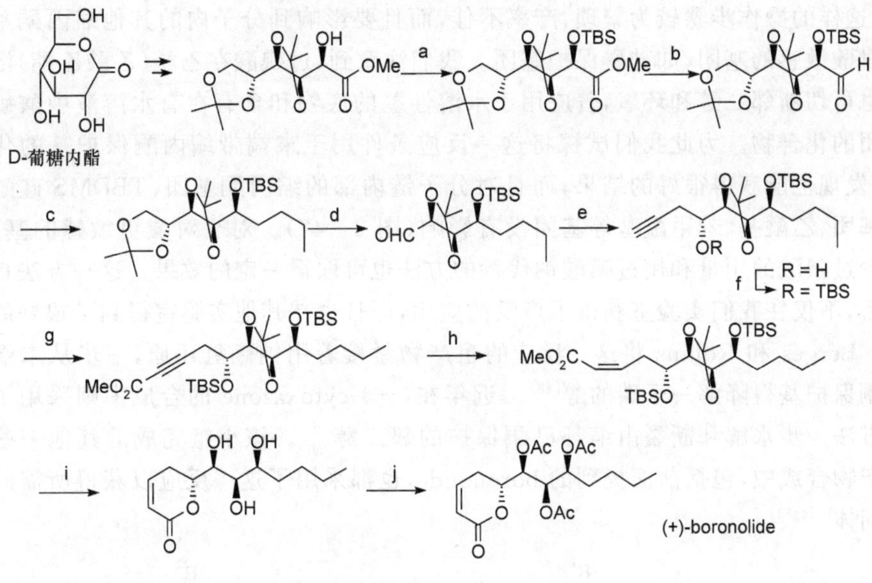

D-葡糖内酯

(+)-boronolide

图 2－46　boronolide 的合成

试剂和反应条件：a. TBSCl，咪唑，DMAP（催化剂），CH_2Cl_2，94%；b. DIBAL-H（1mol/L 甲苯溶液），甲苯，－78 ℃；c. i) $Ph_3PC_3H_7Br$，*n*-BuLi（1.6mol/L 正己烷溶液），－40～0 ℃，ii) Pd/C，H_2，35atm①，EtOAc-CH_3OH（5∶1），58%（3 步）；d. H_5IO_6，醚，r. t.；e. 炔丙溴，DMF-Et_2O，Zn 粉，59%（2 步）；f. TBSCl，DMF，Im.，DMAP，r. t.，92%；g. BuLi（1.2eq，1.6mol/L 正己烷溶液），$ClCO_2Me$，THF，－78 ℃至 r. t.，87%；h. Lindlar 催化剂，喹啉，乙酸乙酯，91.2%；i. 6mol/L HCl-THF（1∶2），r. t.；j. Ac_2O，Py，DMAP，CH_2Cl_2，73%（2 步）

除了我们的工作外，这一反应在其他实验室也应用得较多，如用于光活性的氧杂环庚烯类化合物的合成[45]、对映纯的三环含氧化合物的合成[46]，也有将此不对称炔丙基化反应扩展到在水溶液中进行的[47]。曾有报道此类反应可用于七碳糖类

① 1atm＝1.013 25×10^5 Pa，下同。

化合物的合成[48]，文中提到反应可在纯四氢呋喃中进行，但在重复我们链状醛的反应时，*anti*（*erythro*）选择性不佳，考察他们的操作步骤后发现，他们采用一次性加入锌粉再滴加溴丙炔的方法，而且又不用乙醚作溶剂，从而可能使反应温度远超过乙醚的沸点 34 ℃，导致反应选择性的降低。

2.5.3.2 选择性一步水解缩丙酮-断邻二醇反应[22]

在利用糖为手性源的合成工作中，经常会接触到缩丙酮保护基，甚至在一个分子内多个缩丙酮保护基的情况，而在合成的后期又常需要选择性地除去末端的缩丙酮保护基，再进一步用过碘酸钠切断此时游离出来的邻二醇得到醛。一般情况下，这样的操作步骤较为繁琐，产率不佳，而且要影响到分子内的其他缩丙酮基团和对酸敏感的基团，如硅醚保护基团。我们注意到，过碘酸在乙醚（乙酸乙酯）溶液中也可切断邻二醇和环氧，曾应用于水溶性差的底物和含有在有水溶液中酸敏感基团的化合物。为此我们试探将这一反应条件用于末端带缩丙酮保护基的化合物，发现也能获得很好的结果，而且对分子链内部的缩丙酮基团、TBDMS 硅醚保护基团、乙酰基、苯甲酰基等基团没有影响（图 2－47）。对于对酸更敏感的基团，减少过碘酸的用量和用过碘酸钠代替的方法也可取得一定的效果。这一方法自发现后，不仅在我们实验室获得了广泛的应用，而且也在其他实验室得到了很好的使用。Berges 和 Robins 将这一反应的粗产物紧接着用钠硼氢还原，一步从末端缩丙酮保护基得降解一个碳的醇[49]。近年在（－）-cytoxazone 的合成中则采用了这一方法一步水解和断裂由缩环己酮保护的邻二醇[50]。该小组完成的其他一些天然产物合成中，包括前面提到的 boronolide，也都采用了这一反应以获得所需的醛中间体[51~53]。

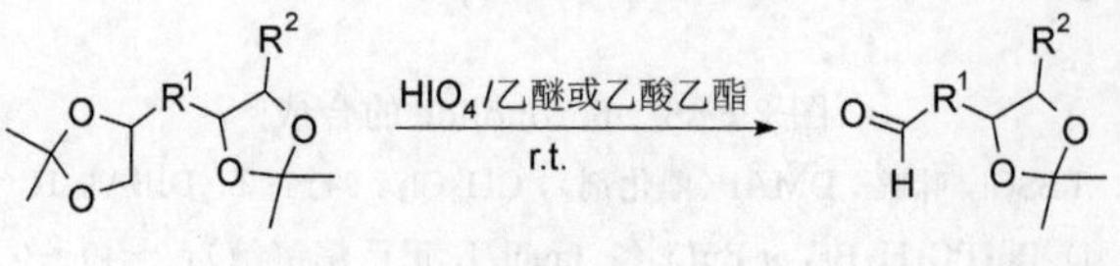

R^1, R^2 —— HIO_4/乙醚或乙酸乙酯, r.t. ——→ R^1, R^2, H

图 2－47

2.5.3.3 砷 Ylide 甲酰烯化反应

黄耀曾小组在胂 Ylide 的制备和应用上，进行了大量开创性的工作[54]。由于胂 Ylide 较之相应的膦 Ylide 有更高的亲核性，因而可以在更平和的条件下进行反应，由此在一些不稳定的天然产物合成中特别合适[55]。前面介绍合作完成的白三烯 A_4 和 B_4 的合成中，就由黄耀曾小组采用了胂 Ylide 的醛甲酰烯基-烯化反应方法，一次插入反、反构型为主的两个共轭双键[10,23]。在此基础上，我们再次合成白

三烯 B_4 和 2.3 节提到的脂氧三醇(lipoxin)时,发现如使用 2.5 倍甲酰甲基胂盐,可以一步进行二次甲酰烯化反应,产率较好,且产物全为反、反构型[20]。由于甲酰甲基胂盐较易制备,因而也为合成具有共轭多烯结构的天然产物提供了一个新的、更简便的方法(图 2-48)。

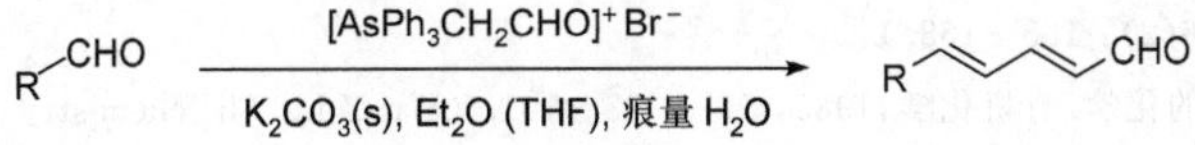

$$\text{R-CHO} \xrightarrow[K_2CO_3(s),\ Et_2O\ (THF),\ \text{痕量}\ H_2O]{[AsPh_3CH_2CHO]^+Br^-} \text{R-CH=CH-CH=CH-CHO}$$

图 2-48

2.5.3.4　半缩醛形成和差向异构化

缩丙酮两边的醛基和 α-羟基烷基链处于反式时是较为稳定的,不能形成半缩醛,因为反式并环的两个五元环通常是不可能生成的,但我们在合成抗稻瘟病介质和 Hepoxilin B/Trioxilin B 时发现,弱碱存在下可使醛基转位形成两个五元顺式并环的半缩醛,如图 2-49 中的化合物 **47** 和 **51**,这实际上是形成半缩醛驱动的醛基差向异构化反应[32,33]。这一反应可得到更多的应用,但目前尚不清楚能否用于 R 边链与缩丙酮环为顺式(R 边链处于 *endo*-构型)的场合,以及能否推广至五元碳环上的醛基差向异构化形成半缩醛的过程。

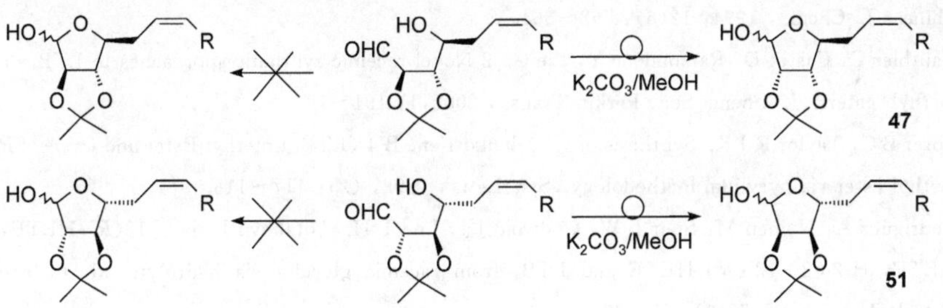

HO, R, HO, OHC, K_2CO_3/MeOH, **47**, **51**

图 2-49

参 考 文 献

1　吴毓林. 磷脂代谢与化学信息分子//惠永正,陈耀全. 化学与生命科学. 北京:化学工业出版社,1991:327～377.(Wu Y L. Phospholipid metabolism and chemical messengers. Hui Y Z, Chen Y Q. Chemistry and Life Sciences. Beijing: Chemistry Industry Press, 1991: 327～377.)

2　Corey E J, Cheng X M. The Logic of Chemical Synthesis. New York: John Wiley & Sons, 1989.

3　吴毓林,张景丽. 双环[2.2.1]庚-5-烯-2-羧酸乙酯的 Prins 反应. 化学学报, 1982, 40(2): 157～163.(Wu Y L, Zhang J L. Prins reaction of ethyl bicyclo [2.2.1] hept-5-en-2-carboxylate. Huaxue Xuebao 1982, 40(2): 157～163.)

4 陈海林,吴毓林.用改良 Prins 反应制备前列腺素关键中间体——Corey 醇.医药工业，1985，16(8)：367～368.（Chen H L，Wu Y L. Preparation of key intermediate—Corey's alcohol for prostaglandin with modified Prins reaction. Pharmaceutical Industry,1985，16(8)：367～368.）

5 前列腺素研究小组.外消旋前列腺素 E_1 和 $F_{1\alpha}$ 甲酯的合成.化学学报,1978，36(2)：155～158.（Prostaglandin Research Group. Synthesis of the racemic prostaglandin E_1 and $F_{1\alpha}$ methyl esters. Huaxue Xuebao,1978，36(2)：155～158.）

6 吴毓林.白三烯的化学.有机化学,1985，5(1)：83～101.（Wu Y L. The chemistry of leukotriene. Youji Huaxue,1985，5(1)：83～101.）

7 吴毓林,王燕芳.白三烯化学合成的新进展.化学进展，1990，4：95～111.（Wu Y L，Wang Y F. New progress on chemical synthesis of leukotriene. Progress Chem.，1990，4：95～111.）

8 Rodríguez A，Nomen M，Spur B W，Godfroid J J，Lee T H. Total Synthesis of Leukotrienes from Butadiene. Eur. J. Org. Chem.，2000，65(10)：2991～2300.

9 Rokach J，Young R N，Kakushima M，Lau C K，Seguin R，Frenette R，Guindon Y. Synthesis of leukotrienes—new synthesis of natural leukotriene A_4. Tetrahedron Lett.，1981，22(11)：979～982.

10 Wang Y F，Li J C，Wu Y L，Huang Y Z，Shi L L，Yang J H. A facile stereoselective synthesis of leukotriene A_4(LTA_4) methyl ester. Tetrahedron Lett.，1986，27(38)：4583～4584.

11 王燕芳,李金翠,吴毓林.不对称羟内酯化合成白三烯 A_4 中间体.化学学报,1988，46：472～477.（Wang Y F，Li J C，Wu Y L. An asymmetric synthesis of leukotriene A_4 key intermediate. Huaxue Xuebao,1988，46：472～477.）

12 Wu W L，Li J，Wu Y L. Enantioselective synthesis of two key intermediates for leukotrienes A_4 and B_4. Chinese J. Chem.，1994，12(6)：562～564.

13 Gauthier C，Castet D，Ramondenc Y，Ple G. 2 Novel racemic synthetic approaches to LTB_4 and LTB_3 methyl- esters. J. Chem. Soc. Perkin Trans.，2002,1：191～196.

14 Borer B C，Taylor R J K. Synthesis of (+)-leukotriene B-4 (LTB_4) methyl-Ester and (−)-(5*R*)-LTB_4 methyl-ester via pyrylium methodology. Syn. Lett.，1992，(2)：117～118.

15 Rodriguez A，Nomen M，Spur B W，Godfroid J J，Lee T H. Total synthesis of 12(*R*)-HETE，12(*S*)-HETE，H-2(2)-12(*R*)-HETE and LTB_4 from racemic glycidol via hydrolytic kinetic resolution. Tetrahedron，2001，57(1)：25～37.

16 王燕芳,李金翠,吴毓林.白三烯 B_4 中 C_{11}～C_{20}片断的合成和硅醚保护基的移位.化学学报，1990，48：1024～1029.（Wang Y F，Li J C，Wu Y L. Synthesis of C_{11}～C_{20} segment of leukotriene B_4 and migration of silyl protecting group. Huaxue Xuebao，1990，48：1024～1029.）

17 孙小玲,吴毓林.重要手性合成砌块(*R*)-丁三醇的合成及纯化.有机化学,2002，22(7)：501～503.（Sun X L，Wu Y L. Synthesis and purification of (*R*)-(+)-butanetriol，an important chiral building block. Youji Huaxue,2002，22(7)：501～503.）

18 Wu W L，Yao Z J，Li Y L，Li J C，Xia Y，Wu Y L. Diastereoselective propargylation of α-alkoxy aldehydes with propargyl bromide and zinc. A versatile and efficient method for the synthesis of chiral oxygenated acyclic natural products. J. Org. Chem.，1995，60(10)：3257～3259.

19 王燕芳,李金翠,吴毓林.利用甘油醛进行白三烯 B_4 中 C_1～C_6 及 C_{11}～C_{20}片断的手性合成.化学学报，1993，51：409～414.（Wang Y F，Li J C，Wu Y L. Chiral synthesis of the C_1～C_6 and C_{11}～C_{20} fragment of leukotriene B_4 from (*R*)- and (*S*)-2,3-*O*-isopropylidene-glyceraldehyde. Huaxue Xuebao,

1993, 51: 409～414.)

20 Peng Z H, Li Y L, Wu W L, Liu C X, Wu Y L. Synthesis of (2*E*, 4*E*)-dienals by double formylolefination with an arsonium salt and its application in the syntheses of lipoxygenase metabolites of arachidonic acid. J. Chem. Soc. Perkin Trans. I, 1996, (10): 1057～1066.

21 王燕芳，李金翠，吴文连，孙小玲，吴毓林，肖文娟，施莉兰，黄耀曾. 白三烯 B_4 合成进展. 自然科学进展(英文版), 1991, 1(1): 68～71. (Wang Y F, Li J C, Wu W L, Sun X L, Wu Y L, Xiao W J, Shi L L, Huang Y Z. The progress in total synthesis of leukotriene B_4. Prog. Nat. Sci. (Eng. Ed.) 1991, 1 (1): 68～71.

22 Wu W L, Wu Y L. Chemoselective hydrolysis of terminal isopropylidene acetals and subsequent glycol cleavage by periodic acid in one pot. J. Org. Chem. 1993, 58(13): 3586～3588.

23 Wang Y F, Li J C, Wu Y L, Xiao W J, Shi L L, Huang Y Z. Chiral synthesis of leukotriene B_4. Chinese Chem. Lett., 1994, 5(6): 459～460.

24 Spur B, Crea A, Peters W, Koenig W. Synthesis of leukotriene B_3. Arch. Pharm., 1985, 318(3): 225～228.

25 王燕芳，吴毓林. 白三烯 B_3 中 C_{10}～C_{20} 片断的立体选择性合成. 合成化学, 1993, 1(3): 215～219. (Wang Y F, Wu Y L. A stereoselective synthesis of C_{10}～C_{20} segment of leukotriene B_3. Hecheng Huaxue, 1993, 1(3): 215～219.)

26 宋凤鸣，葛秀春，郑重，吴文连，吴毓林. 两种十八碳二烯酸诱发水稻对稻瘟病的抗性及其防病作用. 中国水稻科学, 1994, 8(3): 162～168. (Song F M, Ge X C, Zheng, Z, Wu W L, Wu Y L. Effect of two octadecadienoic acids on rice resistance to blast. Chinese J. Rice Sci., 1994, 8(3): 162～168.)

27 Wu W L, Wu Y L. Stereoselective synthesis of two constituents against rice blast disease. Tetrahedron Lett., 1992, 33(27): 3887～3890.

28 Wu W L, Wu Y L. Synthesis of (10*R*)-hepoxilin B_3 methyl ester and (10*R*)- trioxilin B_3 methyl ester. J. Chem. Soc. Perkin Trans. I, 1992,: 2705～2707.

29 Wu W L, Wu Y L. A concise synthesis of the methyl esters of (10*S*)-hepoxilin B_3 and (10*S*)-Trioxilin B_3. J. Org. Chem., 1993, 58(10): 2760～2762.

30 Wu W L, Wu Y L. Stereoselective synthesis of methyl (11*S*,12*S*,13*S*)-(9*Z*,15*Z*)-11- hydroxy-12,13-epoxy octadcadienoate from D-mannose. Tetrahedron, 1993, 49(21): 4665～4670.

31 Wu W L, Wu Y L. Stereoselective synthesis of methyl (11*S*,12*S*,13*S*)-(9*Z*,15*Z*)-11- hydrooxy-12,13-epoxyoctadecadienoate from D-mannose. Prog. Nat. Sci. (Chinese Ed.), 1995, 5(1): 123～125.

32 Wu W L, Wu Y L. Formal syntheses of hepoxilin B_3, trioxilin B_3 and substances effective against rice blast disease and total syntheses of 11(*R*), 12(*S*), 13(*S*)- trihydroxyoctadeca-9(*Z*), 15(*Z*)- dienoic acid. J. Chem. Soc. Perkin Trans. I, 1993, (12): 3081～3086.

33 Wu W L, Wu Y L. Formal syntheses of Hepoxilin B_3, Trioxilin B_3 and substances against rice blast disease from D-mannitol. J. Chem. Soc. Chem. Commun., 1993,: 821～822.

34 Guilford W J, Bauman J G, Shawn Bauer W S, Wei G P, Davey D, Schaefer C, Mallari C, Terkelsen J, Tseng J L, Shen J, Subramanyam B, Schottelius A J, Parkinson J F. Novel 3-oxa Lipoxin A_4 analogues with enhanced chemical and metabolic stability have anti-inflammatory activity *in-vivo*. J. Med. Chem., 2004, 47: 2157～2165.

35 Rodríguez A, Nomen M, Spur B W, Godfroid J J, Lee T H. Total synthesis of lipoxin A_4 and lipoxin B_4 from butadiene. Tetrahedron Lett., 2000, 41: 823～826.

36 a. Wu. W L, Wu Y L. Diastereoselective synthesis of (－)-(5*R*,6*S*)-6-acetoxy-hexadecan- 5-olide. J. Chem. Res. , 1990, : 112～113. ; b. Wu W L, Wu Y L. Diastereoselective synthesis of (－)-(5*R*,6*S*)-6-acetoxy-hexadecan- 5-olide. J. Chem. Res. (M), 1990, : 866～876.

37 Wu W L, Wu Y L. A concise synthesis of the natural mosquito oviposition attractant pheromone from D-glucose. J. Carbohydrate Chem. , 1991, 10(2): 279～281.

38 Wu W L, Wu Y L. Carbohydrate as chiral pool for EPC synthesis. Progress Chem. , 1993, (10): 67～81.

39 吴毓林.由糖合成手性纯天然化合物和其类似物//黄量,戴立信.手性药物的化学与生物学.北京:化学工业出版社,2002: 195～215.(Wu Y L. Syntheses of chiral pure natural products and their analogs from carbohydrates. Huang L, Dai L X. The Chemistry and Biology of Chiral Drug. Beijing: Chemistry Industry Press, 2002: 195～215.)

40 吴文连,吴毓林.对称性和邻二醇类脂链化合物的合成设计.吉林大学自然科学学报,1992,特刊(化学): 62～73.(Wu W L, Wu Y L. Symmetry and synthesis design for vicinal glycol aliphatic chain compounds. Acta Sci. Nat. Univ. Jilin, 1992, Suppl. (Chem): 62～73.)

41 Wu Y L, Wu W L, Li Y L, Sun X L, Peng Z H. Stereoselective synthesis of acyclic natural products containing chiral vicinal diol. Pure & Appl. Chem. , 1996, 68(3): 727～734.

42 a. Shi Z D, Yang B H, Wu Y L. A stereospecific synthesis of L-ribose and L-ribosides from D-galactose. Tetrahedron Lett. , 2001, 42: 7651～7653. ; b. Shi Z D, Yang B H, Wu Y L. A stereospecific synthesis of L-deoxyribose, L-ribose and L-ribosides. Tetrahedron, 2002, 58(16): 3287～3296.

43 Hu S G, Wu Y, Wu Y L. A concise approach to the synthesis of L- and D-deoxyribose. Chin. J. Chem. , 2002, 20(11): 1358～1362.

44 Hu S G, Hu T S, Wu Y L. Stereoselective synthesis of (＋)-boronolide and its 8-epimer. Org. Biomol. Chem. , 2004, 2(16): 2305～2310.

45 Diaz D D, Betancort J M, Crisostomo F R P, Martin T, Martin V S. Stereoselective synthesis of syn-2,7-disubstituted-4,5-oxepenes. Tetrahedron, 2002, 58(10): 1913～1919.

46 Huang H L, Liu R S. A facile synthesis of enantiopure tricyclic furanyl and pyranyl derivatives via tungsten-mediated cycloalkenation and Diels-Alder reaction. J. Org. Chem. , 2003, 68(3): 805～810.

47 Chattopadhyay A. (*R*)-2,3-*O*-cyclohexylideneglyceraldehyde, a versatile intermediate for asymmetric-synthesis of homoallyl and homopropargyl alcohols in aqueous-medium. J. Org. Chem. , 1996, 61(18): 6104～6107.

48 Pakulski Z, Zamojski A. Diastereoselective propargylation of sugar aldehydes—new synthesis of 6-deoxyheptoses. Tetrahedron, 1997, 53(7): 2653～2666.

49 Xie M Q, Berges D A, Robins M J. Efficient dehomologation of di-*O*-isopropylidenehexofuranose derivatives to give *O*-isopropylidenepentofuranoses by sequential treatment with periodic acid in ethylacetate and sodium-borohydride. J. Org. Chem. , 1996, 61(15): 5178～5179.

50 Carda M, Gonzalez F, Sanchez R, Marco J A. Stereoselective synthesis of (－)-cytoxazone. Tetrahedron Asymmetry, 2002, 13(9): 1005～1010.

51 Carda M, Rodriguez S, Segovia B, Marco J A. Stereoselective synthesis of (＋)-boronolide. J. Org. Chem. , 2002, 67(18): 6560～6563.

52 Murga J, Falomir E, Carda M, Marco J A. Erythrulose derivatives as functionalized chiral D(3) and D

(4) synthons. Tetrahedron Asymmetry, 2002, 13(21): 2317～2327.

53 Carda M, Rodriguez S, Castillo E, Bellido A, Diazoltra S, Marco J A. Stereoselective synthesis of (−)-malyngolide, (+)-malyngolide and (+)-tanikolide using ring-closing metathesis. Tetrahedron, 2003, 59(6): 857～864.

54 Huang Y Z. The chronicle of my scientific study. Rev. Heteroat Chem., 1995, 12: 1～21.

55 He H S, Chung C, W Y, But T Y S, Toy P H. Arsonium Ylide in organic-synthesis. Tetrahedron, 2005, 61(6): 1385～1405.

第 3 章　鞘脂类化合物的合成

第 2 章中提到了细胞膜上膜脂-磷脂中的甘油磷酸酯[或称磷脂酸类(phosphatidic acid，PA)]的代谢产物和它们的合成研究，其中主要是介绍了由此代谢得到的花生四烯酸再进一步氧化代谢产物的合成研究。细胞膜上膜脂-磷脂中另外一种含量较小的组分为鞘(磷)脂，鞘脂在细胞膜上也有着特殊的作用，尤其近年来发现在细胞膜上存在有富集鞘脂和胆固醇的称为脂筏(lipid raft)的特殊区域，进一步的研究工作显示其在细胞信号传导中起着独特的作用[1,2]。鞘脂的结构是有一长链氨基醇、形成酰胺的一条长链脂肪酸以及一头部极性基团所组成。就哺乳动物而言，从其细胞膜中检出的鞘脂有 300 种以上，组成的长链氨基醇主要为鞘氨醇，极性基团可为磷酸胆碱或各种糖。不含极性基团的游离羟基化合物-*N*-脂酰基鞘氨醇也称神经酰胺(ceramide)，极性基团为糖的鞘脂也称脑苷(cerebroside)(图 3-1)。

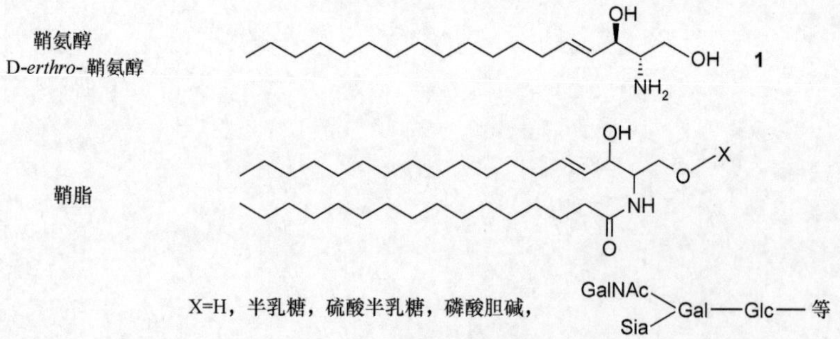

鞘氨醇
D-*erthro*-鞘氨醇　　1

鞘脂

X=H，半乳糖，硫酸半乳糖，磷酸胆碱，GalNAc/Sia—Gal—Glc—等

图 3-1

3.1　鞘氨醇的合成

鞘氨醇是较早发现的一种化合物，但是很长一段时期内不清楚它的生理作用，被认为是一种神秘的化合物，所以获得了 sphingosine(源自希腊神话斯芬克斯——sphinx)这样的英文名称。近年来它在细胞活动中所起的作用，正在逐步被科学界所揭示，它不仅是鞘脂的基本组分，而且本身就是细胞调控的一类内源性介质。

随着鞘氨醇和鞘氨醇类衍生物——神经酰胺、脑苷等鞘脂生理作用的逐步探悉，它们的生理和化学作用引起了广泛的兴趣，而从天然的脂质中往往很难得到单一的纯化合物，因此鞘氨醇和鞘氨醇类化合物的合成自 20 世纪 50 年代以来一直不断有新的报道[3~5]。20 世纪 90 年代初在文献中已报道有不少合成方法，有以不对称合成的方法来形成鞘氨醇中的手性中心，更多则用手性元途径来构筑它的两个手性中心，其中有用丝氨酸的胺基直接转变成鞘氨醇的胺基，也有从糖出发改造合成到手性纯的鞘氨醇[3]。尽管方法较多，但每条路线都还有各自的局限性，如原料的易得性，合成反应中的立体选择性，各步反应的产率等，因此发展新的合成途径仍然是一项很有学术意义的工作。

Yamanoi 等由 D-甘油酸酯出发合成了 1,2,3-三羟基十八-4-烯关键中间体，由此经缩醛保护 1,3-二羟基后，取代 2-位羟基即可合成 D-*erythro*-鞘氨醇[6]。三羟基中间体至鞘氨醇的合成是由 Kamikawa 等最先报道的[7]，他们是以半乳糖为原料合成所需的中间体，期间双键构型的控制不及前一路线（图 3－2）。

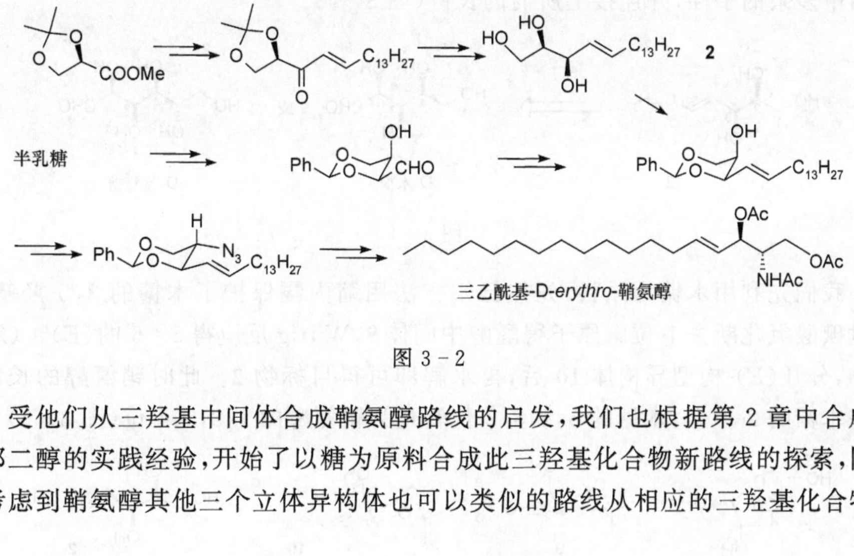

COOMe　$C_{13}H_{27}$　HO　OH　2
半乳糖　Ph　OH　CHO　$C_{13}H_{27}$
Ph　H　N_3　$C_{13}H_{27}$　OAc　OAc　NHAc
三乙酰基-D-*erythro*-鞘氨醇

图 3－2

受他们从三羟基中间体合成鞘氨醇路线的启发，我们也根据第 2 章中合成手性邻二醇的实践经验，开始了以糖为原料合成此三羟基化合物新路线的探索，同时也考虑到鞘氨醇其他三个立体异构体也可以类似的路线从相应的三羟基化合物合

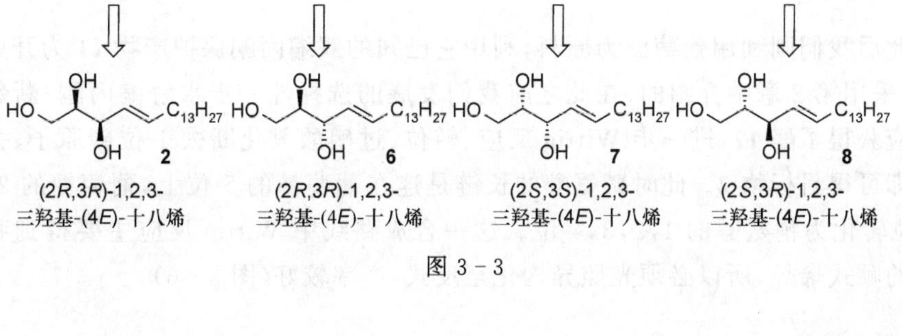

NH_2　HO　$C_{13}H_{27}$　OH
D-*erythro*-鞘氨醇
(2*S*,3*R*)-鞘氨醇　1
(2*S*,3*S*)-鞘氨醇　3
(2*R*,3*S*)-鞘氨醇　4
(2*R*,3*R*)-鞘氨醇　5

(2*R*,3*R*)-1,2,3-三羟基-(4*E*)-十八烯　2
(2*R*,3*R*)-1,2,3-三羟基-(4*E*)-十八烯　6
(2*S*,3*S*)-1,2,3-三羟基-(4*E*)-十八烯　7
(2*S*,3*R*)-1,2,3-三羟基-(4*E*)-十八烯　8

图 3－3

成，同样也可以合成四个不同构型的鞘氨醇，并为比较研究它们的生物活性打下基础[8]（图 3-3）。

四个三羟基化合物中两个化合物手性羟基的相对构型为 *threo*，另两个为 *erythro*，根据第 2 章中对 *threo*/*erythro* 对称性的分析，我们分别推导了一些易得的糖和糖的片段可以作为这四个三羟基化合物的手性原料。天然鞘氨醇［D-*erythro*-鞘氨醇，或称(2*S*,3*R*)-鞘氨醇］(**1**)的前体——(2*R*,3*R*-4*E*)-1,2,3-三羟基十八-4-烯(**2**)为 *threo*-构型。在 2.5.2 节中已提到 *threo* 二醇的片段具 C_2 轴对称性，由二醇原料合成时，必须从相同绝对构型的 *threo* 二醇出发，但两边基团的引入可任意交换，在具体合成时可视何种方式较为方便、有利而定。对此我们在最易得的糖中寻找与 **2** 构型相同的二醇片段，我们分析到了 D-木糖的 3,4-片段和 D-葡萄糖的 3,4-二醇片段可以作为 **2** 的手性源，而且也设计了合适的反应来除去原料中多余的手性，并连接上所需的长链（图 3-4）。

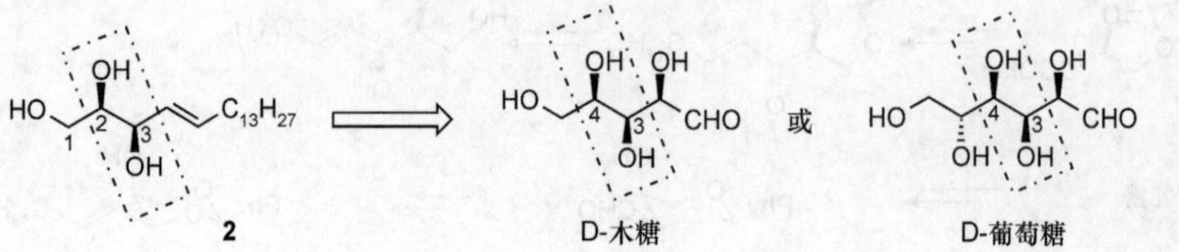

图 3-4

我们先利用木糖为原料，先按已知方法用缩丙酮保护了木糖的 3,5-羟基，然后过碘酸氧化断去 1-位碳原子得醛醇中间体 **9**，Wittig 反应得 5∶6 的(*E*)∶(*Z*)混合物，分开(*E*)-构型异构体 **10** 后，再水解即可得目标物 **2**。此时鞘氨醇的长链是连在木糖的 2-位上，木糖的 5,4,3,2-位转化为鞘氨醇的 1,2,3,4-位（图 3-5）。

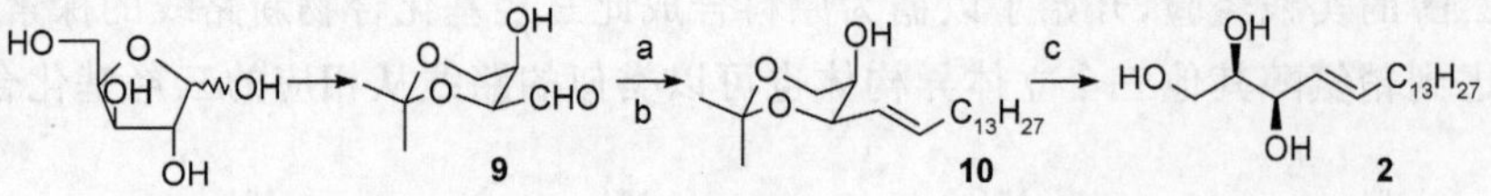

图 3-5

试剂和反应条件：a. $PPh_3C_{14}H_{29}Br$, *n*-BuLi, THF, 64%；
b. 分离异构体；c. 80% $HOAc-H_2O$, 60℃, 96%

此后我们则利用葡萄糖为原料，利用它已知的双缩丙酮保护产物 **11** 为开始中间体，采用第 2 章中介绍的、在此之前我们发展的选择性一步水解缩丙酮-断邻二醇反应获得了醛 **12**，进一步 Wittig 反应、转位、过碘酸氧化断去 1-位碳原子、去保护后即可得目标物 **2**。此时鞘氨醇的长链是连在葡萄糖的 5-位上，葡萄糖的 2,3,4,5-位转化为鞘氨醇的 1,2,3,4-位。这一合成路线中 Wittig 反应主要得到我们不要的顺式烯烃，所以必须光照异构化至反式，产率较好（图 3-6）。

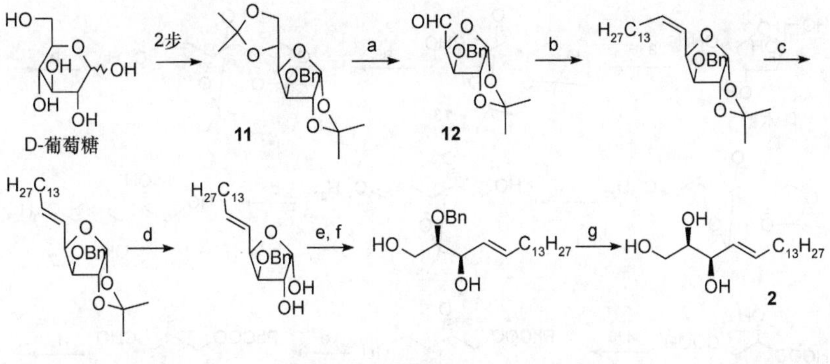

图 3-6

试剂和反应条件：a. H_5IO_6，Et_2O；b. $PPh_3C_{14}H_{29}Br$，n-BuLi，THF，2 步，56%；c. PhSSPh，$h\nu$，94%；d. 0.5 mol/L H_2SO_4，1,4-二氧六环，回流，97%；e. $NaIO_4$，$NaHCO_3$，MeOH，83%；f. $NaBH_4$，^iPrOH，92%；g. $Li/NH_3(l)$，93%

对于 **2** 的对映体，另外一个 *threo*-构型的(2*S*,3*S*)-(4*E*)-1,2,3-三羟基十八-4-烯(**7**)，我们则分析到了 D-木糖的 2,3-片段和 L-酒石酸可以作为它的手性源，D-木糖 2,3-片段的绝对构型正好与 3,4-片段相反，所以，两片段可以分别合成构型相反的两个产物。L-酒石酸的构型也与 D-木糖 2,3-片段的绝对构型相同，因此也可以作为 **7** 的手性源，其实 D-酒石酸也可以作为 **7** 的对映体 **2** 的手性源，只是 D-酒石酸不是天然界中较丰富的产物，价格略贵，因此在合成 **2** 时未予采用。但从 L-酒石酸合成 **7** 的路线是完全可套用于从 D-酒石酸合成化合物 **2**(图 3-7)。

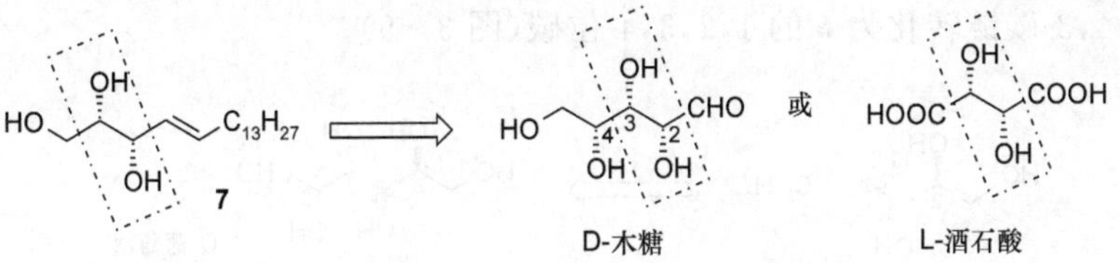

图 3-7

D-木糖经 3 步已知反应得双缩丙酮保护的醛 **13**，醛 **13** 经 Wittig 反应、转位、一步水解缩丙酮-断邻二醇反应、还原再去保护即得三醇 **7**。除双键构型不得不增加一步光异构化外，整个路线较为简捷，产率也好，其时木糖的 3,2-位手性碳变换为三醇 **7** 的 2,3-位的碳。在此前先进行的 L-酒石酸路线中，引入烯烃链的反应类似，但之前需先进行选择性反应，将酒石酸的两个羧基分别转化为保护的羟基和醛基(图 3-8)。

对于 *erythro*-构型的(2*R*,3*S*)-(4*E*)-1,2,3-三羟基十八-4-烯(**6**)，我们则分析到葡萄糖的 4,5-片段可作为它的手性源。按已知方法很易制备得羟基醛 **14**，较有

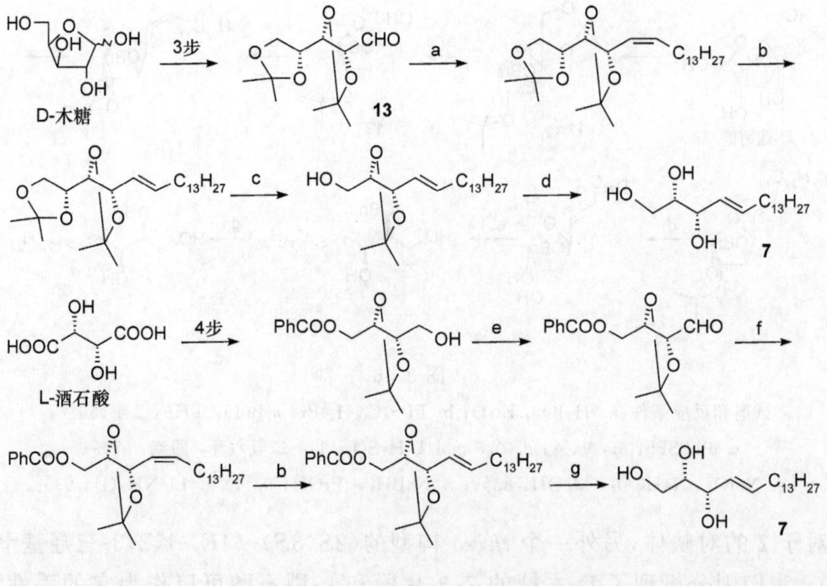

图 3-8

试剂和反应条件：a. $PPh_3C_{14}H_{29}Br$，*n*-BuLi，THF，78%；b. PhSSPh，$h\nu$，96%；c. H_5IO_6，Et_2O；$NaBH_4$，^iPrOH，2 步，64%；d. 80% $HOAc-H_2O$，60℃，92%；e. Collins 氧化试剂；f. $PPh_3C_{14}H_{29}Br$，LDA，THF，2 步，52%；g. $K_2CO_3-H_2O$，再 80% $HOAc-H_2O$，60℃，85%

意义的是 **14** 的 Wittig 反应可以得到以(*E*)-构型为主[(*E*)∶(*Z*) = 10∶1)]的烯烃产物 **15**，而不是通常(*Z*)-构型为主的产物，**15** 去保护后即得目标物，这时葡萄糖的 6,5,4,3-碳链转化为 **6** 的 1,2,3,4-位碳(图 3-9)。

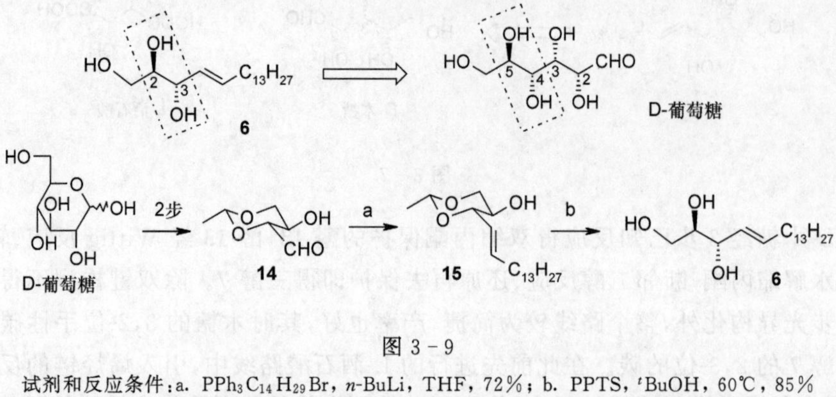

图 3-9

试剂和反应条件：a. $PPh_3C_{14}H_{29}Br$，*n*-BuLi，THF，72%；b. PPTS，^tBuOH，60℃，85%

另外一个 *erythro*-构型的(2*S*,3*R*)-(4*E*)-1,2,3-三羟基十八-4-烯 (**8**)，**6** 的对映体，理论上也可由葡萄糖的 4,5-位为其手性源，如能将葡萄糖合成 6,5,4,3-碳链倒过来转化为 **8** 的 4,3,2,1-位碳。但可惜迄今尚未有可进行这样合成的简捷方法，于是就转而采用 D-甘露糖为其手性源，将甘露糖的 1,2,3,4-位转化为 **8** 的 4,3,2,1-位。实际合成时先按已知方法将甘露糖合成至双缩丙酮保护的前体 **16**，Wittig 反应、转位、选择性一步水解缩丙酮-断邻二醇除去两个碳、还原、去保护得目标物 **8**(图 3-10)。从此合成路线也可看到，如颠倒反应顺序，先将中间体 **16** 还原，再选择性保护所得的伯羟基，然后选择性一步水解缩丙酮-断邻二醇除去两个碳、Wittig 反应、转位、去保护则可得 **8** 的对映体 **6**。但此时合成路线相对于图 3-9的葡萄糖路线显得不那么直接，而且还需双键转位，因此未曾付诸实际应用。

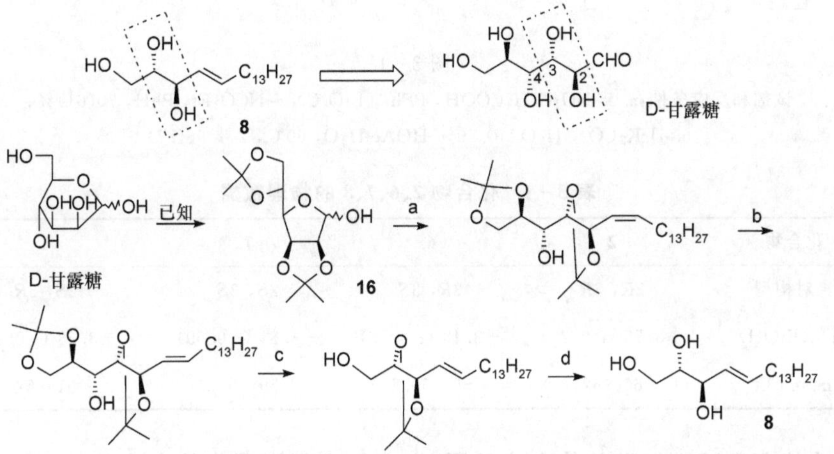

图 3-10

试剂和反应条件：a. $PPh_3C_{14}H_{29}Br$，*n*-BuLi，THF，89%；b. PhSSPh，*hν*，87%；c. i) H_5IO_6，Et_2O，ii) $NaBH_4$，^iPrOH，2 步，62%；d. 80% $HOAc-H_2O$，60℃，89%

上述路线中 **8** 的 2,3-位羟基系直接从甘露糖移植而来，在此之前我们也曾试图利用图 3-5 合成 **2** 的中间体 **10**，将其游离的 2-位羟基进行 Mitsunobu 转位反应，正常情况下此时将可进一步合成目标物 **8**，但实际操作时却发生了 1,3-缩丙酮重排为 1,2-缩丙酮，进而 3-位羟基发生了转位，最终获得了 **8** 的对映体 **6**。考虑到缩丙酮保护 1,3-二羟基不太稳定，于是另从 D-半乳糖出发合成了缩乙醛保护的中间体 **10b**，但在进一步的 Mitsunobu 转位反应时仍发生了重排，仅合成至 **6**(图 3-11)。

至此我们系统地合成了可以作为合成四个不同构型的鞘氨醇的前体四个三羟基化合物 **2**，**6**，**7**，**8**，它们的手性羟基均来自相应易得的糖或酒石酸。在合成化合物 **8** 时试图采用 Mitsunobu 转位反应，但发生了缩醛(酮)的重排，实际生成了 **6**。在这四个化合物的合成中，除从葡萄糖合成 **6** 的路线外双键的(*E*)-构型均不能得到很好的控制，这是这些路线的共同不足之处。这四个化合物两两为对映体，从合成得到的它们的比旋光值数据也明白无误地证明了这一性质(表 3-1)。

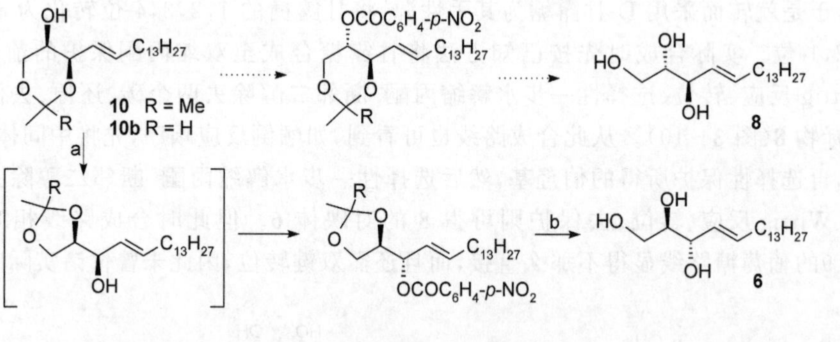

图 3-11

试剂和反应条件：a. p-$NO_2C_6H_4COOH$，PPh_3，$EtO_2CN{=}NCO_2Et$，PhH，70(61)%；
b. i) K_2CO_3，H_2O，ii) 80% HOAc-H_2O，60℃，2 步 96(87)%

表 3-1 化合物 2、6、7、8 的物理数据

化合物	2	6	7	8
绝对构型	2*R*，3*R*	2*R*，3*S*	2*S*，3*S*	2*S*，3*R*
$[\alpha]_D$(EtOH)	+3.75 (*c* 0.23)	−3.48 (*c* 0.78)	−3.84 (*c* 0.69)	+3.58 (*c* 0.17)
m. p. /℃	60～62	59～60.5	59～61	61～62

在进行上述鞘氨醇前体合成的同时，我们也开展了直接合成(2*S*，3*R*)-鞘氨醇新路线的探索。关键点在于试图利用 1988 年 K. B. Sharpless 发表的邻二醇可以高产率地生成环硫酸酯的方法。邻二醇环硫酸酯的性质类似于环氧，可进行亲核开环反应。于是我们从由 *D*-甘露醇制得的 *D*-甘油醛缩丙酮出发，由 Wittig-Horner 反应引入 α,β-不饱和酯，双羟基化得 *erythro* 选择为主的产物，当采用 Sharpless 的不对称催化条件时，可得几乎单一的 *erythro* 产物。此双羟基化合物两步反应可高产率地转化为硫酸酯，用叠氮化钠作亲核试剂可区域专一地进攻酯基 α-位的环硫酸酯，再经还原后即可建立起具有正确立体化学的鞘氨醇 1,2,3-位(图 3-12)。进一步按常规的反应即可得 2,3-位保护的鞘氨醇。这一合成显示环硫酸酯是一很好的替代环氧的官能团，在后面引入长链碳的 Wittig 反应时 1-位的苯甲酸酯保护基同时选择性地除去，这现象有些令人意外，但对进一步合成神经节苷酯是有利的，可以直接在此游离羟基上进行糖苷化反应。合成中也显示了反式双键的双羟基化仅是由于底物诱导的选择性不好，而不得不用不对称催化剂来进一步提高反应的选择性。另外，也像上面的合成一样，鞘氨醇的反式双键还不得不依赖转位来获得[9]。

为克服上述控制反式双键构型的困难和更好地利用糖作为鞘氨醇的手性源，我们另行设计了由 D-木糖为原料，亚铜催化 Grignard 试剂的 S_N2'反应为关键反

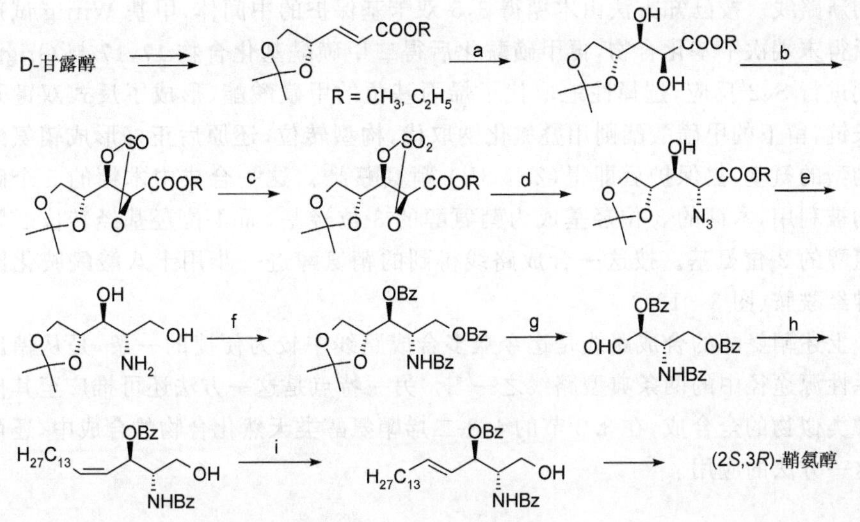

图 3-12

试剂和反应条件：a. OsO_4，NMO，丙酮-H_2O，57%，*erythro*∶*threo*=3∶1，或 DHQD-CLB，K_3FeCN_6，K_2CO_3，OsO_4(催化剂)，${}^tBuOH-H_2O$，51% *erythro*∶*threo*>95∶5；b. $SOCl_2$，Et_3N，CH_2Cl_2；c. $RuCl_3/NaIO_4$，2步，86%；d. NaN_3，DMF，100%；e. $LiAlH_4$，THF，83%；f. BzCl，Et_3N，50%；g. i) *p*-TsOH，MeOH，50℃，N_2，ii) $NaIO_4$，应可采用一步 H_5IO_6，Et_2O；h. $PPh_3C_{14}H_{29}Br$，LDA，THF，3步，61%；i. PhSSPh，*hν*，90%

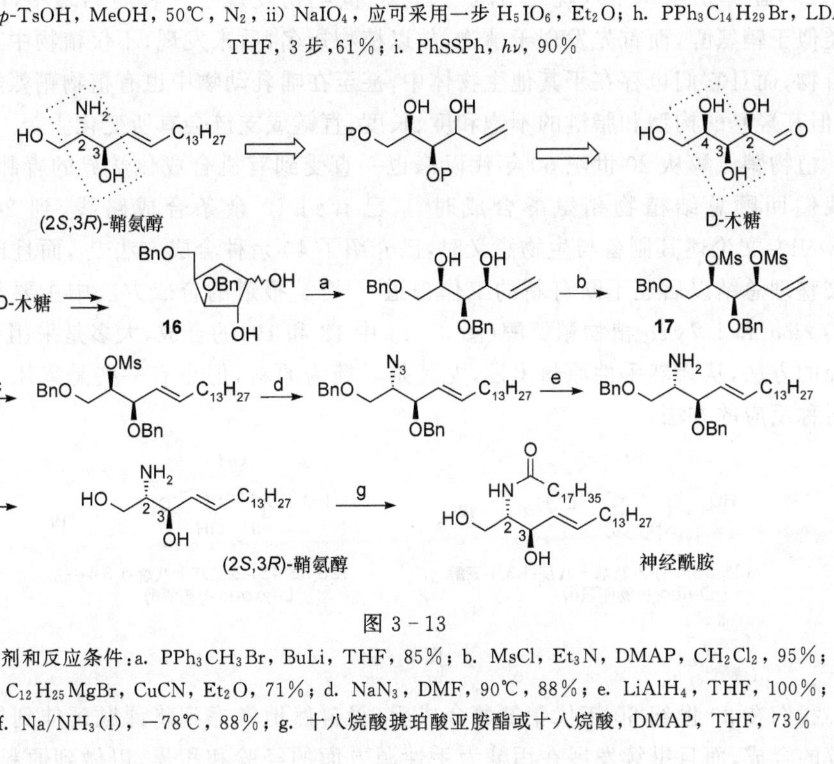

图 3-13

试剂和反应条件：a. PPh_3CH_3Br，BuLi，THF，85%；b. MsCl，Et_3N，DMAP，CH_2Cl_2，95%；c. $C_{12}H_{25}MgBr$，CuCN，Et_2O，71%；d. NaN_3，DMF，90℃，88%；e. $LiAlH_4$，THF，100%；f. Na/NH_3(l)，−78℃，88%；g. 十八烷酸琥珀酸亚胺酯或十八烷酸，DMAP，THF，73%

应的新路线。按已知方法由木糖得 3,5-双苄基保护的中间体,甲基 Wittig 试剂反应后得末端次甲基化合物,再甲磺酰化后得二甲磺酰基化合物 **17**,**17** 与 Grignard 试剂进行 S_N2'反应,选择性地取代了烯丙基位的甲磺酸酯,形成了反式双键开始的长链,留下的甲磺酸酯则用叠氮化钠取代,构型转位,还原后正好形成鞘氨醇所需构型的氨基,去保护后即得(2*S*, 3*R*)-鞘氨醇[10]。这一合成中木糖的 5 个碳原子均被利用,木糖的 3-位羟基成为鞘氨醇的 3-位羟基,而 4-位羟基经转位后则成鞘氨醇的 2-位氨基。按这一合成路线得到的鞘氨醇进一步用十八酸酰胺化则可得神经酰胺(图 3-13)。

上述鞘氨醇的合成路线是迄今众多合成路线中较为便捷的一条,是从糖出发的手性源途径中的两条典型路线之一[5]。另一特点是这一方法还可推广至其他鞘氨醇类似物的全合成,在 3.3 节的 4,8-二烯鞘氨醇类天然化合物的合成中,还可发现这一方法的应用。

3.2　植物鞘氨醇类的合成

植物鞘氨醇是一类 2-氨基-1,3,4-三羟基长脂链化合物,最主要的植物鞘氨醇(2*S*,3*S*,4*R*)-2-氨基十八烷-1,3,4-三醇 20 世纪初发现于一种蘑菇之中,因其结构类似于鞘氨醇,而首先发现于植物,故以植物冠名,后来发现,不仅植物中有这类化合物,而且它们也存在于其他生物体中,甚至在哺乳动物中也有植物鞘氨醇的发现,但其羟基的构型和脂链的不饱和度、长度、直链或支链会有所变化。

植物鞘氨醇从 20 世纪 60 年代以来也一直受到有机合成化学界的青睐,1996 年我们回顾总结植物鞘氨醇合成时[3],已看到 10 余条合成路线,到 2002 年 Howell专文论述其制备与生物意义时,已介绍了 40 余种合成方法[11],而且Howell 专文整理总结以后还不断有新的工作报道[12~14]。报道的合成方法中主要是致力于 D-*ribo*-和 L-*lyxo*-植物鞘氨醇(图 3-14 中 **18** 和 **19**)的合成,大多是采用手性元途径的方法,从天然手性原料出发,尤其是以糖为原料,但也有一些是采用了催化不对称反应的方法。

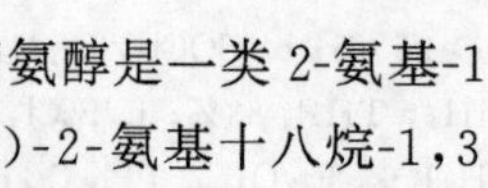

OH
HO 2 3 4 $C_{13}H_{27}$　**18**
NH_2 OH
(2*S*,3*S*,4*R*)-2-氨基十八烷-1,3,4-三醇
D-*ribo*-植物鞘氨醇

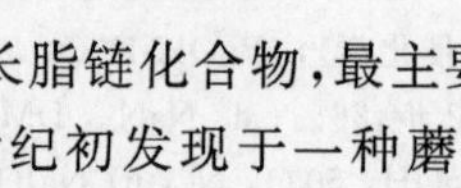

OH
HO 2 3 4 $C_{13}H_{27}$　**19**
NH_2 OH
(2*S*,3*S*,4*S*)-2-氨基十八烷-1,3,4-三醇
L-*lyxo*-植物鞘氨醇

图 3-14

我们在 20 世纪 90 年代鞘氨醇合成后,很自然地考虑到将课题延伸到植物鞘氨醇的合成,而且继续发展在用糖为手性源方面的经验和积累,以做到原料易得、

合成路线简捷高效。当时 Schmidt 等已报道了从由半乳糖来的中间体 **20** 出发，经 Grignard 反应引入 14 个碳的长链，得到两个构型比例为 1∶1 的产物，分得正确构型的产物后经几步反应后可得 D-*ribo*-植物鞘氨醇。我们在花生四烯酸氧化代谢产物的合成中，已发现了锌粉-溴丙炔在 DMF-乙醚中进行的炔丙基化反应，可以获得高产率、高 *erythro* 选择性的结果。当这一反应应用于中间体 **20** 时确也获得了 11.7∶1 的好结果，由此获得的主产物 **21** 的构型正好与 D-*ribo*-植物鞘氨醇(**18**)的 4-位构型一致，而炔丙基的末端炔则又可用于延伸碳链至植物鞘氨醇所需的长度，在必要时也可引入合成其他植物鞘氨醇类似物所需的不同碳链。中间体 **21** 选择性甲磺酰后，无法取代为叠氮基团，但改用更活泼的三氟甲磺酯基后，反应即能顺利进行。最后烷基化、去保护和氢化后即得合成目标物 **18**[15]（图 3－15）。

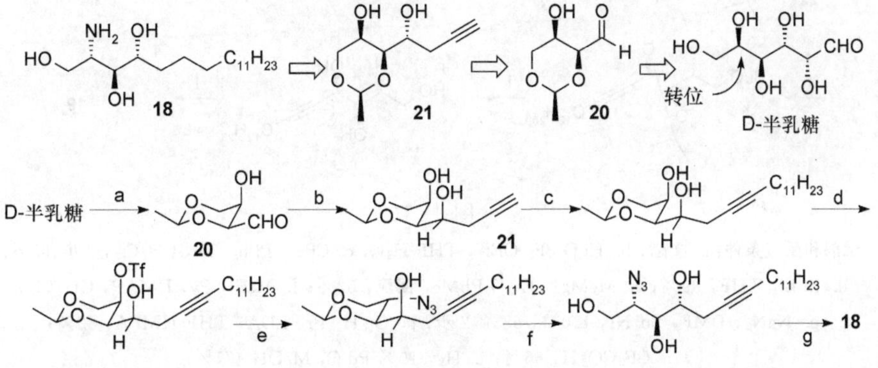

图 3－15

试剂和反应条件：a. 文献；b. Zn 粉，$BrCH_2C{\equiv}CH$，DMF-Et_2O(1∶1)，85％；c. $C_{11}H_{23}Br$，BuLi，THF-HMPA，74％；d. Tf_2O，Py，CH_2Cl_2，－78～0℃；e. NaN_3，DMF，r. t.；2 步，82％；f. 90％ CF_3COOH，54％；g. H_2，10％ Pd-C，MeOH，93％

由于在底物 **20** 上尚无 *threo* 选择性的加成反应，因此对 4-位差向异构体的 L-*lyxo*-植物鞘氨醇(**19**)的合成就只能另辟途径。我们比较对照 **19** 和一些糖的构型，发觉木糖的 3,2-位构型正好与 **19** 的 3,4-位构型一致，而 4-位羟基的构型与 **19** 的 2-位氨基构型相反，也正好用于亲核取代获得所需构型的氨基。因此，木糖确是十分合适的原料，留下合成中要解决的主要问题是在木糖的 1-位上接上 13 个碳原子的长链和将木糖的 4-位羟基裸露出来进行取代转位最终形成氨基。具体实行的合成路线见图 3－16[15]，其中，将中间体 **22** 的末端缩丙酮选择性地开环成单叔丁醚，是采用了陆天尧小组的方法，由此进一步成功地实现了叠氮基团的引入和构型翻转。在这一合成中长链的引入采取了与 **18** 合成相同的策略，使用了分步和末端炔烷基化的方法，但如果采用 Wittig 反应一次性引入 13 个碳原子的方法应该也是可行的，只是较早引入长链对以后的反应可能不利，会降低反应的产率。

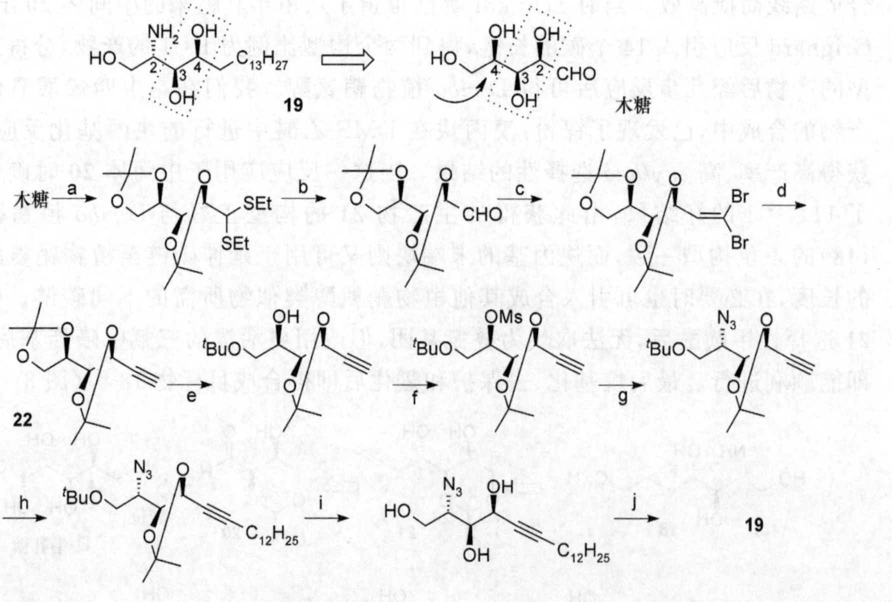

图 3-16

试剂和反应条件：a. 文献；b. $HgO-BF_3-OEt_2$，$THF-H_2O$；c. CBr_4，PPh_3，Zn，CH_2Cl_2，2 步，62%；d. BuLi，THF，89%；e. MeMgI，Et_2O-PhMe，回流，52%；f. MsCl，Py，DMAP，CH_2Cl_2；g. NaN_3，DMF，Bu_4NI，110℃，68%，2 步；h. $C_{12}H_{25}Br$，LDA，THF-HMPA，82%；i. CF_3CO_2H，66%；j. H_2，10% Pd-C，MeOH，77%

天然存在的糖鞘脂（脑苷，cerebroside）中的长链碱（long chain base，LCB）除了 2-氨基-1，3-二羟基的鞘氨醇型、2-氨基-1，3，4-三羟基的植物鞘氨醇型外，也有含四羟基的类型存在，20 世纪 90 年代初从 *Euphorbia characias* L 分离到的脑苷中就含有这样的十八碳四羟基长链碱 **23**。我们比较对照 **23** 和一些糖之间构型关系，发觉可利用甘露糖的整个分子，但需翻转其 5，4-位的构型以适应长链碱 **23** 2，3-位的立体化学要求。对此我们从双缩丙酮保护甘露糖出发，Wittig 反应引入长链碱 **23** 的顺式双键的长链，裸露的羟基反应后得到甲磺酸酯，然后与 2-位羟基形成氧桥，同时发生构型翻转。下一步原拟利用叠氮离子在 2-位亲核进攻开氧桥以翻转构型并引入氨基，但产率极差，于是先将 1-位羟基转化为氨基甲酸酯，再进行分子内的氧桥开环反应，由此顺利实现二次构型翻转的要求，并最终实现了四羟基长链碱的首次合成[16]（图 3-17）。在我们合成之后，1996 年 Yoda 等[17]也报道了由 L-谷氨酸合成 **23**，1999 年 Shimizu 等[18]则由内消旋酒石酸酯出发，经酶水解去对称化，再在两边分别进行醛和亚胺的不对称加成也合成了同样的目标分子 **23**。

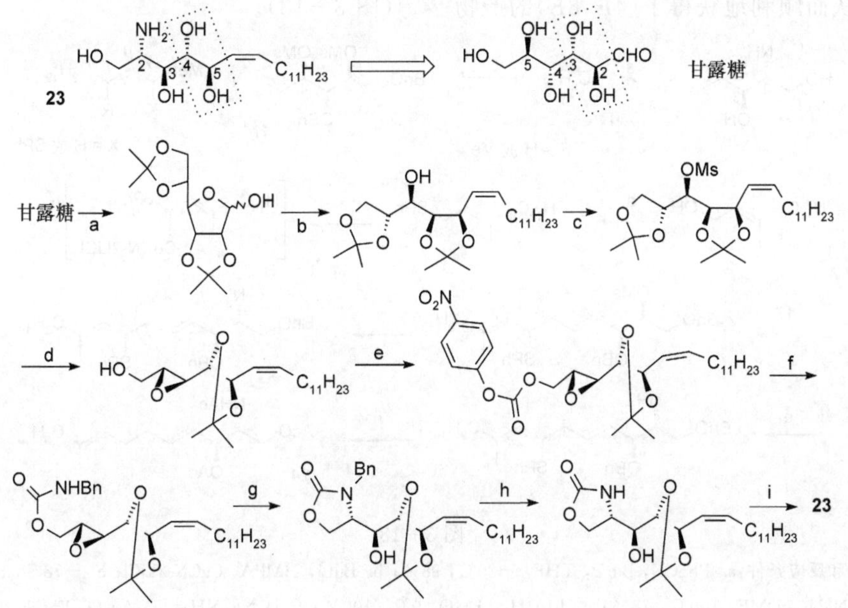

图 3-17

试剂和反应条件：a. 文献；b. $PPh_3C_{12}H_{25}Br$，THF-HMPA，BuLi，−78℃，79%；c. MsCl，Py，DMAP，CH_2Cl_2，99%；d. PPTS，MeOH；再 K_2CO_3，MeOH，78%；e. p-$NO_2C_6H_4CO_2Cl$，Py，CH_2Cl_2；f. $BnNH_2$，CH_2Cl_2，2 步，86%；g. $NaN[SiMe_3]_2$，THF，82%；h. Li/NH_3，89%；i. 2 mol/L NaOH，EtOH，90℃，再 80% HOAc，80℃，16 h，74%

3.3　4,8-二烯鞘氨醇类化合物和其脑苷类化合物的合成

随着从天然界分离鞘脂类化合物研究工作的广泛开展，发现鞘脂中的长链碱在链长、甲基取代以及双键的数目等方面会有很多的变化，其中十八碳-4,8-二烯鞘氨醇，带或不带 9-甲基的，则在来自微生物、海洋生物和植物等的鞘脂中都有发现，但一般含量很少，难以获得纯品。为了深入研究它们的生物活性，通过有机合成提供样品已成为较现实的途径，只是这方面的工作开展得不多。为此我们拟利用上面的 S_N2' 反应来合成这些化合物。

由图 3-18 的反合成分析可以看到，与鞘氨醇合成时不同的是，这时与 **17** 进行 S_N2' 反应的金属有机试剂是烯丙位碳负离子试剂，在实验工作中发现，如用 Grignard 一类试剂反应时，形成的 8,9-双键是 (E)/(Z)-构型的混合物，而且还可能有试剂 γ-位进攻的产物。为此经多方面试探后，发现利用硫醚基团稳定的烯丙位碳负离子较少发生双键的异构化，再采用二甲磺酸酯 **17** 滴加至锂铜试剂的方式,从而顺利地获得了(4E,8E)的产物[19,20](图 3-18)。

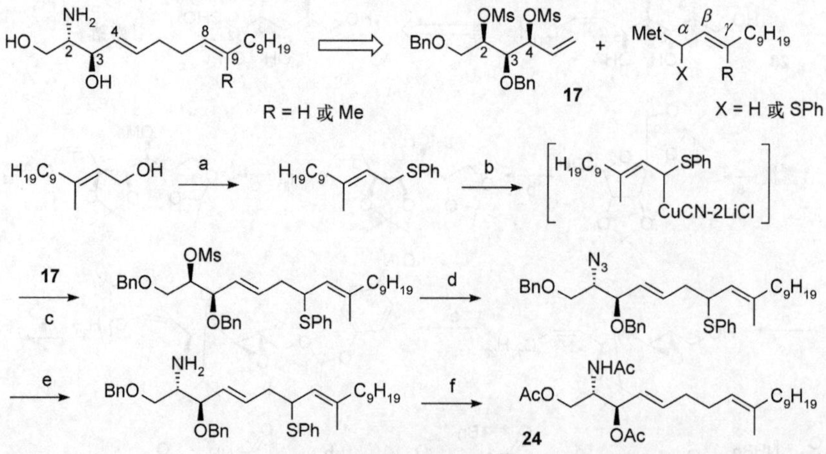

图 3-18

试剂和反应条件:a. PhSCN, Bu_3P, THF, −20℃, 98%; b. BuLi, HMPA, CuCN-2LiCl; c. −78℃, 89%; d. NaN_3, DMF, 100℃, 78%; e. $LiAlH_4$, Et_2O, 0℃, 100%; f. i) Na/NH_3, ii) Ac_2O, Et_3N, 84%

如用不含甲基的十二碳烯丙醇出发,经类似的反应也可顺利合成到(2S,3R,4E,8E)-十八碳二烯鞘氨醇(**25**)[20](图 3-19)。在此之后我们也成功地将这一策略应用于十八碳-4,8,10-三烯鞘氨醇类的合成,但在用于(2S,3R,4E,8Z)-十八碳二烯鞘氨醇合成时却没有成功,在 S_N2'加成反应时发生了双键的转位,仍获得了(8E)的产物 **25**[21]。

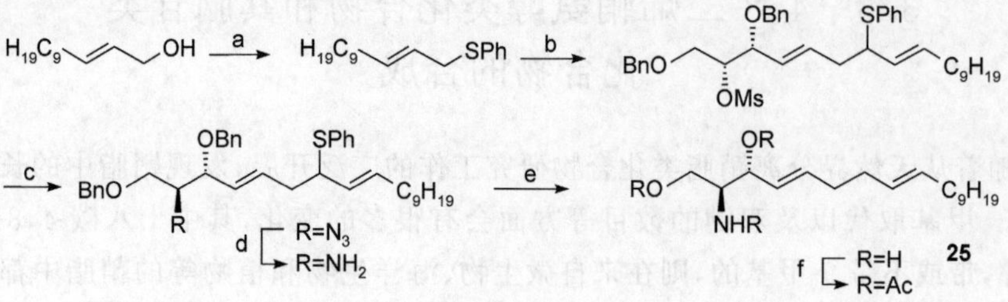

图 3-19

试剂和反应条件:a. PhSCN, Bu_3P, THF, −20℃, 95%; b. n-BuLi, HMPA, THF, −78℃, 再 CuCN · 2LiCl (1.1 eq), 然后 **17**, −78℃, 94%; c. NaN_3, DMF, 100℃, 81%; d. $LiAlH_4$, Et_2O, 0℃, 100%; e. Na,液 NH_3,二苯基-18-冠-6(10%,摩尔分数); f. Ac_2O, DMAP (cat.), Et_3N, CH_2Cl_2, 0℃, 8.2%(2 步)

也是一种巧合,在我们进行十八碳二烯鞘氨醇合成时,中国医学科学院药用植物研究所的陈迪华小组在研究中药白附子的化学成分时,发现了一批新的脑苷类化合物,而其中的长链碱正是我们上面合成研究的不含 9-甲基的目标化合物。于是我们就决定合作进行其中的白附子脑苷 A(typhoniside A，**26**)的合成。白附子脑苷 A 中组成酰胺的脂肪酸为(2*R*)-羟基二十二碳酸(**27**)，对它的合成也采用了手性元途径的策略，由维生素 C 降解得的(3*R*)-羟基丁内酯经苄基保护后，还原、Wittig 反应、再氧化、氢化同时去苄基保护即可获得所需的长链脂肪酸。由 **27** 与 **25**(R = H)合成神经酰胺采用活化酯的方法，裸露 1-位羟基的神经酰胺与四苯甲酰基保护的葡萄糖进行糖苷化反应，反应后除去所有的苯甲酰保护基即得白附子脑苷 A(**26**)，合成产物的所有物理数据与分离得的天然产物的一致，由此也进一步确证了 **26** 的结构、构型，也开辟了提供 **26** 样品的新途径[22,23]（图 3－20）。

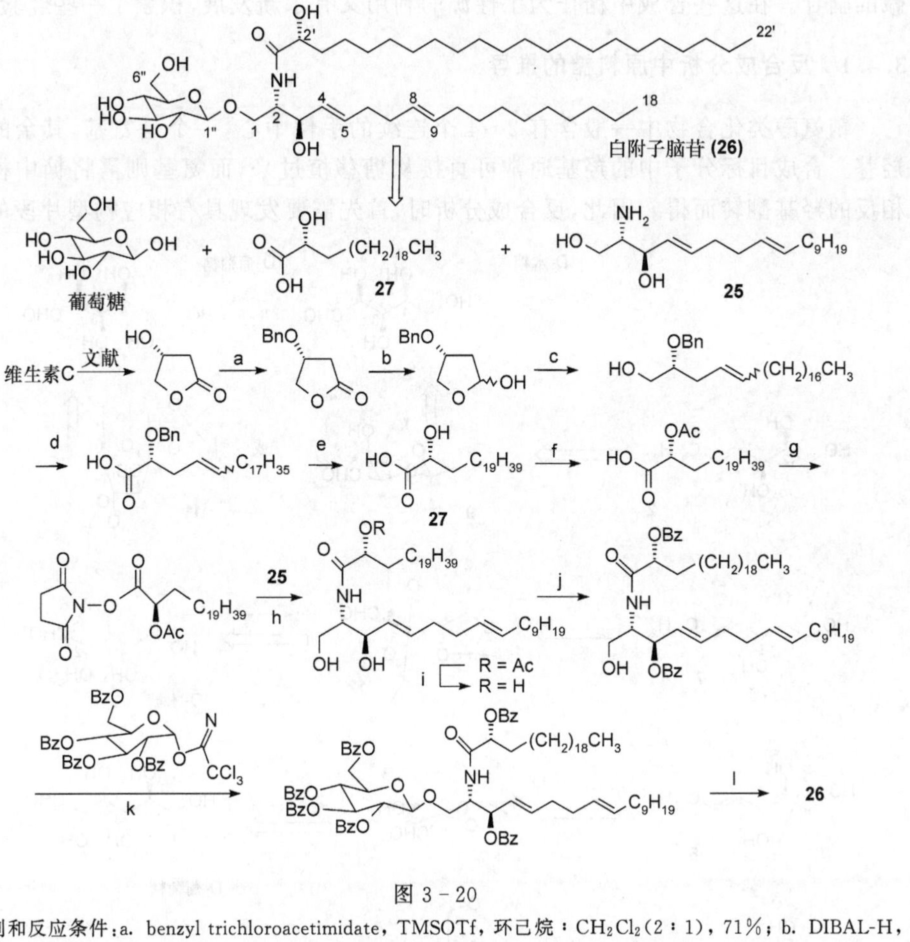

图 3－20

试剂和反应条件：a. benzyl trichloroacetimidate，TMSOTf，环已烷：CH_2Cl_2(2：1)，71%；b. DIBAL-H，CH_2Cl_2，74%；c. BuLi，$C_{18}H_{37}PPh_3Br$，THF，0℃，95%；d. PDC，DMF，r. t.，32h，68%；e. 10% Pd-C，环已烷：EtOH (1：2)，40℃，20h，88%；f. $(Ac)_2O$，DMAP，CH_2Cl_2，Py，r.t.，过夜，100%；g. *N*-羟基琥珀酰亚胺(*N*-hydroxysuccinimide)，DCC，CH_2Cl_2，5 h，80%；h. **25**，DMAP，Et_3N，THF，8 h，95%；i. K_2CO_3，MeOH，90%；j. i) TrCl，Py，DMAP，80℃，ii) BzCl，Py，14 h，iii) *p*-TsOH，CH_2Cl_2：MeOH (2：1) 8 h，3 步，77%；k. TMSOTf，CH_2Cl_2，65%；l. NaOMe，MeOH，80%

3.4 本章撷要——糖作为手性源在脂链化合物合成中的进一步应用

本章中用糖为原料合成了鞘氨醇所有四个可能异构体的前体，并合成了鞘氨醇本身、两个有三个手性中心的植物鞘氨醇、有四个手性中心的鞘氨醇类长链碱。后又发展了一个利用 S_N2'反应的新合成方法，并用这一方法合成了鞘氨醇和神经酰胺(ceramide)、十八碳二烯鞘氨醇以及近年新发现的中药白附子中以其为长链碱的脑苷。在这些合成中糖作为手性源的利用又有了新发展，积累了一些经验。

3.4.1 反合成分析中原料糖的推导

鞘氨醇类化合物中一般含有 2～4 个连续的手性中心，一个是氨基，其余的为羟基。合成目标分子中的羟基通常可直接从糖移植过来，而氨基则需将糖中构型相反的羟基翻转而得。因此，反合成分析时，首先需要发现具有相应构型片段的糖

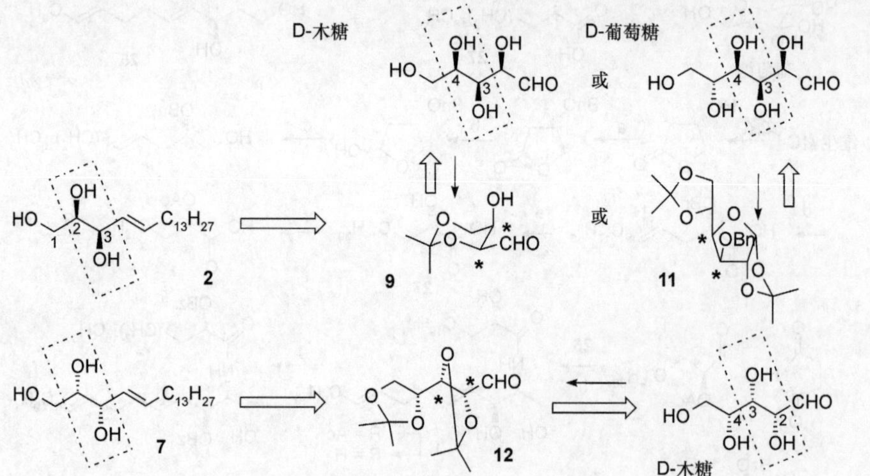

D-木糖 或 D-葡萄糖 或 D-木糖 D-葡萄糖 D-甘露糖

2 9 11 7 12 6 8 16

图 3-21

分子,其次是这一糖分子是否有简便的方法生成合适的中间体,既能连接鞘氨醇的长链,又可形成伯羟基,另一要点是能在合成的适当阶段将 2-位羟基裸露出来,以使其转化成构型翻转的氨基。图 3－21 显示了鞘氨醇所有四个可能异构体的前体的反合成分析,推导得到的糖有木糖、葡萄糖和甘露糖,图中也显示了由这些糖得到的关键中间体,它们也是手性源途径合成时常用的手性砌块(手性纯中间体)(图 3－21)。这时的反合成分析是先从易得的糖中找出是否有与目标分子手性片段构型相应的部分,然后再检索是否有已知的反应可将糖的这一部分转化为可用的手性纯中间体,必要时也可自行研究发现新的反应,制备出合用的中间体。D-*ribo*-植物鞘氨醇的反合成分析可推导得半乳糖,由它制备的中间体 **20** 正好裸露了 2-位羟基,可以构型翻转成氨基(图 3－22)。

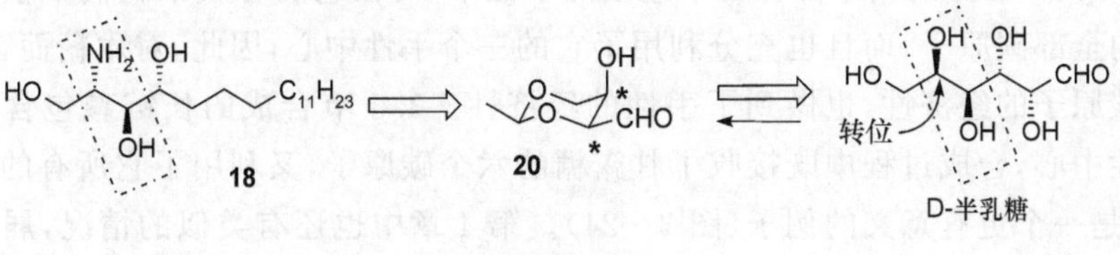

图 3－22

3.4.2　糖为手性源时的原子经济性和手性经济性

六碳糖如不考虑异头碳则有四个连续的带羟基手性中心,五碳糖则有三个连续的带羟基手性中心。对一般的合成目标分子而言,糖的连续手性中心太多,而碳链又太短,但是为了除去多余的手性,又不得不断去一、两甚至三个碳原子,其中主要采用断邻二醇的过碘酸氧化方法,因此以糖为手性源的合成研究工作中,过碘酸和过碘酸钠是必不可少的试剂。过碘酸和过碘酸钠是远比一般糖要昂贵的试剂,因此避免它们的应用,而又充分利用糖的碳链,尽量做到它的原子经济性,在合成上还是有相当的意义的。在本章中由木糖合成鞘氨醇和 4,8-二烯鞘氨醇的路线中就利用了木糖的全部碳原子,在 S_N2' 反应中消除了多余的 2-位羟基手性中心,并形成了所需的反式双键(图 3－23)。

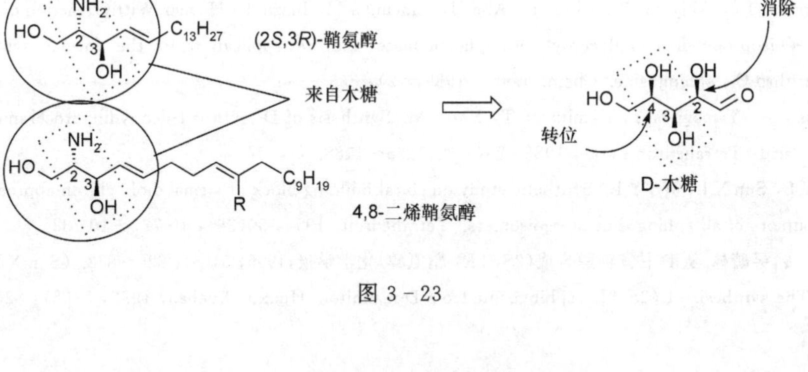

图 3－23

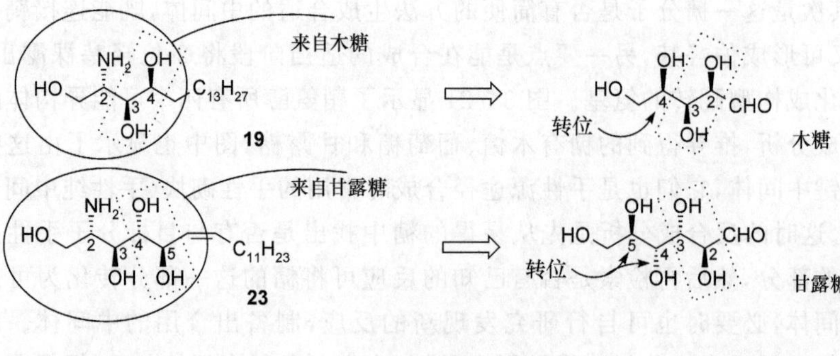

图 3－24

L-*lyxo*-植物鞘氨醇含有三个连续的手性中心，在它的合成中我们不仅利用了木糖的全部碳原子，而且也充分利用了它的三个手性中心，因此，对木糖而言，既做到了碳原子的经济性，也做到了手性的经济性。3.3 节合成的长链碱包含四个连续手性中心，合成过程中既接收了甘露糖的六个碳原子，又利用了它所有的手性中心，这是一个更有意义的例子(图 3－24)。第 4 章中也还有类似的情况，届时将再做介绍。

参 考 文 献

1 吴毓林. 磷脂代谢与化学信息分子//惠永正，陈耀全. 化学与生命科学，北京：化学工业出版社，1991：327～377.（Wu Y L. Phospholipid metabolism and chemical messengers Hui Y Z，Chen Y Q. Chemistry and Life Sciences. Beijing：Chemistry Industry Press，1991：327～377.）

2 杨福愉. 生物膜. 北京：科学出版社，2005.（Yang F Y. Biomembranes. Beijing：Science Press，2005.）

3 黎运龙，吴毓林. 鞘氨醇的化学. 有机化学，1997，17(5)：411～427.（Li Y L，Wu Y L. The chemistry of sphingosine. Youji Huaxue，1997，17(5)：411～427.）

4 Koskinen P M，Koskinen A M P. Sphingosine，an enigmatic lipid：a review of recent literature syntheses. Synthesis，1998，(8)：1075～1091.

5 Vankar Y D，Schmidt R R. Chemistry of glycosphingolipids-carbohydrate molecules of biological significance. Chem. Soc. Rev.，2000，29(3)：201～216.

6 Yamanoi T I，Akiyama T，Ishida E，Abe H，Amemiya M，Ihazu T. Horner-Wittig reaction of dimethyl 2，3-*O*-isopropylidene-D-glyceroylmethylphosphonate and its application to the formal synthesis of D-erythro-C_{18}-sphingosine. Chem. Lett.，1989，(2)：335～336.

7 Ohashi K，Yamagiwa Y，Kamikawa T，Kates M. Synthesis of D-erythro-1-deoxydihydroceramide-1-sulfonic acid. Tetrahedron Lett.，1988，29(10)：1185～1188.

8 Li Y L，Sun X L，Wu Y L. Synthetic study on chiral building block of vicinal diol，chiron approach to the precursors of all sphingosine stereoisomers. Tetrahedron，1994，50(36)：10 727～10 738.

9 孙小玲，吴毓林. 从 D-甘露糖醇合成(2*S*，3*R*)-鞘氨醇. 化学学报，1996，54(8)：826～832.（Sun X L，Wu Y L. The synthesis of (2*S*,3*R*)-sphingosine from D-mannitol. Huaxue Xuebao，1996，54(8)：826～832.）

10 Li Y L, Wu Y L. A facile stereoselective synthesis of sphingosine and ceramide. Liebigs Ann., 1996, (12): 2079～2082.

11 Howell A R, Ndakala A J. The preparation and biological significance of phytosphingosines. Curr. Org. Chem., 2002, 6(4): 365～391.

12 Nakamura T, Shiozaki M. Stereoselective synthesis of D-erythro-sphingosine and L-lyxo- phytosphingosine. Tetrahedron, 2001, 57(44): 9087～9092.

13 Raghavan S, Rajender A. Novel, short, stereospecific synthesis of lyxo-(2*R*,3*R*,4*R*)- phytosphingosine and erythro-(2*R*,3*S*)-sphingosine. J. Org. Chem., 2003, 68(18): 7094～7097.

14 Lu X Q, Byun H S, Bittman R. Synthesis of L-lyxo-phytosphingosine and its 1-phosphonate analog using a threitol acetal synthon. J. Org. Chem., 2004, 69(16): 5433～5438.

15 Li Y L, Mao X H, Wu Y L. Stereoselective syntheses of D-ribo- and L-lyxo-phytosphigosine. J. Chem. Soc. Perkin Trans. I, 1995, (12): 1559～1563.

16 Li Y L, Wu Y L. Synthesis of (2*S*, 3*S*, 4*R*, 5*R*, 6*Z*)-2-amino-1,3,4,5-tetrahydroxy- octadecene, a long chain base part of cerebroside. Tetrahedron Lett., 1995, 36(22): 3875～3876.

17 Yoda H, Oguchi T, Takabe K. An expeditious and practical synthetic process for phytosphingosine and tetrahydroxy-LCB from D-glutamic acid. Tetrahedron Asymmetry, 1996, 7(7): 2113～2116.

18 Shimizu M, Kawamoto M, Niwa Y. Highly stereocontrolled access to a tetrahydroxy long-chain base using anti-selective additions. Chem. Commun., 1999, (12): 1151～1152.

19 Wang X Z, Wu Y L, Jiang S, Singh G. Synthesis of (2*S*, 3*R*, 4*E*, 8*E*)-9-methyl-4,8- sphingadienine via a novel S_N2' type reaction mediated by a thioether carbanion. Tetrahedron Lett., 1999, 40(50): 8911～8914.

20 Wang X Z, Wu Y L, Jiang S D, Singh G. General and efficient syntheses of C_{18}-4,8-sphingadienines via S_N2' type homoallylic coupling reactions mediated by thioether-stabilized copper reagents. J. Org. Chem., 2000, 65(24): 8146～8151.

21 王祥柱. 中国科学院上海有机化学研究所博士学位论文,1999.

22 Chen X S, Wu Y L, Chen D H. Structure determination and synthesis of a new cerebroside isolated from traditional chinese medicine *Typhonium giganteum* Engl. Tetrahedron Lett., 2002, 43(19): 3529～3532.

23 Chen X S, Wu Y L, Chen D H. Synthesis of a new cerebroside isolated from *Typhonium giganteum* Engl. Chinese J. Chem., 2003, 21(7): 937～943.

第 4 章　番荔枝内酯及其类似物的合成——化学与化学生物学研究

4.1　简　介

Jolad 等[1]于 1982 年从番荔枝科植物 *Uvaria acuminata* 的根部分离获得并鉴定了第一个番荔枝内酯(annonaceous acetogenin)，命名为 uvaricin。后来陆续获得一系列的这类天然产物，它们普遍存在多种生理活性并且结构特殊，因此引起了不同领域科学家广泛而持久的兴趣。在过去的二十多年中，有关番荔枝内酯化合物的分离、结构鉴定、合成以及生理活性的报道以及综述性文章大量涌现[2, 3]。

到目前为止，这是一类仅从番荔枝科植物中可以分离得到，且具有特征结构特点的天然产物。这些天然产物分子一般总共有 35 或 37 个碳、0～3 个四氢呋喃环(图 4-1 中区域 2)、一个 γ-甲基-α,β-不饱和丁内酯环(图 4-1 中区域 4)，以及两条脂肪链(图 4-1 中区域 1 和区域 3)，脂肪链上常有各种含氧官能团(如羟基、环氧和羰基等)或双键。四氢呋喃环和羟基等官能团的数目和在脂肪链上的位置变化以及立体化学不同，使得番荔枝内酯化合物有着巨大的分子多样性。迄今为止约有 400 个番荔枝内酯化合物通过分离获得。根据四氢呋喃环的数目及相对位置，这类化合物大致可分为以下 5 种类型：①单四氢呋喃环型；②相邻双四氢呋喃环型；③不相邻双四氢呋喃环型；④含四氢吡喃环型；⑤无环型。

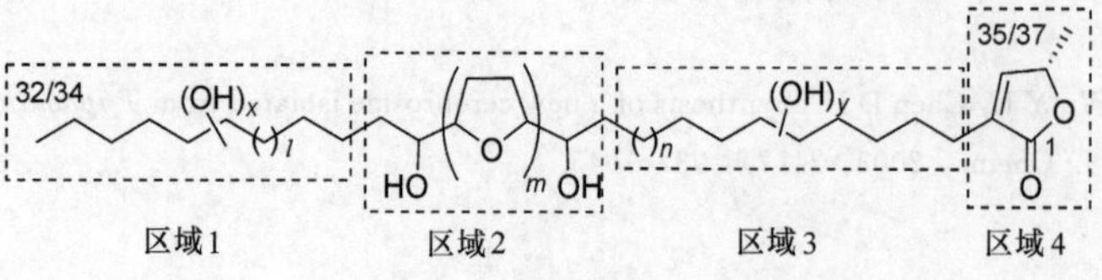

图 4-1　典型的天然番荔枝内酯的结构特点

就其生理活性而言，番荔枝内酯大都有着不同程度的抗肿瘤、免疫抑制、抗疟以及杀虫等活性，其中最显著的是抗肿瘤方面的作用[2d, f]。许多番荔枝内酯对一些肿瘤有很强的细胞毒性，例如，双四氢呋喃番荔枝内酯 bullatacin 对 KB (人类表皮状癌) 细胞的 IC_{50} 被报道高达 10^{-12} μg/mL[4]。关于番荔枝内酯的抗肿瘤和细胞毒性的作用机理被认为是它们能有效抑制位于线粒体中的 complex I (ubiquinone，NADH 氧化还原酶)[5] 以及癌细胞质膜中的 NADH 氧化酶的活性[6]。这些抑制作用将降低 ATP 的生物合成，从而减弱细胞的增殖（尤其对能量代谢旺盛的癌细胞），最终导致细胞的凋亡。此外，研究还发现它们能抑制具有多抗药性的癌细胞的生长[7]。

我们作为中国科学院上海有机化学研究所的一个研究单元，自 1991 年春天开始进行有关番荔枝内酯方面的研究工作，并一直持续到今天。本章中将介绍我们研究小组在过去 15 年时间里取得的一些研究结果。

4.2　天然番荔枝内酯的全合成

目前，许多番荔枝科植物都已经被发现含有番荔枝内酯化合物，但它们的天然含量很少且常常有不少结构相似的番荔枝内酯同时存在，因此要从天然分离获取一定量的单一的番荔枝内酯化合物是相当困难的。同时绝大多数番荔枝内酯化合物为蜡状固体，无法通过 X 射线衍射来确定它们的立体构型，而且这些天然产物分子结构中往往含有一些位置相对孤立的自由羟基，立体结构难以最后确定下来。因此，番荔枝内酯的全合成对于化学和生物学的多个方面来说都是重要的一种手段。

4.2.1　关键结构单元的合成方法研究

根据番荔枝内酯的结构特点(图 4－1)，其合成简而言之有两个重点关注的区域：一是四氢呋喃环区域的构建，包括通过合适的方法建立其正确构型的立体化学；二是必须合成这类分子中特征的 γ-甲基取代的 α,β-不饱和丁内酯结构单元。我们根据不同目标分子的实际需要，发展了一些有一定特色的合成方法(或策略)来满足全合成工作的需要。

4.2.1.1　γ-甲基取代的 α,β-不饱和丁内酯的合成

不饱和丁内酯结构的建立方法目前被报道的已有多种[8]。我们研究组在合成工作中根据不同的需要也发展了几种普适性较好的方法。

(1) 利用脂肪酸甲酯的烯醇锂盐和由乳酸乙(甲)酯衍生获得的醛（如 *O*-THP lactal）之间的 aldol 缩合反应为关键步骤[9]，进而酸化处理发生内酯化，β-羟基消除生成相应的结构(图 4－2)，而且我们还研究[10]发现在最后一步的 β-消除反应中，DBU 作为碱在 THF 中具有最小程度的消旋化影响，优于三乙胺、二乙胺等。

(2) 利用链状的 α,β-不饱和酯经碱处理后产生的烯醇负离子的 α 共振优势，定点地与碘代物发生烷基化，控制产物中 β,γ-烯烃的立体化学并利用 Sharpless 双羟基化反应对映选择性地生成两个羟基并发生 γ-内酯化，其中 β-羟基被消除成为

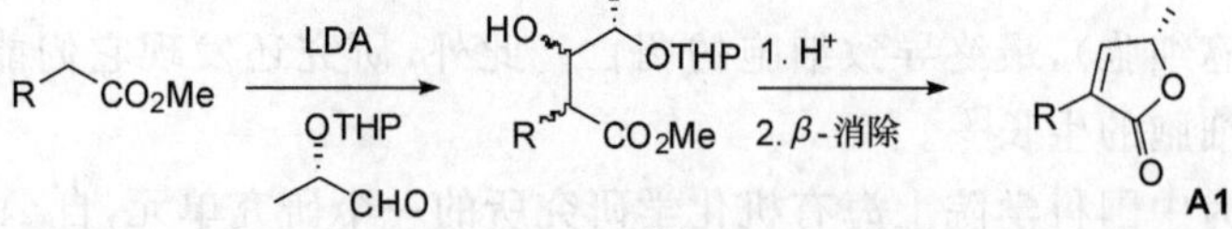

图 4-2 基于 aldol 缩合反应的 γ-甲基取代的 α,β-不饱和丁内酯的合成方法

需要的双键，而处于 γ-位的羟基（包括其立体化学）则被保留下来了（图4-3）[11]。

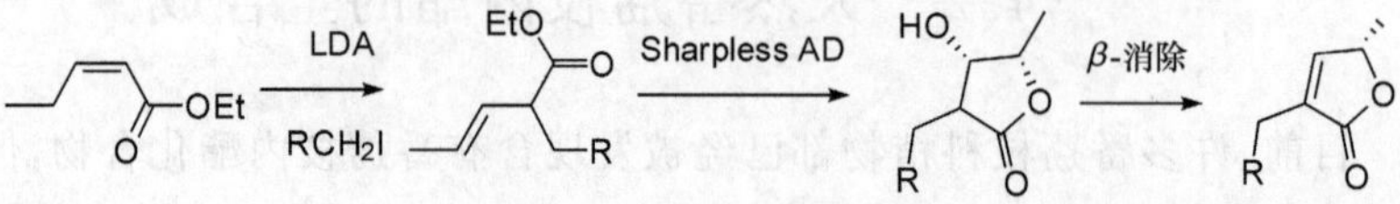

图 4-3 利用 Sharpless 双羟基化反应的丁内酯片段的合成方法

这一方法具有一些显著的优点：首先，可以不利用手性砌块而采用催化反应引入存在于这一区域的手性中心；其次，这一方法可以做一定的修改，可以合成带有 (4*R*)-羟基的 α,β-不饱和丁内酯片段（图 4-4）[12]。由于具有这一特点的部分结构在这一类天然产物中具有广泛性，相信具有很好的应用性。

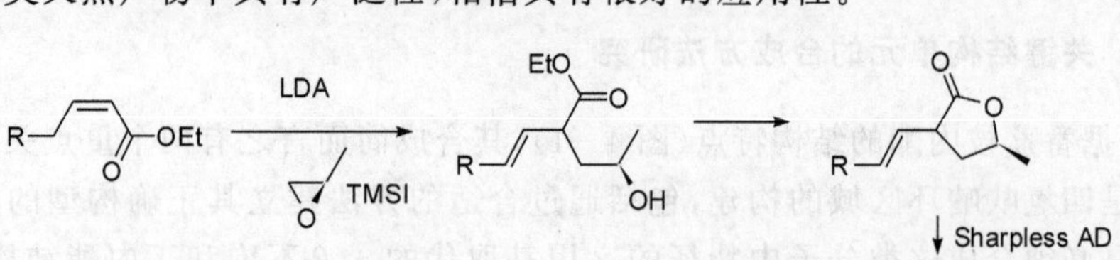

图 4-4 利用 Sharpless 双羟基化的 4-羟基丁内酯片段的合成方法

4.2.1.2 含有四氢呋喃环的结构区域的构建

构建四氢呋喃环的前体多羟基化合物多从手性源（或手性合成子）出发，或是以碳-碳双键的氧化反应（尤其是 Sharpless 不对称双羟化和环氧化）为关键步骤得到，然后通过 Williamson 成醚反应或羟基开环氧等反应生成四氢呋喃环。

在我们最初的一例全合成[9a]中，我们以 annonacin 中 *threo-trans-threo* 构型的 THF 环为研究对象，从谷氨酸改造引入第一个手性中心，充分利用底物的控制效果,通过碘醚化反应选择性地形成相应的 THF 结构。再分别利用 Grignard 试剂和锌粉-溴丙炔体系与相应醛的非对映选择性加成反应,在两端分别构建 *threo*-构型的羟基以及相应的边链,从而完成这一片段的合成(图 4-5)。最后获得的化合物在末端有一个炔基可以供后续的片段之间的连接反应使用,而且,这个片段的羟基可以根据不同的目标以及反应条件使用不同的保护基。后来虽然我们在合成方法上有所改进或者改良(如后来对于 corossolone 的合成[9b]中采用了手性硼试剂来建立高炔丙醇单元等),但是通过这样一个中间体的基本思路被保持了下来,在多个天然番荔枝内酯的全合成中得到了有效的应用。

L-谷氨酸 → → ... I_2, $NaHCO_3$ 50% *trans*:*cis*=5:1; $Et_4N^+OAc^-$ 再 K_2CO_3; Swern 氧化 再 n-$C_{12}H_{25}$MgBr, 67% *threo*:*erythro*=3:1; Swern 氧化 再炔丙溴 Zn粉 65% *threo*:*erythro*=8.3:1

B1~B3: R=THP, MOM 或 TBS

图 4-5 具有 *threo-trans-threo* 构型的 THF 环片段的合成之一

D-葡萄糖内酯 → ... Sharpless AE; 催化剂CSA DMOP; $B(OR^*)_2$

B2, B3

图 4-6 具有 *threo-trans-threo* 构型的 THF 环片段的合成之二

考虑到底物控制的反应在立体选择性方面不可能达到非常完美的程度，于是我们对 THF 区域合成的方法进行了相当程度的改良。在(10*S*)-和(10*R*)-corossolin 的合成[13]中，我们不仅改变了使用的手性原料(D-葡萄糖酸-δ-内酯)，而且利用 Sharpless 环氧化反应和分子内的 Williamson 醚化反应立体控制地形成 THF 环，再假以手性硼试剂的加成，很好地解决了其中的立体化学控制问题(图 4-6)。

4.2.1.3　关键片段之间的连接方法

天然番荔枝内酯一般结构特点明显，除了上述两个位置分离的子结构外，连接它们的一般是一段较长的脂肪链。这段脂肪链上除了偶尔有个别羟基、羰基或者乙酰氧基外，不存在支链现象。根据这样的特点，我们设计了一种可以在这类分子中普遍应用的方法，即采用炔负离子对环氧的开环反应来实现这两个片段的连接：一方面达到连接片段的目的；另一方面还可以在合适的位置引入必要的、立体化学确定的羟基(图 4-7)。这样一种基本的合成设计思想在我们最初的一例合成[9a]中被采用并获得较好的结果，后来作为我们的特色成功应用于多个番荔枝内酯的全合成中。

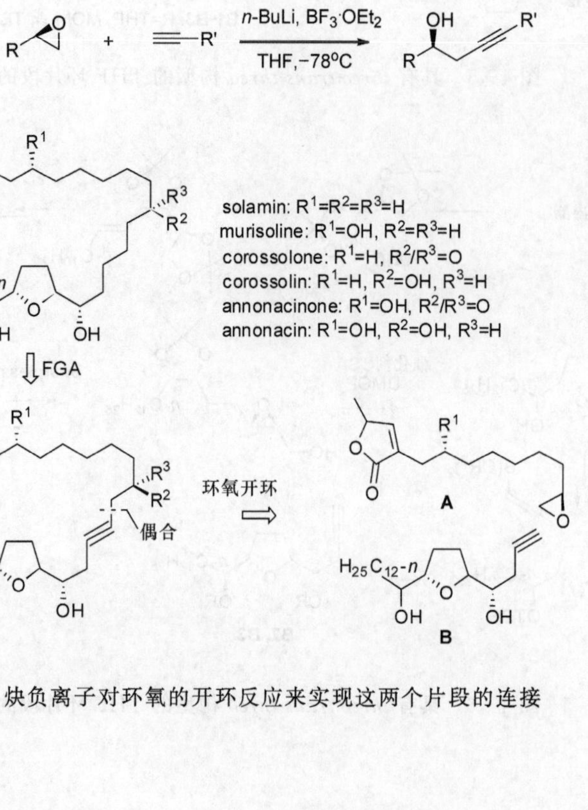

图 4-7　炔负离子对环氧的开环反应来实现这两个片段的连接

我们在此可以获知，这段连接在脂肪链上的某些孤立羟基的手性控制问题是一个关键的合成问题。按照上面的反合成设计，其解决方案之一就是事先必须制备得到具有高光学纯度的、含有末端环氧官能团的化合物。这些合成中间体往往还带有一些其他的官能团，使用某些反应条件时可能会产生一些副反应，如内酯区域的消旋化、开环等。围绕这一问题，我们在过去的工作中摸索出了两种可以有效地获得光谱纯末端环氧化合物的方法(图 4－8)：一种是通过手性源途径引入相应的末端邻二醇，再转化为环氧化合物[13]；第二种方法则可以通过先合成消旋的环氧化合物，再利用相应的 Jacobsen 催化剂进行水解动力学拆分[14]获得光学纯的环氧化合物[15]。两种方法都被成功地用于我们的一些合成工作中。

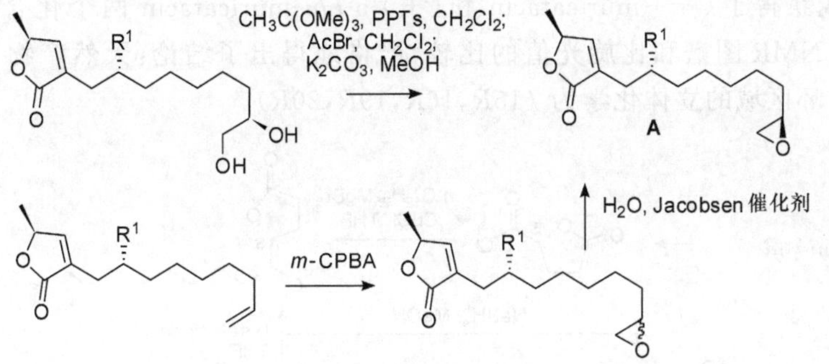

图 4－8　Jacobsen 催化水解动力学拆分获得光学纯的环氧化合物

4.2.1.4　Annonacin 中 2,5-二取代四氢呋喃环区域结构的立体化学推断

我们小组是国际上最早从事番荔枝内酯合成研究工作的小组之一。1991 年春天，我们开始踏入这一片新的领域，当时很多天然产物还无法确定其绝对构型。原因之一是这些链状的天然产物多数呈蜡状固体形态；NMR 方法则仅能够提供某些片段(区域)的相对构型规律。为了迅速理解这些天然产物的“个性特点”，建立起有关片段的合成方法，我们首先对典型结构的番荔枝内酯 annonacin 的 THF 区域的绝对构型进行了确定。有关文献[16]提供的信息显示，天然产物 annonacin 在 *m*-CPBA 作用下可以“降解”为另一个从该植物中获得的天然产物 muricatacin (图 4－9)。作者由此提出了对于 annonacin 的 THF 结构的大胆推断，但是未经严格证明。

当时还没有人合成过 muricatacin 这一简单的天然物质。我们于是设想先合成出结构确定无误的 muricatacin 本身和它的一个非对映异构体，根据它们的比旋光值，很容易获知 muricatacin 的绝对构型；再依据降解片断的原理，推定到 annonacin 的有关部位，结合其已知的相对构型信息，就可以迅速而准确得获得 annonacin 中 THF 片段的绝对构型。我们于是从 L-谷氨酸出发通过图 4－10 所

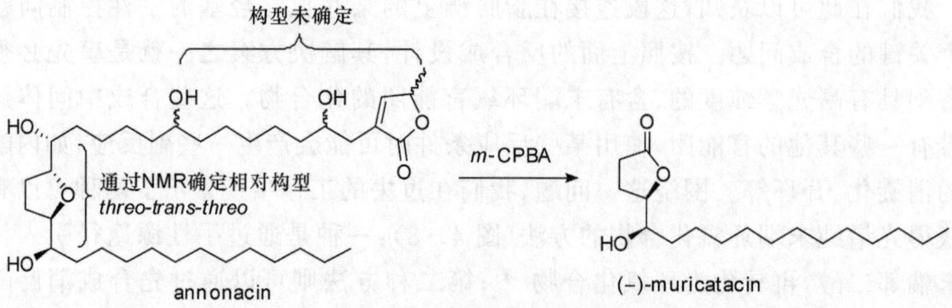

图 4-9 天然产物 annonacin 氧化降解为 muricatacin

示的路线获得了(+)-muricatacin 和(+)-5-*epi*-muricatacin 两个化合物[17]。最后,通过 NMR 图谱和比旋光值的比较,严格地得出了结论:天然产物 annonacin 中 THF 环区域的立体化学为 (15*R*,16*R*,19*R*,20*R*)。

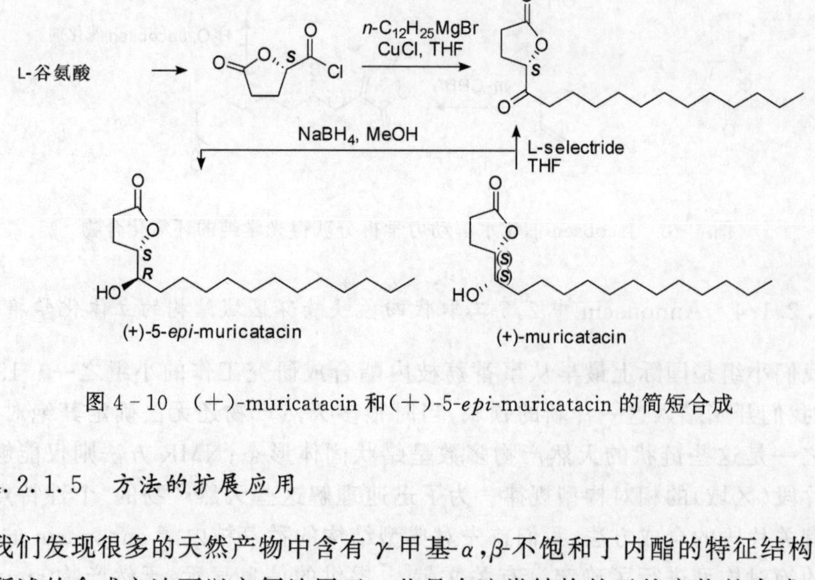

图 4-10 (+)-muricatacin 和(+)-5-*epi*-muricatacin 的简短合成

4.2.1.5 方法的扩展应用

我们发现很多的天然产物中含有 γ-甲基-α,β-不饱和丁内酯的特征结构,因此前文所述的合成方法可以方便地用于一些具有这类结构的天然产物的合成。

(+)-ancepsenolide 是一个具有对称性结构的化合物。我们通过双向合成的策略,利用酯的烯醇盐和乳醛衍生物的羟醛缩合(aldol)反应同时构建两端的不饱和丁内酯,便捷地完成了这个分子的合成工作(图 4-11)[18]。

此外,我们运用相似的合成方法还合成了具有上述结构特点的天然产物 incrustoporin 1[19a], butenolide Ⅰ 和 butenolide Ⅱ[19b, 11], rotundifolide A 和 rotundifolide B[20],以及其他一系列的光学活性的 γ-甲基-α,β-不饱和丁内酯[21](图 4-12)。

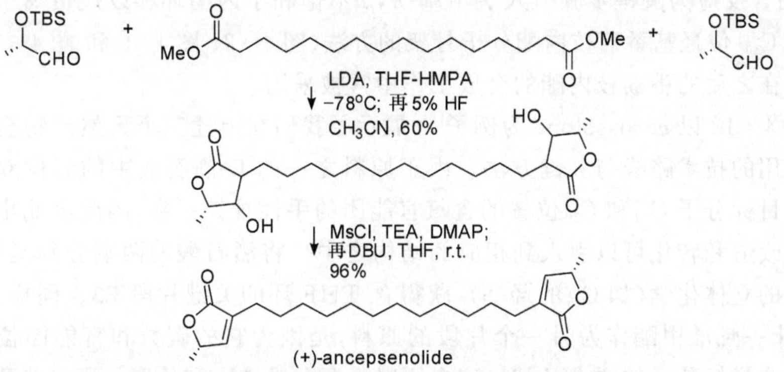

图 4－11　羟醛缩合反应用于(＋)-ancepsenolide 的双向合成

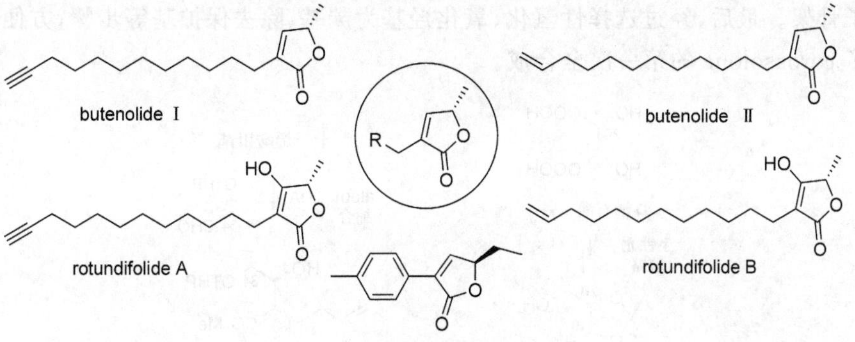

图 4－12　其他具有内酯环结构特点的天然产物

4.2.2　番荔枝内酯的全合成

番荔枝内酯手性中心较多，结构变化多样，各种官能团在相应的脂肪链上的位置经常移动，这些导致了这一类天然产物的分子多样性和结构复杂性。番荔枝内酯的全合成目前来讲仍然是一项具有挑战性的工作。根据我们的研究进程，将在以下的内容中介绍一下我们在天然番荔枝内酯全合成方面取得的一些结果。

4.2.2.1　单四氢呋喃环番荔枝内酯 16,19,20,34-*epi*-corossolin、(10*R*)-corossolin、(10*S*)-corossolin 和 corossolone 的全合成

作为国际上较早从事番荔枝内酯合成研究的小组之一，我们在 1994 年和 1995 年相继完成了单四氢呋喃环番荔枝内酯 16,19,20,34-*epi*-corossolin[9a]、(10*R*)-corossolin、(10*S*)-corossolin 和 corossolone[9b] 的全合成，同时也发展了以

aldol缩合反应为关键步骤引入γ-甲基-α,β-不饱和丁内酯环和以炔负离子开环氧构建含C_{10}-位羟基番荔枝内酯分子骨架的方法(图4-2、图4-5和图4-7),这两个方法在之后的番荔枝内酯的合成工作中常被采用。

图4-13以corossolone为例子[9b]展示了我们在上述三个天然产物全合成过程中采用的技术路线与关键方法。由于原料之一的D-酒石酸中的邻位双羟基的构型与目标分子C_{19}和C_{20}位置的含氧官能团的手性规律一致,因此由此出发经过一系列改造和转化可以引入到相应的结构之中。将酒石酸的两端分别延伸,并带入相应的立体化学(如C_{15}的羟基),获得含THF环的关键片段**B3**。同样,我们选取10-十一烯酸甲酯作为另一个片段的原料,是因为它的碳数和官能团位置正好可以符合目标分子的要求;同时,这个原料来源非常丰富和价廉。通过羟醛缩合反应很容易地可以获得另外一个部分片段**A4**。最后,这两个部分按照末端炔烃对环氧化合物的区域选择性开环反应的条件,成功进行了连接,获得含所有官能团的整分子骨架。最后,经过选择性氢化、氧化羟基为羰基、除去保护基等步骤,方便地完成了corossolone的第一次全合成。

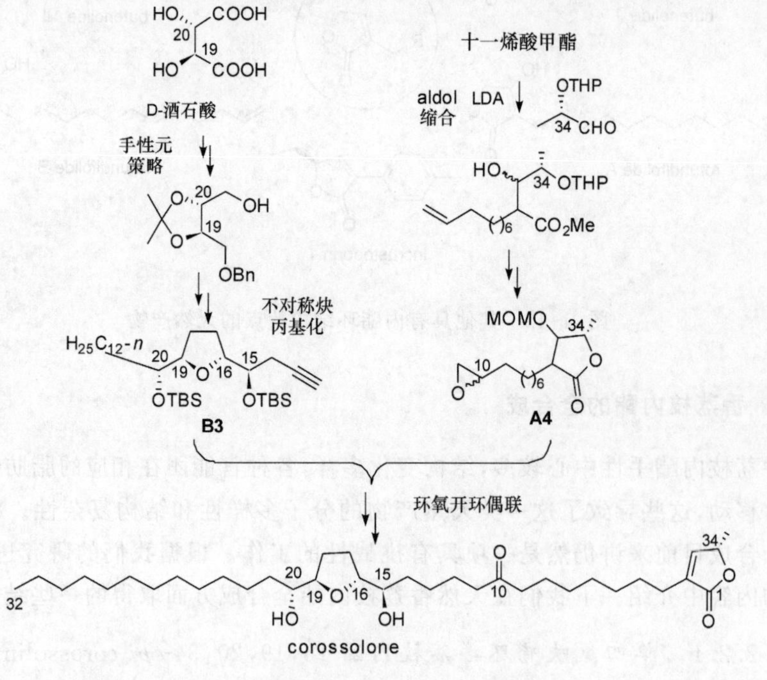

图4-13 天然产物corossolone的全合成

4.2.2.2　单四氢呋喃环番荔枝内酯 4-deoxyannomonatacin、tonkinecin、(10*R*)-、(10*S*)-corossolin 以及 annonacin 的全合成

在以上工作基础上，我们又先后合成了 4-deoxyannomonatacin[22]、tonkinecin[23, 24]、(10*R*)-corossolin 和(10*S*)-corossolin[13] 以及 annonacin[24,25] 等五个单四氢呋喃环番荔枝内酯(图 4 - 14)。这五个化合物均含一 *threo-trans-threo* 构型的 THF 环，但四氢呋喃环与 α,β-不饱和内酯之间的脂肪链长度，以及脂肪链上羟基的数目、位置和立体构型都彼此有所不同。在后文中我们还将提到，这些变化的结构因素对番荔枝内酯的活性有较大影响。因此，全合成一方面除了能获得一定数量的番荔枝内酯用于活性检测以及进行天然产物的结构确证外，也可为番荔枝内酯结构-活性关系的研究提供重要的信息。

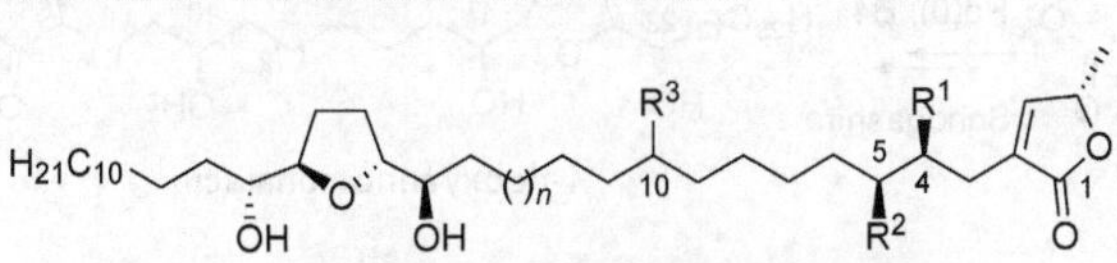

annonacin: R^1 = OH, R^2 = H, R^3 = OH, n = 1
(10 *R*)-corossolin: R^1 = H , R^2 = H, R^3 = OH, n = 1
(10 *S*)-corossolin: R^1 = H , R^2 = H, R^3 = OH, n = 1
4-deoxyannomonatacin: R^1 = H, R^2 = H, R^3 = OH, n = 3
tonkinecin: R^1 = H , R^2 = OH, R^3 = H, n = 3

图 4 - 14　具有共同结构特点的 annonacin 等天然产物

由于这些化合物在结构上具有很多共同的特点，因此共用一种通用的合成策略，作为一个类型来处理，发挥彼此之间的相互借鉴作用，将有效地提升全合成的扩展性和普适性。在合成这些天然产物时，我们还是采用手性源途径，利用一些廉价易得的碳水化合物(如糖和羟基酸) 来建立分子中最初的立体化学中心，其间辅以不对称加成或氧化等反应建立另外的手性中心。

番荔枝内酯 4-deoxyannomonatacin 的合成[22] (图 4 - 15)以 D-葡萄糖为起始原料。它的 C_4 和 C_5 两个手性碳引入到目标分子 4-deoxyannomonatacin 的 C_{17} 和 C_{18}，然后以 Sharpless 双羟化反应构建 C_{21} 和 C_{22} 的两个手性中心，顺利获得含四氢呋喃的烯基碘化物中间体 **B4**。同时利用 Jacobsen 水解动力学拆分[15]、乙炔开环氧反应等高效地获得了含 α,β-不饱和内酯环的末端炔 **A5**。化合物 **B4** 和 **A5** 中的游离羟基无需保护，直接通过 Pd(0) 催化的 Sonogashira 偶联反应可以顺利得到预期的全骨架产物。该合成中间体经二亚胺选择性还原脂肪链上的不饱和碳-碳键，再脱去 C_{22}-位羟基上的 MOM 保护基即得到目标分子 4-deoxyannomonatacin。

Tonkinecin 是一较罕见的含 C_5-位羟基的单四氢呋喃环番荔枝内酯（图 4 - 16)。从 D-木糖出发经三步反应得到酯并保护羟基，再次采用 aldol 缩合等反应得到含丁内酯的醛。此醛 Wittig 反应延伸碳链同时内酯环发生 β-消除得到了烯基碘化物 **A6**。同时，另一片段——末端炔 **B2** 可由图 4 - 15 中的相应环氧化合物

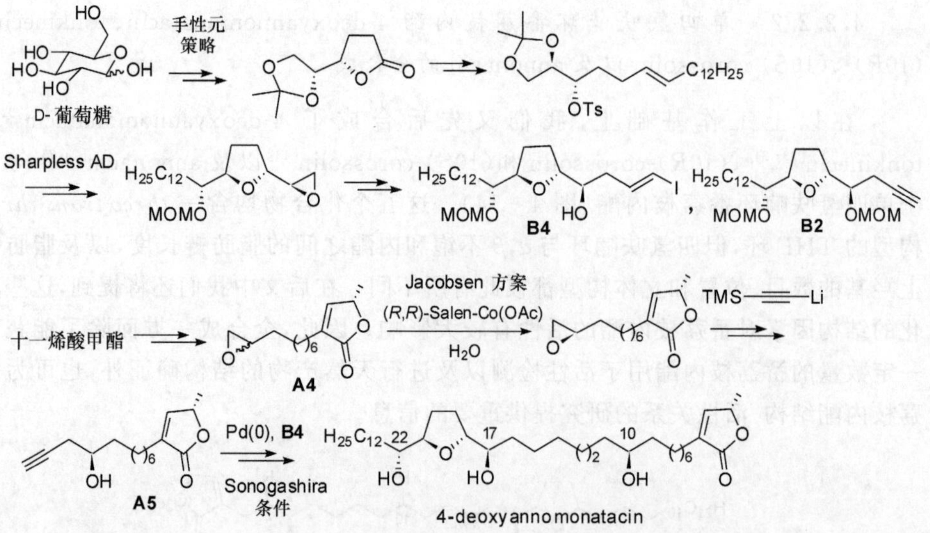

图 4-15　天然产物 4-deoxyannomonatacin 的全合成

中间体经三甲基硅基乙炔开环氧等反应获得。两个片段 **A6** 和 **B2** 经 Sonogashira 反应建立分子骨架后，用二亚胺选择性地同时还原 C_6-和 C_{12}-位双键以及 C_{14}-位的炔键，最后脱除三个羟基的保护基就完成了 tonkinecin 的全合成[23]。

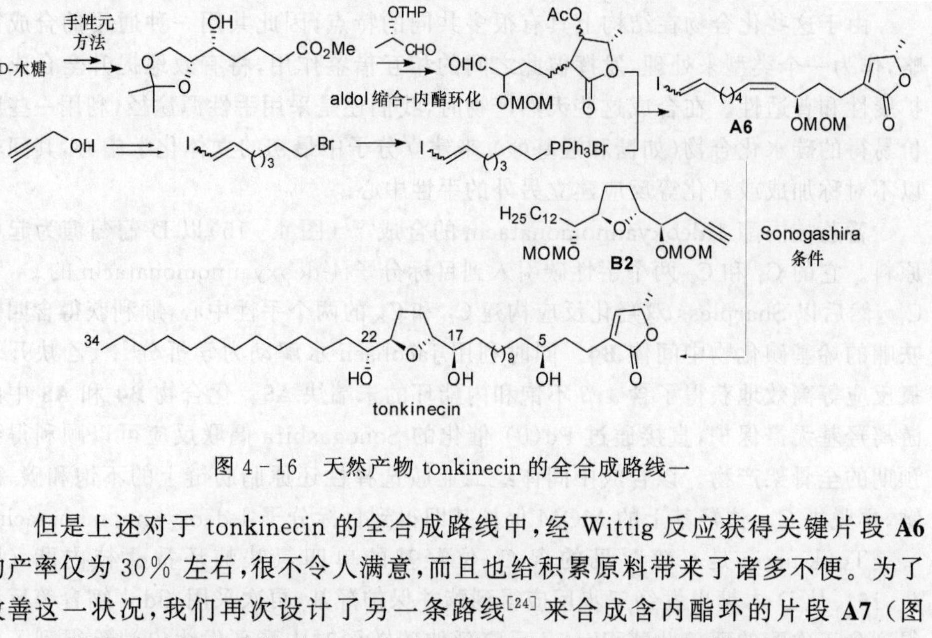

图 4-16　天然产物 tonkinecin 的全合成路线一

但是上述对于 tonkinecin 的全合成路线中，经 Wittig 反应获得关键片段 **A6** 的产率仅为 30% 左右，很不令人满意，而且也给积累原料带来了诸多不便。为了改善这一状况，我们再次设计了另一条路线[24]来合成含内酯环的片段 **A7**（图 4-17）。两条合成路线中的关键反应（包括中间体的属性）基本类同，但是很容易发现,反应的先后次序安排有所改变。烯基碘官能团通过 Takai 反应在该片段合成的最后一步引入,这样使整个合成路线就更为高效率,解决了第一次全合成中遇到的原料积累难的问题。

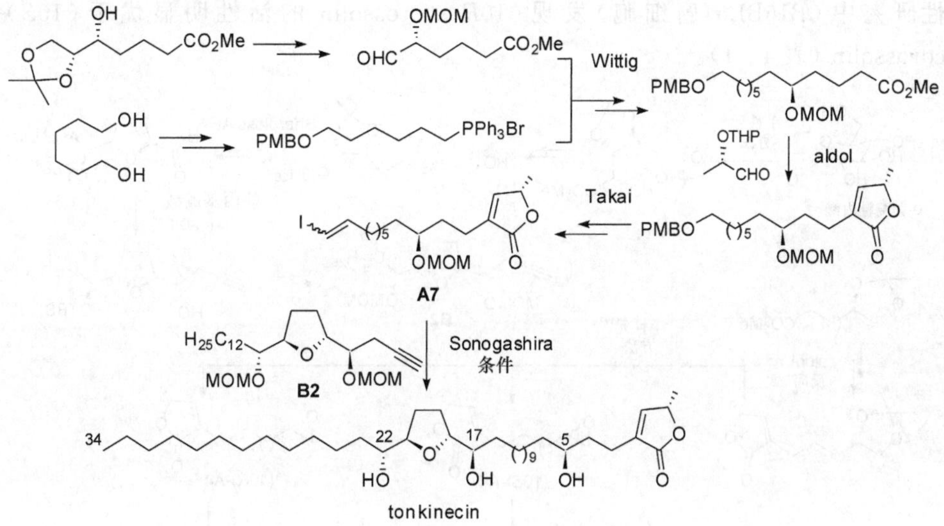

图 4－17　天然产物 tonkinecin 的全合成路线二

番荔枝内酯 corossolin 最初于 1991 年为一个法国小组分离得到,但它的 C_{10}-位孤立羟基的绝对构型长期以来未能得到确证。1996 年,日本的 Tanaka 小组[26a] 通过合成得到了(10*R*)-和(10*S*)-corossolin,但因为合成的这两个样品的 NMR 数据都和天然产物一致,而且比旋光差别也不大[(10*R*)-corossolin 比旋光值为＋21.0,(10*S*)-corossolin 为 ＋22.2,天然样品为＋19]。所以最后未能确定天然产物的构型。我们于 1999 年也完成了(10*R*)-和(10*S*)-corossolin 的全合成[13](图 4－18)。我们的结果表明,(10*R*)-corossolin 的碳谱数据和天然化合物的数据完全一致,旋光也极其接近(＋19.1)。但是,(10*S*)-corossolin (旋光＋24.6)和天然化合物之间在碳谱数据和比旋光值上都有一定的差异。据此我们得出结论,天然 corossolin 应为(10*R*)-corossolin。从目前报道的情况来看,具有 C_{10}-位羟基的番荔枝内酯的构型均为(*R*)-构型,这和我们的结果是吻合的。后来我们发现,(10*S*)-corossolin 也是一个天然产物,被命名为 howiicin[26b] 。

Corossolin 的合成是以葡萄糖酸-*δ*-内酯为起始原料,将它的 C_3 和 C_4 两个手性碳引入作为 corossolin 的 C_{19} 和 C_{20}。之后,利用 Sharpless 不对称环氧化和联烯的手性二醇(酒石酸酯)硼酸酯对醛的不对称加成反应等为关键步骤建立了 C_{15} 和 C_{16} 的立体化学结构,从而制得含 THF 环的片段 **B2** (图 4－18)。与此同时,利用(*R*)-甘油醛(丙酮叉保护)衍生物为手性原料经多步转化得到环氧化合物(10*R*)-

A4和(10*S*)-**A4**。**B2**分别和(10*R*)-**A4**、(10*S*)-**A4**进行连接(环氧开环),经选择性还原碳-碳叁键和脱除羟基保护基,得到了(10*R*)-和(10*S*)-corossolin。尽管(10*R*)-和(10*S*)-corossolin仅仅是C_{10}-位孤立羟基的构型不同,但是我们在体外活性研究中(B16BL6癌细胞)发现(10*R*)-corossolin的活性明显优于(10*S*)-corossolin(表4-1)。

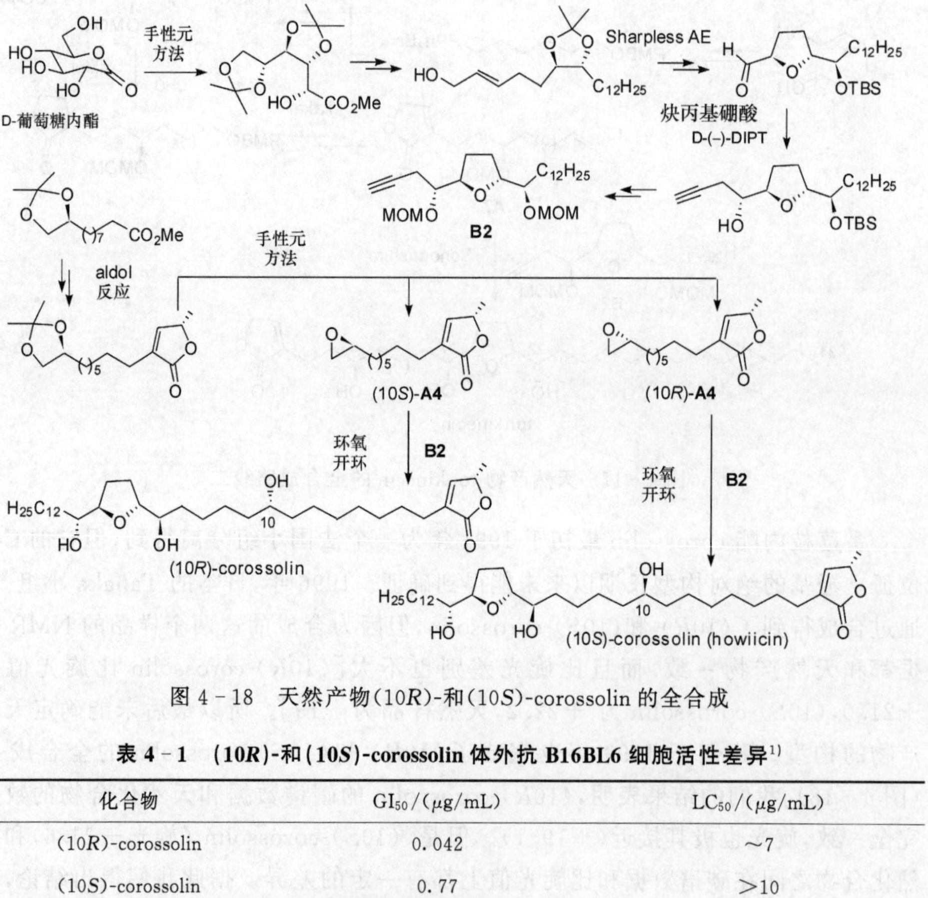

图4-18 天然产物(10*R*)-和(10*S*)-corossolin的全合成

表4-1 (10*R*)-和(10*S*)-corossolin体外抗B16BL6细胞活性差异[1)]

化合物	GI_{50}/(μg/mL)	LC_{50}/(μg/mL)
(10*R*)-corossolin	0.042	~7
(10*S*)-corossolin	0.77	>10

1) GI_{50}和LC_{50}分别表示半生长抑制浓度和半致死浓度。

以上的全合成全部采用汇聚式的合成设计,目标分子的骨架通过两个关键片段(**A*x***和**B*y***)连接而成。随后完成的annonacin的全合成中,我们则将整个分子分拆成三个关键的片段,即醛**C1**和磷盐**D1**(这两者来组成需要的环氧前体**A8**)以及含THF环的末端炔烃**B2**(图4-19)。在这一全合成中,annonacin末端α,β-不饱和内酯是在合成的后期构建的。THF片断**B2**的合成以葡萄糖酸内酯为起始原料,依照图4-15的基本路线合成;此新路线不仅利用了手性源的两个手性中心，同时也利用了它整个的碳链骨架，所以效率更高。醛 **C1** 和磷盐 **D1** 均由维生素 C 改造获得，二者经 Wittig 反应后转化为环氧化合物 **A8**。炔 **B2** 的锂负离子在 $BF_3 \cdot OEt_2$ 的促进下和环氧化合物 **A8** 发生开环反应建立了整个分子的骨架。最后阶段，还是采用 aldol 缩合反应等步骤引入需要的 α,β-不饱和丁内酯。脱除羟基保护后，就得到了目标分子 annonacin[24, 25]。

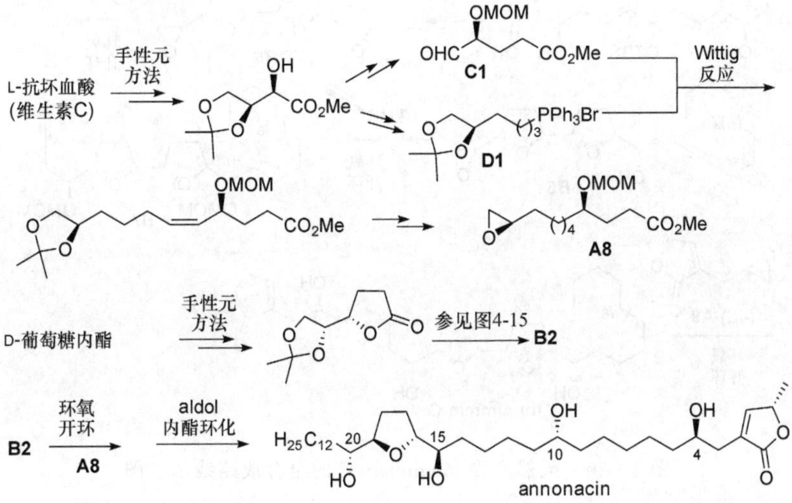

L-抗坏血酸 (维生素C) 手性元方法 OH CO₂Me OMOM OHC C1 CO₂Me Wittig 反应 PPh₃Br D1 OMOM CO₂Me OMOM CO₂Me A8 D-葡萄糖内酯 手性元方法 参见图4-15 B2 B2 环氧开环 A8 aldol 内酯环化 H₂₅C₁₂ 20 15 OH 10 OH 4 HO HO annonacin

图 4-19　天然产物 annonacin 的全合成

4.2.2.3　有序进行的炔烃对环氧的开环反应——longimicin C 的全合成

番荔枝内酯作为一类具有多种官能团的链状天然产物，我们在全合成中除了将研究工作的重心放在解决典型结构（片段）的合成上之外，还有一个特点就是进行了有效的汇聚式合成设计。上述两个方面在我们的全合成工作中得到了很好的体现，取得了令人满意的结果。尤其是，围绕其结构特点，用于连接主要片断的末端炔烃对环氧的开环反应成为全合成的关键。最近，我们充分利用了这一反应的有效性和灵活性，将有序设计的这一反应数次应用在双四氢呋喃环型番荔枝内酯 longimicin C 的全合成中，获得了不错的效果[27]（图 4-20）。

我们从 D-甘露醇出发，利用其 C_2 对称性和 C_3 和 C_4 两个位置的羟基，可以获得二炔二醇中间体；此二炔经 Pd 催化的烯-炔偶联反应条件两边同时延伸得到 Sharpless 双羟基化的前体。经过 Sharpless 双羟基化后，官能团上的含氧基团全部到位，并且立体化学明确，经过几步转化以后，即成为具有 C_2 对称性的、含有双 THF 环的双环氧化合物 **B5**。接下来，经过连续三次不同的末端炔烃对相应的环氧的开环反应将所有的片段有效地连接起来。最后，经选择性的碳-碳叁键还原和 MOM 保护脱除，获得了天然产物 longimicin C。

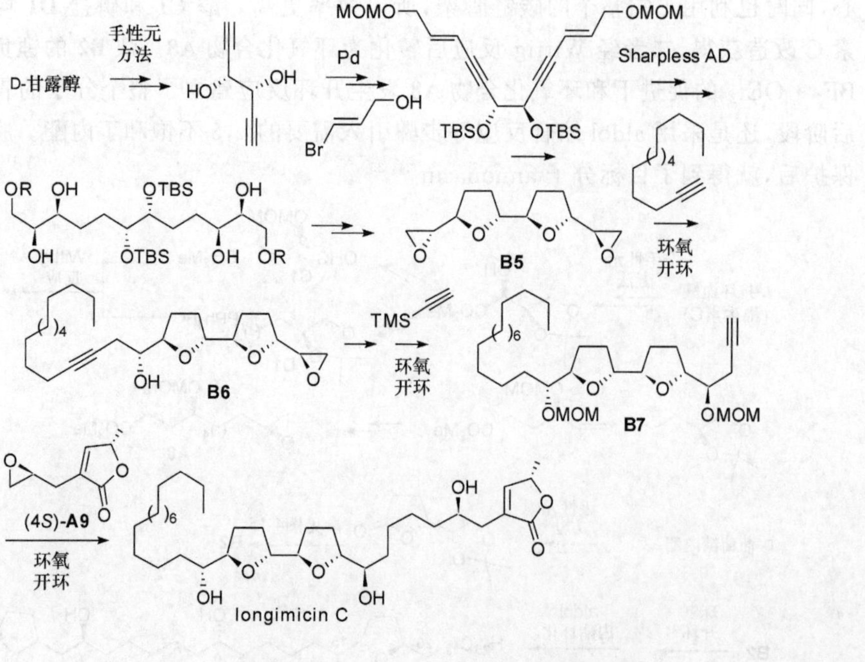

图 4-20 天然产物 longimicin C 的全合成路线示意图

在这一合成中，我们充分利用了目标分子 longimicin C 中存在的部分结构的对称性因素，相应地选取对称性的原料，进行对称性的方法设计；同时，我们有效地利用末端炔烃对环氧开环反应的特色，进行片段的设计和分子的切割(图 4-21)。最后，在这两者的基础上，成功地完成了这一天然产物的全合成。

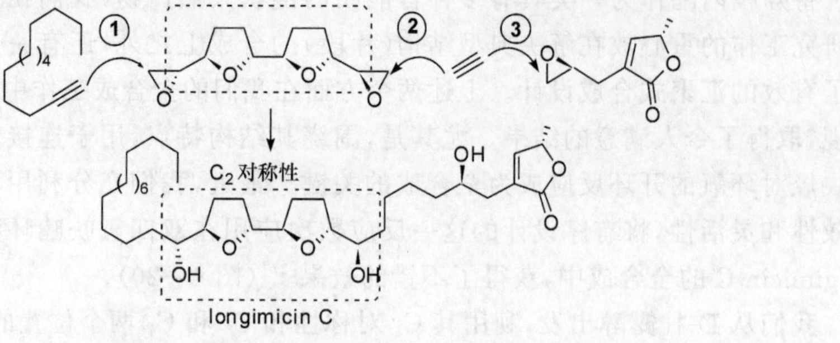

图 4-21 天然产物 longimicin C 全合成中依次的末端炔烃对环氧开环反应

4.3　番荔枝内酯模拟物(类似物)的合成及构效关系

前面介绍了我们在过去的十几年时间里围绕天然番荔枝内酯的全合成所做的工作,从中不难看出,天然番荔枝内酯的化学合成不但能够获得一定数量的天然产物,也可以为有机化学家们提供发展新的有机合成方法学的机遇和平台。由于天然番荔枝内酯的结构还是比较复杂,全合成工作还是具有相当难度,一个分子的全合成往往需要付出较长时间的巨大努力。在研究过程中,我们也十分关注这样一类结构比较特殊的天然产物在其活性与机理方面的研究进展。大多数的番荔枝内酯虽然有着很强的细胞毒性,但细胞毒性太强不仅会杀死癌细胞,正常细胞也将不能幸免,因此绝大多数天然番荔枝内酯缺乏选择性,对于天然产物的进一步发展带来了不利的因素;研究中也发现,某些个别的番荔枝内酯也显示了一定的选择性[2e]。

具有重要生理活性的天然产物研究的一个现代延伸点就是利用或者根据需要改造天然产物为研究的利器来探索生理活性表象背后的本质规律。今天,很多人称之为"一种正向的化学生物学"。我们小组在开展番荔枝内酯的全合成工作的同时,也启动了另外一个研究计划,即对番荔枝内酯化合物进行结构上的模拟和简化,使之既易于合成,又能保持相当活性,更重要的是希望它们通过结构上的修饰后能显现更好的细胞毒性选择性,并探索其中蕴含的本质性规律和新机理。在以下的部分内容中将着重介绍我们围绕番荔枝内酯结构简化和构效关系的思考和实践。

4.3.1　第一代番荔枝内酯模拟物(类似物)的合成

番荔枝内酯结构中存在着多个含氧官能团,如羟基和醚键。研究表明番荔枝内酯和钙离子能形成具有一定稳定性的络合物[28],我们推测这和它们的生理活性有一定的联系,尽管目前仍旧无法证实这一点。为此,我们进行了一些思考,认为天然产物结构中含氧官能团的存在是形成络合物的一个关键因素;显然,要做到这一点,有许多可以值得一试的事情可做,如简化其含有多个手性中心的 THF 环结构区域。

根据上述想法,我们最初的番荔枝内酯模拟物的设计思路包括如下两点:①保留多含氧官能团的特征,使其仍具络合能力;②结构要简化,使其易于合成(图 4-22)。根据我们的知识,乙二醇醚在很多研究中显示出与金属离子进行配位的能力,而且链状态的乙二醇醚的毒性较低。于是,我们设计将天然产物(natural annonaceous acetogenin,NAA)中的 THF 段用合适长度的乙二醇醚来替代,即去掉了 THF 环上的两个亚甲基,成为相应的具有简单结构的模拟化合物(annonaceous acetogenin mimetics, AAM)。这一设计思想,对于单 THF 和双 THF 环型的天然产物都是适用的。后来的事实证明,这一思想是有效的。

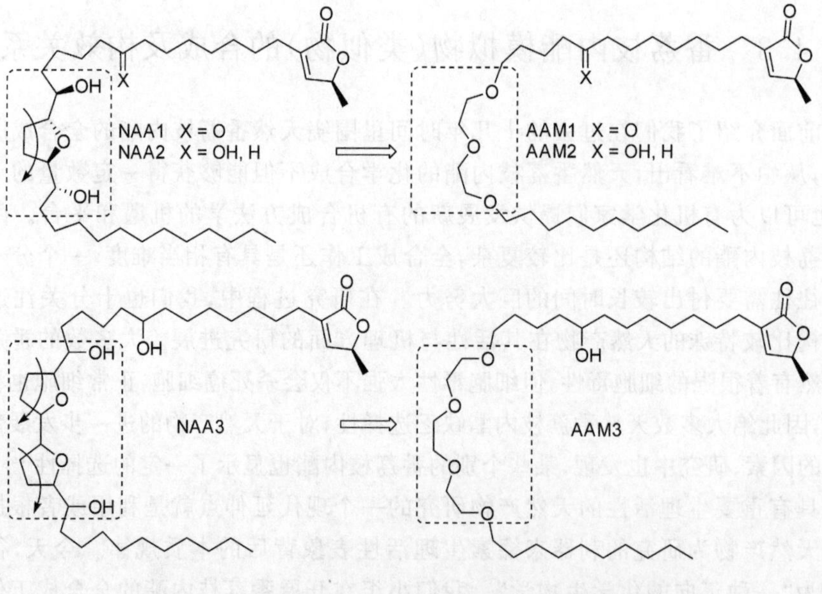

图 4－22　最初的番荔枝内酯结构简化设计的思路

在我们的第一次实践中,我们分别选取单 THF 型番荔枝内酯 corossolin 和双 THF 环型番荔枝内酯 bullatacin 为模板,分别切去它们的四氢呋喃环中的那两个亚甲基,设计出含缩乙二醇单元的番荔枝内酯模拟物 AAM1、AAM2 和 AAM3[29]。模拟物 AAM2 和 AAM3 的合成分别从一缩乙二醇和二缩乙二醇开始,它们和炔丙基溴反应生成的二炔化合物,再分别和正辛烷及正壬烷反应得到一侧烷基链延伸的中间体。随后另一端的炔烃和环氧 A10 的反应就建立了目标分子的骨架。最后经氢化和 β-消除就得到了 AAM2 和 AAM3（图 4－23)。令人高兴的是,这些模拟物具有和天然产物相当的活性（表 4－2),由此表明我们的简化设计思想是合理的。同时,结构的简化对我们合成工作也带来了十分有利的一面,研究进度大大加快。

表 4－2　模拟物 AAM2 和 AAM3 对 HL-60 以及 K562 的活性

模拟物	IG/%					
	HL-60			K562		
	100mol/L	10mol/L	1mol/L	100mol/L	10mol/L	1mol/L
AAM2	100	50	0	31	18	0
AAM3	100	65	21	55	25	22
corossolone	68	29	0	53	16	2
(10*R*)-和(10*S*)-corossolin	63	56	5	10	2	0
solamin	24	8	0	59	39	29
bullatacin	73	7	0	53	39	27

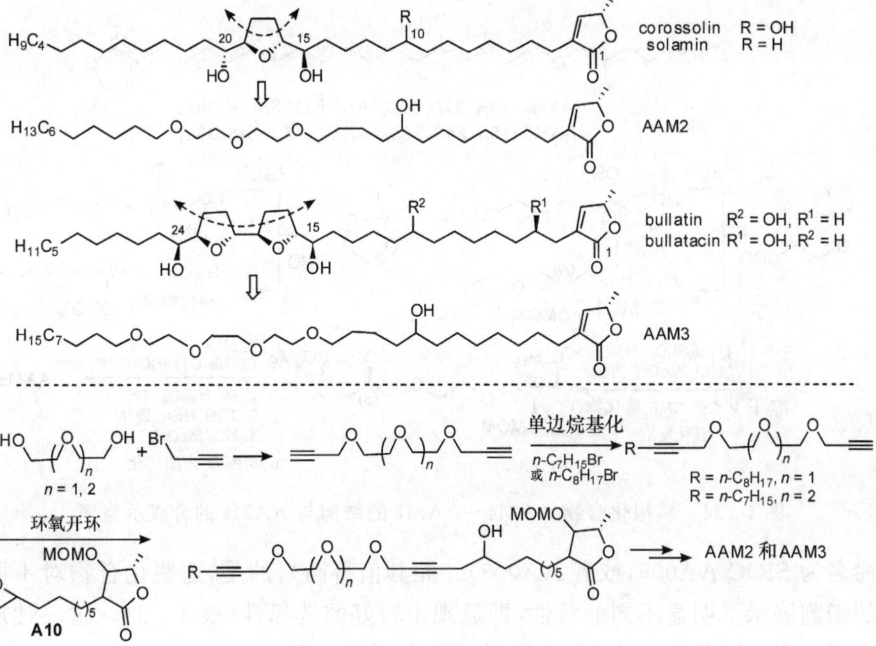

图 4 - 23　模拟物 AAM2 和 AAM3 的合成

4.3.2　具有选择性活性表现的番荔枝内酯类似物的发现

这些结果进一步激发了我们加深研究这类番荔枝内酯的类似物以及它们的性质的浓厚兴趣。在此基础上，我们又进行了新一代模拟物的合成。比较发现，天然产物中 THF 环系的两侧往往都分别存在一个自由的羟基，因此，游离羟基可能在某些性质上扮演了重要作用，因为这是自然选择的结果。于是，下一步的工作中，我们试图在这些分子中保留了原 THF 环旁的两个羟基官能团(图 4 - 24)。分别从(*R*)-和(*S*)-甘油醛缩丙酮出发，手性源方法得到了四个关键片段 diol-1 和 diol-2，以及 iodide-1 和 iodide-2。它们之间有四种不同的醚键组合，从而最终获得四个模拟化合物 AAM4 到 AAM7。图 4 - 24 中以 AAM5 的合成为例，简要说明了这些化合物的合成过程。二醇中间体 diol-1 和碘化物 iodide-1 进行 *O*-烷基化反应得到酯，后者和乳酸乙酯衍生的醛反应后，酸性条件下关环、*β*-消除以及脱除甲氧甲基醚就得到了目标分子之一的 AAM5[30,31](这些模拟物的碳的编号是根据其母体双四氢呋喃环番荔枝内酯来编的，只有特指的意义)。

活性检测表明，双羟基模拟物的活性较之前者有了明显提高，进入纳摩每升范围。同时发现，增加的羟基的构型对活性产生很大的影响，其中化合物 AAM5 (15*S*,24*S*,36*S*)显示了较高的活性(注：我们在后续发表的各种论文中，将此化合

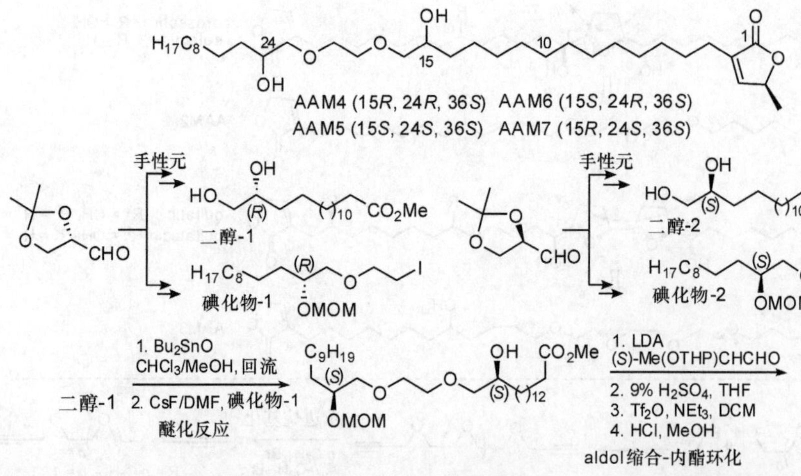

图 4-24　模拟化合物 AAM4～AAM7 的结构与 AAM5 的合成示意图

物命名为 SIOC-AA005,或者 AA005)。尤其值得高兴的是,这些化合物对不同类型的细胞展示了明显不同的活性,即显现出较好的选择性(表 4-3)。这一性质往往是天然产物不具备的,正是我们所希望看到的。研究中作为对照的 adriamycin(阿霉素)虽然有更好的活性,但没有选择性。更为重要的是,它们对正常细胞也没有杀伤力(表 4-3 没有列出)。这些新模拟物对 HCT-8 和 HT-29 有很高的活性,对 KB 和 A2780 细胞则没有活性。

表 4-3　番荔枝内酯模拟物 AAM4～AAM7 的活性筛选结果

化合物	EC_{50}/(μg/mL)			
	KB	A2780	HCT-8	HT-29
AAM4	>1	>1	6.6×10^{-2}	2.7×10^{-1}
AAM6	>1	>1	9.7×10^{-2}	1.1
AAM5	>1	>1	3.2×10^{-2}	1.1×10^{-1}
AAM7	>1	>1	6.5×10^{-2}	7.8
adriamycin	2.89×10^{-3}	1.02×10^{3}	4.65×10^{-3}	9.8×10^{-4}

在上述模拟化合物的制备过程中,我们获得了四个只含二醇结构但没有内酯环的化合物 AAM8～AAM11;此外,我们通过相应的方法也合成了模拟化合物 AAM4 的对映体 AAM12 以及分子中仅含 α,β-不饱和丁内酯片段的化合物 AAM13(图 4-25),同时检测了它们的生理活性[30,31],以捕捉相应的构效关系规律。结果显示,α,β-不饱和丁内酯环和二醇单元是不可或缺的重要活性单元,AAM8～AAM11 以及 AAM13 没有被观察到明显的活性。不过,*ent*-AAM4(即

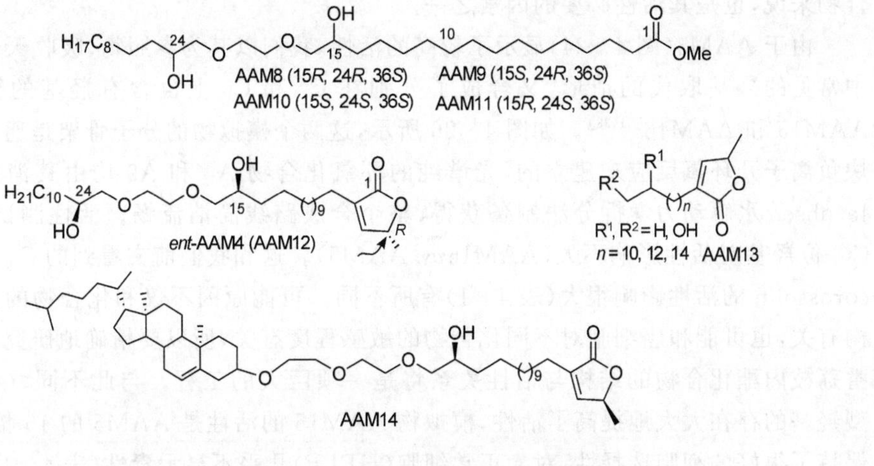

图 4-25 其他一些结构类似物的结构

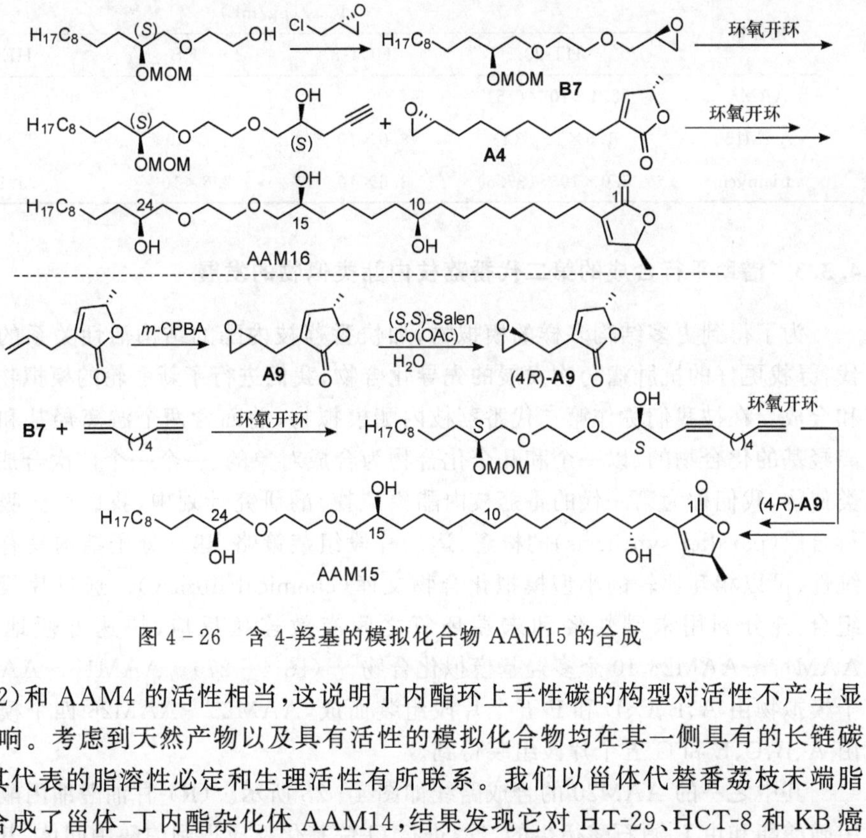

图 4-26 含 4-羟基的模拟化合物 AAM15 的合成

AAM12)和 AAM4 的活性相当，这说明丁内酯环上手性碳的构型对活性不产生显著的影响。考虑到天然产物以及具有活性的模拟化合物均在其一侧具有的长链碳氢链，其代表的脂溶性必定和生理活性有所联系。我们以甾体代替番荔枝末端脂肪链，合成了甾体-丁内酯杂化体 AAM14，结果发现它对 HT-29、HCT-8 和 KB 癌细胞均没有活性[32]。因此，一侧链状的脂肪链结构对于这一类番荔枝内酯模拟化合物来说，也是其活性必要的因素之一。

由于 AAM5(图 4-24)显示了较高的活性，我们以其为参照物，吸收天然产物中常见的羟基取代的情形，又合成了分别在 C_4 和 C_{10} 上也含有羟基的模拟物 AAM15 和 AAM16[31,33]。如图 4-26 所示，这两个模拟物的分子骨架是通过两次炔负离子开环氧反应来建立的，光谱纯的环氧化合物 A4 和 A9 均由其消旋体经 Jacobsen 水解动力学拆分法制备获得，整个合成路线简洁流畅。活性测试表明，C_{10}-位羟基对活性影响不大(AAM16*vs.* AAM5)。这和我们前文看到的 C_{10} 羟基对 corossolin 的活性影响很大(表 4-1)有所不同。可能原因不仅和化合物的具体结构有关，也可能和癌细胞对不同化合物的敏感程度有关，所以要精确地研究和描述番荔枝内酯化合物的结构与活性关系将是一项巨大的工程。与此不同，(4*R*)-构型羟基的存在大大地提高了活性，模拟物 AAM15 的活性是 AAM5 的 15 倍，同时保持了很好的细胞选择性，对人正常细胞(HELF)几乎不显示毒性(表 4-4)。

表 4-4 含 C_4 羟基的模拟物 AAM15 与 AAM5 的生理活性结果比较

化合物	IC_{50}/(μg/mL)			
	HT-29	HCT-8	KB	HELF
AAM5	2.4×10^{-2}(15)			
AAM15	1.6×10^{-3}(1)	8.0×10^{-2}	>10	>10
adriamycin	6.0×10^{-2}(37.5)	3.6×10^{-2}	7.6×10^{-2}	1.92

4.3.3 借助平行合成的第二代番荔枝内酯类似物的发展

为了得到更多结构多样的模拟物，加快番荔枝内酯的结构活性关系的研究步伐，寻找更好的抗肿瘤药物发展的先导化合物，我们进行了新一轮的模拟物的设计和合成。在被我们称作第二代番荔枝内酯模拟物(前面含两个游离羟基和三个游离羟基的化合物的、以一个和几个化合物为合成对象的、一个一个依次合成的那些类似物，我们称为第一代的番荔枝内酯模拟物)的研究计划中，我们充分吸收了平行合成(parallel synthesis)的概念，运用片段组装策略，建立分子结构具有一定系统性、可以相互比较的小型模拟化合物文库(chemical library)。通过片段之间的组合，充分利用末端炔烃和末端环氧之间有效连接反应，快速方便地合成了 AAM17～AAM26 10 个多羟基模拟化合物[34](图 4-27)。AAM17～AAM22 六个模拟物由 A、B、C、D 和 F 五个片段组装而成，AAM23～AAM26 四个模拟物则由 A、B、C、E 和 G 五个片段组装得到。

其中之一的 AAM20 的合成路线如图 4-28 所示。(*R*)-甘油醛缩丙酮衍生的甲磺酸酯和由 L-酒石酸衍生的二醇进行 *O*-烷基化反应得到伯醇中间体，其羟基在相转移条件下和氯代环丙烷反应得到新的环氧化合物。随后的炔基负离子开环

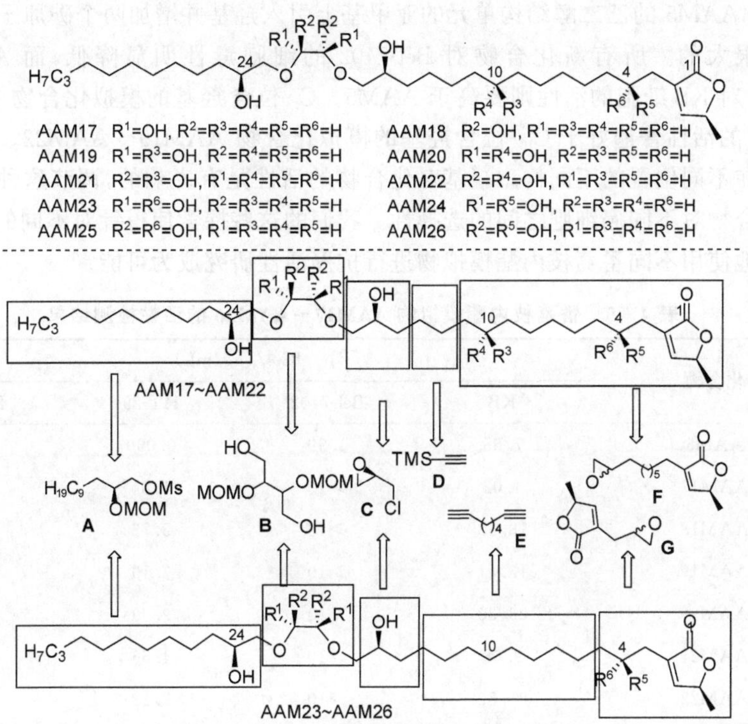

图 4－27　小型模拟化合物文库的设计思想

氧，保护新生成的羟基和脱除三甲基硅基再次获得末端炔。然后经再一次的炔开环氧反应等就得到了目标分子 AAM20。

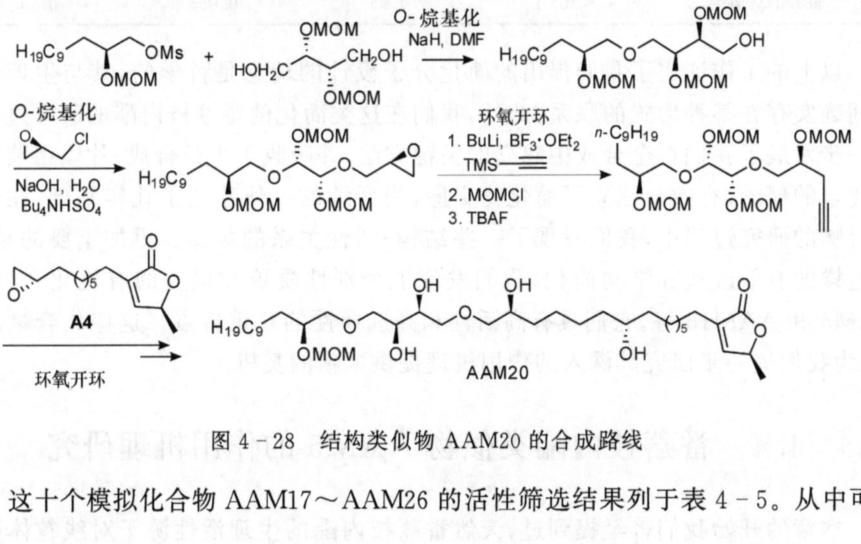

图 4－28　结构类似物 AAM20 的合成路线

这十个模拟化合物 AAM17～AAM26 的活性筛选结果列于表 4－5。从中可以看出,在 AAM5 的乙二醇结构单元的亚甲基上引入羟基并增加两个碳原子对活性的影响是很大的。所有新化合物对 Bel-7402 的细胞毒性明显降低,而 AAM25 和 AAM26 对 KB 细胞的活性则要高于 AAM5。C_4-位含羟基的模拟化合物 AAM23～AAM26 的活性普遍好于 C_{10}-位含羟基的模拟化合物 AAM19～AAM22。这些结果表明处在不同位置的不同构型羟基对化合物的活性是有影响的,调节这种因素可以导致化合物对不同癌细胞之间的选择性。我们的这些探索使得针对不同的癌细胞有选择性地使用不同番荔枝内酯模拟物进行抗癌活性研究成为可能。

表 4-5 番荔枝内酯模拟物 AAM17～AAM26 的活性检测结果

化合物	IC_{50}/(μg/mL)			
	KB	Bel-7402	HT-29	HCT-8
AAM5	7.65	1.99	0.099	0.11
AAM17	4.02	>10	1.84	3.49
AAM18	13.13	>10	5.72	8.58
AAM19	13.81	>10	7.19	5.71
AAM20	23.30	>10	9.79	10.00
AAM21	9.68	>10	4.56	24.46
AAM22	21.30	>10	7.22	6.14
AAM23	6.75	>10	3.60	3.39
AAM24	6.38	>10	2.36	3.51
AAM25	2.00	>10	1.75	2.00
AAM26	2.35	4.14	1.51	3.46
adriamycin	<0.01	0.95	0.055	0.11

以上的工作证实了我们提出的简化分子设计的理念是科学的,其与生理活性之间确实存在某种形式的联系;此外,我们在这类简化的番荔枝内酯的研究过程中进一步发展了我们在全合成中建立的关键方法,并吸收了平行合成、片段组装等组合化学的概念,有效地建立了简化物文库,为后续的工作建立了扎实基础;在这些化合物的研究过程中,我们发现了一些结构-活性关系的规律。更加重要的是,通过这样的有效改造和结构简化,我们发现了个别性质更加优秀的有机化合物,如 AAM5 和 AAM15 等,它们具有高活性和高选择性的双重特点。这些化合物的发现,为我们进一步研究其深入的作用机理提供了新的契机。

4.4 番荔枝内酯类似物 AAM5 的作用机理研究

本章的开始我们曾经提到过,天然番荔枝内酯的生理活性源于对线粒体中的

complex Ⅰ(ubiquinone,NADH 氧化还原酶)以及癌细胞质膜中的 NADH 氧化酶的抑制作用。尽管我们成功地进行了番荔枝内酯的简化工作,但是被简化的新化合物显然不同于天然产物,它们之间是否存在相同的作用机理,尚需要进一步的研究来证实。根据我们发展的新化合物的情况,我们决定对于同时体现高活性和高选择性的模拟化合物 AAM5(图 4－29)开展机理相关的研究,以回答上面提到的疑问。

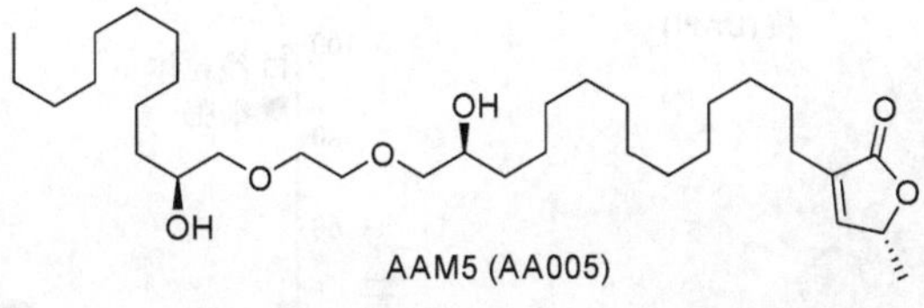

AAM5 (AA005)

图 4－29　番荔枝内酯模拟化合物 AAM5

4.4.1　番荔枝内酯类似物 AAM5 的靶点与机理

在众多的关于番荔枝内酯的活性与机理的研究报道中,很多证据表明番荔枝内酯作用于线粒体的氧化还原电子传递链,从而阻止了 ATP 的生成,最后癌症细胞通过某种形式的凋亡过程而死亡。我们通过与天然产物 bullatacin 的比较,发现我们改造获得的化合物 AAM5(即 AA005)同样作用于线粒体的氧化还原电子链[35]。研究发现,化合物 AAM5 在诱导细胞死亡的过程中有明显的剂量和时间依赖性(图 4－30),而且 AAM5 对 AGS 肠癌细胞的试验显示,其有效半抑制浓度在 50 nmol/L 左右。

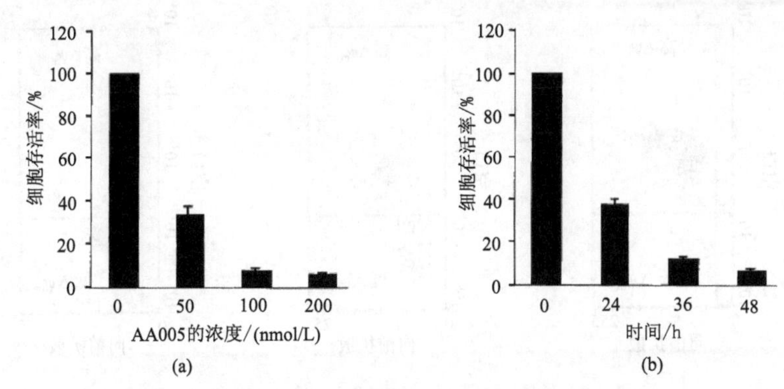

图 4－30　由 AAM5 引起的细胞死亡的浓度和时间依赖性

(a) 不同的 AAM5 浓度剂量下 48 h 后 AGS 细胞的存活率统计;

(b) 在 100 nmol/L 的 AAM5 作用下,不同时间段 AGS 细胞的存活率

随后,我们进一步研究了 AAM5 处理的 AGS 细胞的细胞通透性和线粒体电

位变化的同步性。经过 100 nmol/L 浓度的 AAM5 作用,染色试验显示在 24 h 以后 AGS 细胞发生明显的通透,而 48 h 后近乎全部被处理过的细胞发生了细胞通透(图 4－31)。与此同时,线粒体的电位变化也显示了相同的规律。这一实验说明,细胞的死亡过程与线粒体氧化还原作用被抑制是同步的,后者是 AGS 癌细胞死亡的原因。为了确认这一点,我们再次选取文献常用的线粒体氧化还原电子链的典型抑制剂——鱼藤酮(rotenone)与合成化合物 AAM5 进行了性质比较。图 4－32

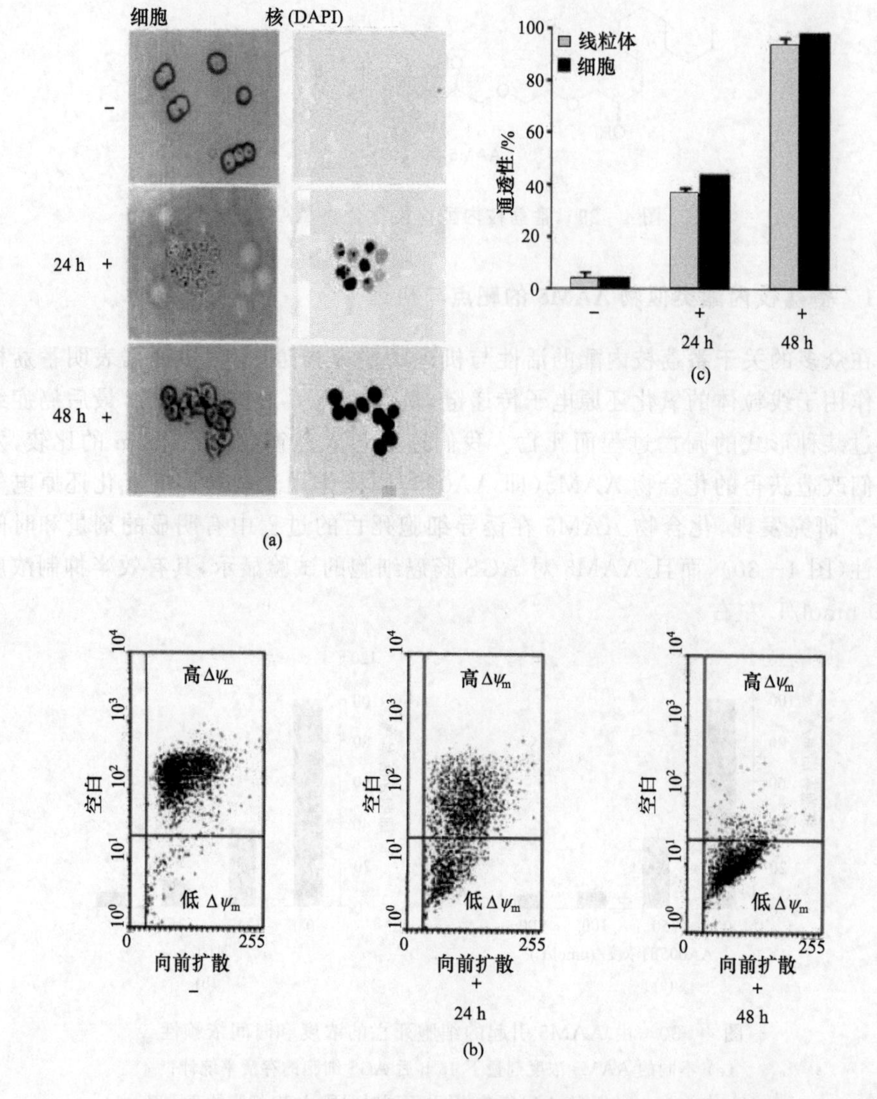

图 4－31 经 100 nmol/L AAM5 处理后不同时间 AGS 细胞的通透情况(a,c)及相应线粒体电位变化情况(b)

显示了两者分别作用后，线粒体的氧气吸收情况的变化曲线。显然，这种规律及其相似。由此，我们可以断定，AAM5 虽然在结构上进行了一定的改变，但是其发生抗癌活性的基本机理还是和天然产物出于同样的原因，即抑制了线粒体的氧化还原过程。

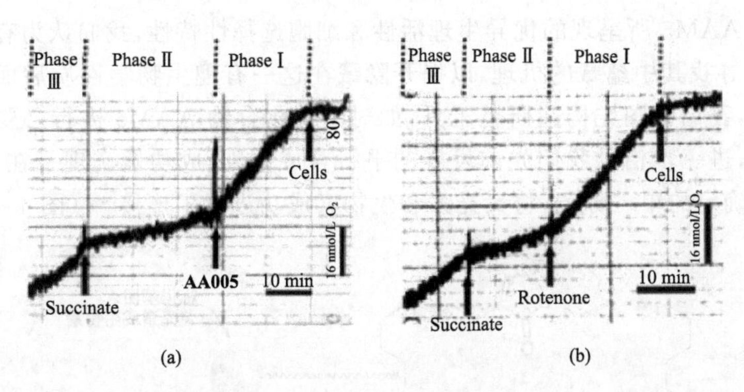

图 4-32 活体检测 AAM5 和鱼藤酮引起的线粒体呼吸链的抑制情况曲线（O_2 吸收变化）

但是对于不依赖 p53 的细胞凋亡(apoptosis)诱导试验却发现，通过 AAM5 处理而发生的细胞死亡过程与天然产物的途径存在明显的不同（图 4-33）。AGS 细胞在 100 nmol/L AAM5 处理之后，48 h 后对于 DNA 碎片化的程度低于 25%。

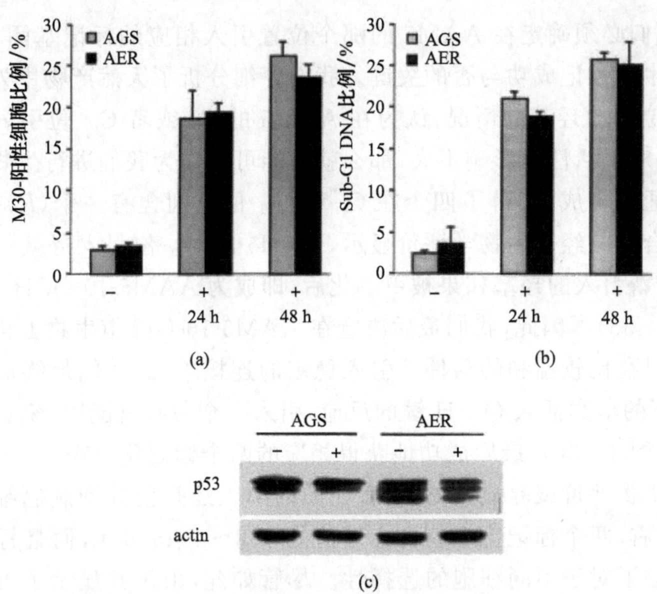

图 4-33 AAM5 诱导的 AGS 细胞部分或者不依赖 p53-途径的细胞凋亡情况

(a) 不同时间下经 100 nmol/L AAM5 处理的 AGS 和 AER 细胞情况，凋亡细胞使用 M30 模型分析测定；(b) sub-G1 细胞的比例；(c) 经 100 nmol/L AAM5 处理 48 h 后的 AGS 和 AER 细胞

这一现象说明,AAM5 导致的细胞死亡不是主要通过细胞凋亡的途径,而可能是细胞坏死(necrosis)。

4.4.2　番荔枝内酯类似物 AAM5 的标记研究

由于 AAM5 所呈现的优异生理活性和细胞选择性特性,我们认为有必要通过 AAM5 来寻找其中蕴藏的机理,以揭开隐藏在这一有趣生物学性质后面的实质规律。为此,我们试图先构造研究工具,如对活性化合物 AAM5 进行必要的生物标记。最近,进一步借助我们先前发展的平行合成原则,成功地实现了在 AAM5 上进行位置确定的单一标记,将荧光素和生物素成功进行了连接[36](图 4-34)。

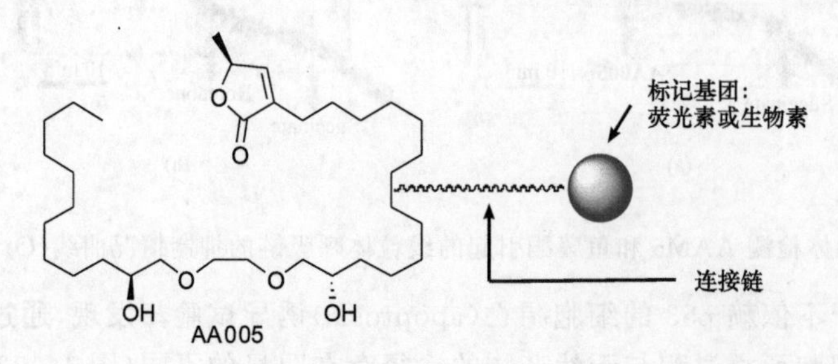

图 4-34　模拟化合物 AAM5 的生物标记工作原理示意图

首先,我们必须确定在 AAM5 的那个位置引入相应的标记基团,合适的引入位置往往是生物标记成功与否的关键。我们仔细分析了天然产物中处于中间那段脂肪链特定位置的羟基的情况,认为在 AAM5 的 C_4-或者 C_{10}-位引入一个对映的醇羟基,如果对于活性的影响不大,那么就可能可以作为我们进行生物素等标记的位点。我们通过合成,获得了四个在 C_4-和 C_{10}-位分别含有一个(*R*)-或者(*S*)-构型羟基的化合物。经过生物学评价显示,AAM5 的 C_{10}-位引入羟基的活性改变很小,而且这个新引入的羟基如果被甲基化后,即成为 AAM5-10-OCH_3,活性的改变也很小(图 4-35)。因此,我们最后决定在 AAM5-10-OH 衍生物上进行标记。

为了可以在比较温和的条件下引入稳定的连接单元,我们最终成功运用了金属 Rh 催化下的卡宾插入 O—H 键的反应,引入一个羧酸官能团,来进一步连接标记的官能团(图 4-36),最后成功地获得相应的两个标记化合物。

最后的生物评价试验显示,标记官能团的引入还是使其抑制癌细胞的活性下降了 50 倍左右,两个标记化合物的 IC_{50} 值处于 2～4 μmol/L,而且标记的上述两个化合物失去了对于不同细胞的选择性。尽管如此,由于其显示了可以接受程度的细胞水平活性,有望在今后的某些实验中运用这两个化合物作为研究的探针和工具。

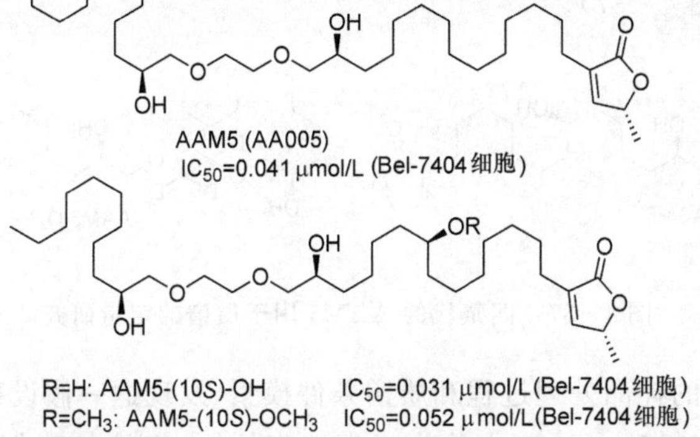

AAM5 (AA005)
IC_{50}=0.041 μmol/L (Bel-7404 细胞)

R=H: AAM5-(10*S*)-OH　IC_{50}=0.031 μmol/L(Bel-7404 细胞)
R=CH_3: AAM5-(10*S*)-OCH_3　IC_{50}=0.052 μmol/L(Bel-7404 细胞)

图 4-35　适合标记的活性化合物 AAM5 的衍生物 AAM5-(10*S*)-OH 及其活性

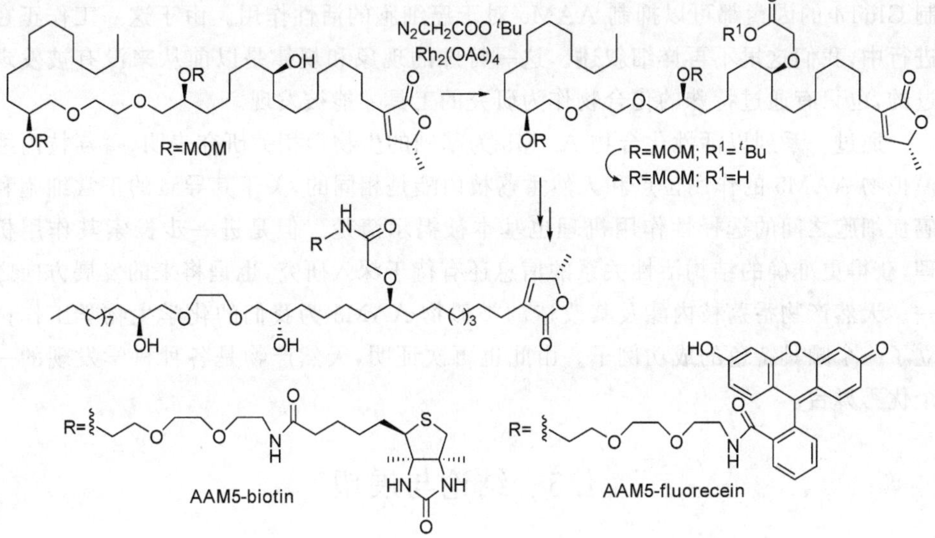

$N_2CH_2COO^tBu$
$Rh_2(OAc)_4$
R=MOM
R=MOM; R^1=^{t}Bu
R=MOM; R^1=H

AAM5-biotin
AAM5-fluorecein

图 4-36　活性化合物 AAM5 的生物标记方法

4.4.3　番荔枝内酯类似物 AAM5 的透膜选择性机理

与上述研究同步，我们仔细分析了 AAM5 呈现的具有一定普遍性的细胞间选择性，认为该化合物进入癌症细胞和正常细胞的运输机理可能存在显著的差异，而后面观察到的一些区别应该是后继的结果。为了证明这一推论，我们决定采用直接用质谱定量测定细胞内化合物浓度的方法。为了提高需要的分子离子峰的分辨能力，我们专门设计了一个四氘代的 AAM5 作为重试剂来同时进行细胞处理与分析。通过改良的合成方法[37]，从简单的氘代原料——四氘代乙二醇出发，合成了需要的重试剂(图 4-37)。

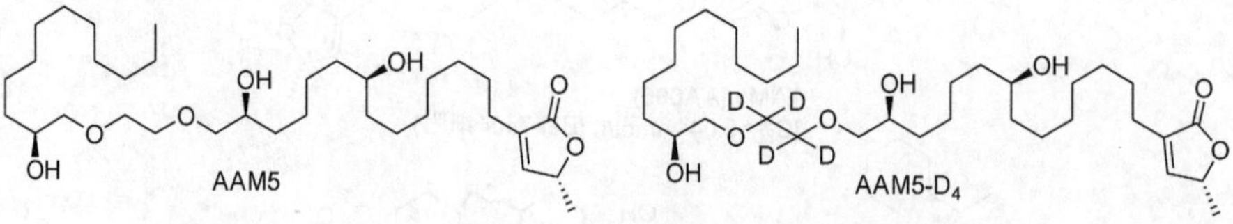

图 4-37 四氘代的 AAM5 用于质谱的定量研究

通过一系列的样品处理过程和质谱条件摸索，发现这一假设确实是成立的：癌细胞内的药物 AAM5 的浓度大约为正常细胞的 10 倍[38]。我们最近的遗传学和细胞生物学研究还揭示，细胞表面负责运输 AAM5 进入癌症细胞的运输器是葡萄糖转运蛋白 GluT4，这一蛋白在癌症细胞中普遍高表达；实验证据还表明，任何抑制 GluT4 的因素都可以抑制 AAM5 对于癌细胞的活性作用。由于这一工作正在进行中，我们这里不再详细叙述。这一特殊的现象和规律是以前从来没有被发现过的，也只有通过特殊的化合物作为研究的工具才能被发现。

通过一系列以活性化合物 AAM5 为基础的生物学相关研究表明，番荔枝内酯模拟物 AAM5 的作用位点和天然番荔枝内酯是相同的，关于其导致的正常细胞和癌症细胞之间的选择性作用机理也基本被揭示清楚。但是进一步探索其作用机理，获得更准确的结构活性关系的信息还有待于深入研究，也是将来的发展方向之一。天然产物番荔枝内酯及其改造的类似物 AAM5 为我们的化学生物学工作树立了一个颇具特色的成功例子。由此也再次证明，天然产物是各种科学发现的一个优秀舞台。

4.5 结论与展望

番荔枝内酯是一类具有独特结构和机理的新型抗肿瘤活性天然产物，我们围绕番荔枝内酯开展的上述工作也仅仅是这一巨大科学领域中的沧海一粟。由于番荔枝内酯生源共同却体现多样化结构，以及特殊的多手性中心等特点，引起了众多有机合成化学家的浓厚兴趣，成为一类新的可望开发为抗癌药物的先导化合物。从该类化合物被发现起到今天的 20 多年时间里，围绕番荔枝内酯的科学研究已经成为有机化学和化学生物学中的一个热点。有机化学家们除了可以在实验室中制备番荔枝内酯，为生理活性的检测提供足够的量，以及在合成的过程中发现新的合成方法学外，还可以利用有机合成手段，探索番荔枝内酯的结构与活性的关系，对天然产物进行结构模拟和简化，更好地调节其活性，使之成为活性更强、选择性更高的新一代化学物质。虽然番荔枝内酯的化学和生物学工作已取得了一定的成果，但要使番荔枝内酯真正成为人类明日的抗癌之星，还有待更多和更持续的努力。

参 考 文 献

1 Jolad S D, Hoffman J J, Schram K H, Cole J R, Temesta M S, Kriek G R, Bates R B. Uvaricin, a new antitumor agent from *Uvaria accuminata* (Annonaceae). J. Org. Chem., 1982, 47: 3151～3153.

2 a. Rupprecht J K, Hui Y H, McLaughlin J L. Annonaceous acetogenins: a review. J. Nat. Prod., 1990, 53: 237～278; b. Fang X P, Rieser M J, Gu Z M, McLaughlin J L. Annonaceous acetogenins: an updated review. Phytochem. Anal., 1993, 4: 27～48; c. Gu Z M, Zhao G X, Oberlies N H, Zeng L, McLaughlin J. Recent advances in phytochemistry. New York: Plenum Press, 1995(29): 249～310; d. Zeng L, Ye Q, Oberlies N H, Shi G E, Gu Z M, He K, Mclaughlin J L. Recent advances in annonaceous acetogenins. Natrual product reports, 1996: 275～306; e. Alali F Q, Liu X X, McLaughlin J L. Annonaceous acetogenins: recent progress, J. Nat. Prod., 1999, 62: 504～540; f. Cave A, Figadere B, Laurens A, Cortes D. Progress in the chemistry of organic natural products// Herz W, Kirby G W, Moore R E, Steglish W, Tamm C. New York: pringger-Verlag, 1997: 81～287; g. Zafra-Polo M C, Figadere B, Gallardo T, Tormo J R, Cortes D. A costic acid gualanyl ester and other constituents of podachaenium eminens. Phytochemistry, 1998, 48: 1085～1087; h. 陈瑛，于德泉. 抗癌有效成分番荔枝内酯化合物末端内酯环和四氢呋喃环的化学分类及NMR鉴别特征. 药学学报，1998，37:553～560; i. 陈若芸，于德泉. 中国番荔枝科植物抗癌有效成分研究. 有机化学，2001，21(11): 1046～1050. (Chen R Y, Yu D Q. Studies on the anti-tumor constituents from annonaceae plants in China. Youji Huaxue, 2001, 21(11): 1046～1050.)

3 a. 姚祝军，吴毓林. 番荔枝内酯——明日抗癌之星. 有机化学，1995，15: 120～132 (Yao Z J, Wu Y L. Annonaceous acetogenins—the future star against cancer. Youji Huaxue, 1995, 15(2), 120～132.); b. Casiraghi G, Zanardi F, Battistini L, Rassu G, Appendino G. Current advances in the chemical synthesis of annonaceous actogenine and relative. Chemtracts, 1998, 11: 803.

4 Cortes D, Figadere B, Cave A. Bis-tetrahydrofuran acetogenins from annonaceae. Phytochemistry, 1993, 32: 1467～1473.

5 a. Londershausen M, Leicht W, Lieb F, Moeschler H, Weiss H. Molecular mode of action of annonins. Pestic. Sci., 1991, 33: 427～438; b. Lewis M A, Arnason J T, Philogene B J, Rupprecht J K, McLaughlin J L. Inhibition of respiration at site 1 by asimicin, an insecticidal acetogenin of the paw tree, *Asimina triloba*, Annonaceae. Pestic. Biochem. Physiol., 1993, 45: 15～23; c. Hollingworth R M, Ahmmadsahib K I, Gadelhak G, McLaughlin J L. New inhibitors of complex Ⅰ of the mitochondrial electron transport chain with activity as pesticides. Biochem. Soc. Tran., 1994, 22: 230～233.

6 Morré D J, de Cabo R, Farley C, Oberlies N H, McLaughlin J L. Mode of action of bullatacin, a potent antitumor acetogenin: inhibition of NADH oxidase activity of Hela and HL-60, but not liver, plasma membranes. Life Sci., 1995, 56: 343～348.

7 Oberlies N H, Chang C J, McLaughlin J L. Structure-activity relationships of diverse annonaceous acetogenins against multidrug resistant human mammary adenocarcinoma (MCF-7/Adr) cells. J. Med. Chem., 1997, 40: 2102～2106.

8 a. Hoye T R, Hanson P R, Kovelesky A C, Ocain T D, Zhang Z. Synthesis of (+)-(15,16,19,20,23,

24)-hexepi-uvaricin: a bis (tetrahydrofuranyl) annonaceous acetogenin analog. J. Am. Chem. Soc., 1991, 113: 9369～9371; b. Hoye T, Humpal P E, Jiménez J, Mayer M, Tan L, Ye Z. An efficient and versatile synthesis of the butenolide subunit of 4-hydroxylated annonaceous acetogenins. Tetrahedron Lett., 1994, 35: 7517～7520; c. Koert U. Total synthesis of (+)-rolliniastatin 1. Tetrahedron Lett., 1994, 35: 2517～2520; d. Trost B M, Shi Z. A concise convergent strategy to acetogenins, (+)-solamin and analogs. J. Am. Chem. Soc., 1994, 116: 7459～7460; e. Marshall J A, Hinkle K W. Total synthesis of the annonaceous acetogenin (+)-asimicin, development of a new bidirectional strategy. J. Org. Chem., 1997, 62: 5989～5995.

9 a. Yao Z J, Wu Y L. Total synthesis of (10*R*,10*S*,15*R*,16*S*,19*S*,20*S*,34*R*)-corossoline. Tetrahedron Lett., 1994, 35: 157～160; b. Yao Z J, Wu Y L. Synthetic studies toward mono-THF annonaceous acetogenins: a diastereoselective and convergent approach to corossolone and (10*R*)-, (10*S*)-corossoline. J. Org. Chem., 1995, 60: 1170～1176.

10 Yu Q, Wu Y, Wu Y L, Xia L J, Tang M H. Base-catalyzed epimerization of the butenolide in annonaceous acetogenin. Chirality, 2000, 12: 127～129.

11 He Y T, Yang H N, Yao Z J, Sharpless AD-based synthesis of butenolides of acetogenins synthesis of butenolides Ⅰ and Ⅱ. Tetrahedron, 2002, 58: 8805～8810.

12 He Y T, Xue S, Yao Z J. 2006, unpublished results.

13 Yu Q, Yao Z J, Chen X G, Wu Y L. Total synthesis of (10*R*)- and (10*S*)-corossolin: determination of the stereochemistry at C_{10} of the natural corossolin and the differential toxicity toward cancer cells caused by the configuration at C_{10}. J. Org. Chem., 1999, 64: 2440～2445.

14 Schaus S E, Branalt J, Jocobsen E N. Total synthesis of muconin by efficient assembly of chiral building blocks. J. Org. Chem., 1998, 63: 4876～4877.

15 Yu Q, Wu Y K, Xia L J, Tang M H, Wu Y L. Synthesis of key intermediate of corossolin using hydrolytic kinetic resolution of epoxides. Chem. Commun., 1999: 129～130.

16 Rieser M J, Kozlowski J F, Wood K V, McLaughlin J L. Muricatacin: a simple biologically active acetogenin derivative from the seeds of *Annona muricata* (Annonaceae). Tetrahedron Lett., 1991, 32: 1137～1140.

17 姚祝军，张一兵，吴毓林.番荔枝皂素(4*S*,5*S*) 和 (4*S*,5*R*)-muricatacin 的合成及 Annonacin 四氢呋喃段绝对构型的确证.化学学报，1992，50：901～904.(Yao Z J, Zhang Y B, Wu Y L. Synthesis of annonaceous acetogenin (4*S*, 5*S*) and (4*S*, 5*R*)- muricatacin as well as confirmation of absolute configuration of the tetrahydrofuran segment of annonacin. Huaxue Xuebao, 1992, 50: 901～904.)

18 Yao Z J, Yu Q, Wu Y L. Two-directional synthesis of (+)-ancepsenolide. Synthetic Communications, 1996, 26: 3613～3617.

19 a. Yu Q, Liu J F, Wu Y L. Total synthesis of (−)-incrustoporin. J. Asian Nat. Prod. Res., 1999, 1: 183～188; b. Jiang S, Wu Y L, Yao Z J. Syntheses of two new mosquito larvicidal butenolides. Chinese J. Chem., 2002, 20: 692～696.

20 Zhao Y, Jiang S, Guo Y W, Yao Z J. Synthesis of two naturally occurring 4-hydroxylated butenolides with PTP1B inhibitory activity. Chinese J. Chem., 2005, 230: 173～175.

21 Zeng B B, Hu T S, Yun W, Wu Y, Wu Y L. Straightforward syntheses of two pairs of enantiomeric butenolides 3-tetradecyl- and 3-hexadecyl-5-methyl- 2(5H)-furanone. Enantiomer, 2002, 7: 133～137.

22 Yu Q, Wu Y, Ding H, Wu Y L. The first total synthesis of 4-deoxyannomontacin. J. Chem. Soc.

Perkin Trans. I, 1999, 9: 1183～1188.

23 Hu T S, Yu Q, Lin Q, Wu Y L, Wu Y. The first synthesis of tonkinecin, an annonaceous acetogenin with A C_5 carbinol center. Org. Lett., 1999, 1: 399～402.

24 Hu T S, Yu Q, Wu Y L, Wu Y. Enantioselective syntheses of monotetrahydrofuran annonaceous acetogenins tonkinecin and annonacin starting from carbohydrates. J. Org. Chem., 2001, 66: 853～861.

25 Hu T S, Wu Y L, Wu Y. The first total synthesis of annonacin, the most typical monotetrahydrofuran annonaceous acetogenins. Org. Lett., 2000, 2: 887～889.

26 a. Makabe H, Tanimoto H, Tanaka A, Oritani T. Synthetic studies on annonaceous acetogenins. Ⅶ. total synthesis of (8′*R*)- and (8′*S*)-corossolin. Heterocycles, 1996, 43: 2229～2248; b. Zhang L L, Yang R Z, Wu S J. Studies on the chemical compositions of goniothalamus how Ⅱ（Ⅰ）. 植物化学学报, 1993, 35: 390～396.

27 He Y T, Xue S, Hu T S, Yao Z J. An iterative acetylene-epoxide couplingstrategy for the total synthesis of Longmicin C. Tetrahedron Lett., 2005, 46: 5393～5397.

28 a. Laprevote O, Roblot F, Hocquemiller R, Cave A. Structural elucidation of two new acetogenins, epoxyrollins A and B, by tandem mass spectrometry. Tetrahedron Lett., 1990, 31: 2283～2286; b. Peyrat J F, Figadere B, Cave A, Mahuteau J. Study of the binding affinity of oligo-tetrahydrofuranic γ-lactones with cations. Tetrahedron Lett., 1995, 36: 7653～7656; c. Peyrat J F, Mahuteau J, Figadere B, Cave A. NMR studies of Ca^{2+} complexes of annonaceous acetogenins. J. Org. Chem., 1997, 62: 4811～4815; d. Sasaki S, Maruta K, Naito H, Maemura R, Kawahara E, Maeda M. Tetrahedron, 1998, 54: 2401～2410; e. 曾步兵, 胡泰山, 徐春, 方禹之, 吴厚铭, 吴毓林. 双四氢呋喃环番荔枝内酯类似物以及 annonacin 与钙离子配位行为研究. 化学学报, 2003, 61(7): 1140～1143.（Zeng B B, Hu T S, Xu C, Fang Y Z, Wu H M, Wu Y L. Studies towards the complexation of bis-THF annonaceous acetogenin analogs and annonacin with calcium ion. Huaxue Xuebao, 2003, 61(7): 1140～1143.）

29 Yao Z J, Wu H P, Wu Y L. Polyether mimics of natural occurring cytotoxic annonaceous acetogenins. J. Med. Chem., 2000, 43: 2484～2487.

30 Zeng B B, Wu Y K, Yu Q, Wu Y L, Li Y, Chen X G. Enantiopure simple analogues of annonaceous acetogenins with remarkable selective cytotoxicity towards tumor cell lines. Angew. Chem. Int. Ed., 2000, 39: 1934～1937.

31 Zeng B B, Wu Y, Jiang S, Yu Q, Yao Z J, Liu Z H, Li H Y, Li Y, Chen X G, Wu Y L. Studies on mimicry of naturally occurring annonaceous acetogenins: non-THF, analogues leading to remarkable selective cytotoxicity against human tumor cells. Chem. Eur. J., 2003, 9: 282～290.

32 Jiang S, Wu Y L, Yao Z J. Synthesis of a mimicking hybrid of annonaceous acetogenin with steroid for antitumoral activity investigation. Chinese J. Chem., 2002, 20: 1393～1400.

33 Jiang S, Liu Z H, Sheng G, Zeng B B, Chen X G, Wu Y L, Yao Z J. Mimicry of annonaceous acetogenins: enantioselective synthesis of a (4*R*)-hydroxy analogue having potent antitumor activity. J. Org. Chem., 2002, 67: 3404～3408.

34 Jiang S, Li Y, Chen X G, Hu T S, Wu Y L, Yao Z J. Parallel fragment assembly strategy towards multi-ether mimicry of anti-cancer annonaceous acetogenins. Angew. Chem. Int. Ed., 2004, 43: 329～334.

35 Huang G R, Jiang S, Wu Y L, Jin Y, Yao Z J, Wu J R. Induction of cell death of gastric cancer cells by a modified compound of annonaceous acetogenin family. Chem . Bio. Chem., 2003, 4: 1216～1221.

36 Liu H X, Zhang H M, Jiang S, Huang G R, Wu J R, Yao Z J. Fluorescent and biotinylated labeling of annonaceous acetogenin mimetics exhibiting potent anticancer activities. 2006, in review.

37 Liu H X, Yao Z J. Synthesis of a tetra-deuterium-labeled derivative of potent and selective anti-cancer agent AA005. Tetrahedron Lett., 2005, 46: 3525～3528.

38 Huang G R, Liu H X, Wu J R, Yao Z J. 2006, unpublished work.

第5章　唾液酸类高碳糖的化学合成与相关方法学研究

5.1　唾液酸的化学与生物学简介

5.1.1　唾液酸的生物学效应

唾液酸是一类广泛存在于生物体的天然高碳糖。Blix 等[1]早在 1936 年就首次从牛下颌骨黏液中分离得到了一种唾液酸，后经研究证明了它的结构是 *O*,*N*-二乙酰基神经氨酸[2]。20 年后，Gottschalk[3]在研究黏蛋白中流感病毒时，分离得到了唾液酸类化合物中最具代表性的化合物——*N*-乙酰基神经氨酸(Neu5Ac，5-acetamido-3,5-dideoxy-D-glycero-D-galacto-non-2-ulosonic acid，图 5－1)。它的结构(包括立体构型)直到 1967 年才完全被确定，如唾液酸中的酮苷键在游离状态时为 *β*-型，在天然缀合物中为 *α*-型[4]。目前已经被分离和鉴定的唾液酸类化合物已达 40 多种，这些化合物大多是 Neu5Ac 的 *O*-乙酰基化衍生物[5]。唾液酸在生物系统中一般很少以游离的形式存在，它们大多通过 2-位异头碳的羟基以 *α*-糖苷键形式连接在糖蛋白、糖脂和寡糖的末端[6]，因此被人们称为多糖类化合物的“天线”。它们在细胞膜和神经组织中含量很高。

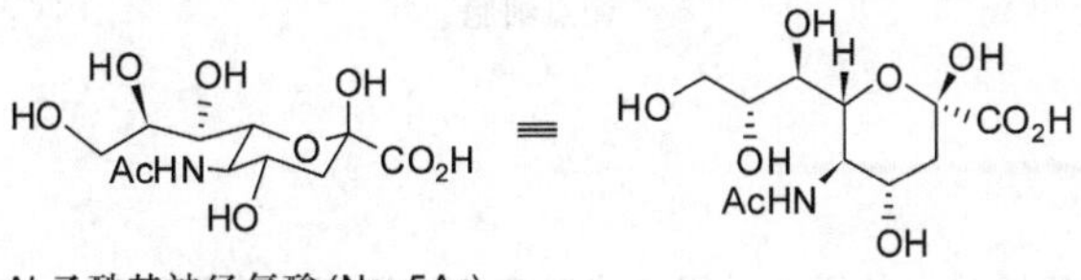

N-乙酰基神经氨酸 (Neu5Ac)

图 5－1　*N*-乙酰基神经氨酸(Neu5Ac)的化学结构

唾液酸在生命体中的广泛存在引起了科学界的极大关注，从第一种唾液酸类化合物被分离和鉴定[1]开始，人们就对其生物特性和生理活性进行了大量的研究[5,7]。人们发现唾液酸类化合物在生命体的许多重要的生物、生理过程中发挥着不可或缺的作用，它们直接参与了细胞与细胞、细胞与微生物、细胞与毒素、细胞与抗体之间的多种相互作用[5]。概括起来，唾液酸的生物作用可以分为以下四种：

(1) 由于唾液酸整体带有负电荷，而每个人体细胞大约连接有 10^7 个唾液酸结构单元，这样覆盖在细胞表面的带有负电荷的鞘既可以通过静电作用阻碍细胞聚集，又可以通过体内钙离子的电荷相互作用促进细胞凝聚。因此，唾液酸对细胞的凝聚行为具有一定的调控作用[8]，而且细胞表面唾液酸的负电荷也可以协助离子透过细胞膜[9]。

(2) 唾液酸在蛋白质上存在与否可以调节生物体液和黏蛋白的黏度[10]。唾液酸形成的广度被认为是物质分泌黏液黏度的控制因素。

(3) 唾液酸具有抗识别作用[11]。通过糖苷键连接在糖缀合物末端的唾液酸能有效地阻止细胞表面上一些重要的抗原位点和识别标记,从而保护这些糖络合物不被周围的免疫系统所识别和降解。新生的细胞中唾液酸的含量要明显高于衰老的细胞[12]。进一步的实验还发现,用唾液酸苷酶处理过的细胞注入体内后会在几小时内死亡,而正常细胞的寿命为 120 天,这说明唾液酸参与了细胞周期的调控[13]。

(4) 存在于细胞表面的唾液酸作为生物活性物质可以直接与激素、酶、病毒、毒素等一些生物大分子作用[14]。一个典型的例子是流感病毒的感染过程首先是从流感病毒神经氨酸酶(neuraminidase)与细胞表面的唾液酸位点作用开始的。因此,唾液酸就成为了设计流感病毒神经氨酸酶抑制剂的重要先导分子之一(图 5-2)。

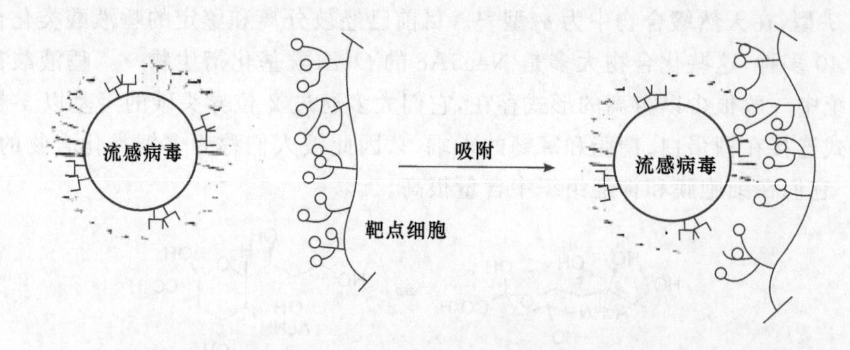

图 5-2 流感病毒的感染过程与流感病毒神经氨酸酶及细胞表面的唾液酸相关

| hemagglutinin(HA);┌┘ neuraminidase(NA);○ sialyl residue

最近的研究中还发现,肿瘤细胞比正常细胞中唾液酸糖络合物的含量要高很多[15],这一重要发现为人们设计新的诊断试剂和肿瘤化学治疗药物提供了一个新的研究方向。总之,唾液酸在生物体许多生命现象中发挥着极其重要的作用,但是人们对于唾液酸在生物体内精细的生理生化过程的了解还非常有限,围绕唾液酸的许多问题的研究正方兴未艾,如与唾液酸有关的酶抑制剂研究等。因此,对唾液酸等高碳糖的化学合成以及以此为母体的结构改造和修饰,包括生物活性相关的研究成为一个热门和前沿的研究领域[16],大量相关的研究工作被相继报道。

5.1.2 唾液酸的生物合成与化学合成

1958 年,Comb 等[17]首次报道了在唾液酸醛缩酶催化下唾液酸可以被生物转

化为 *N*-乙酰基甘露糖胺和丙酮酸(图 5-3)。人们由此想到利用这一生物降解的逆过程,通过唾液酸醛缩酶来进行唾液酸的生物合成。20 世纪 80 年代,Augé 等[18]、Wong 等[19]和 Whitesides 等[20]小组分别报道了使用唾液酸醛缩酶催化实现了这一过程。他们通过加入大大过量的丙酮酸来促使这个平衡反应向产物方向移动,但过量丙酮酸的使用造成了产物分离的困难,并不能在生化工程中应用。

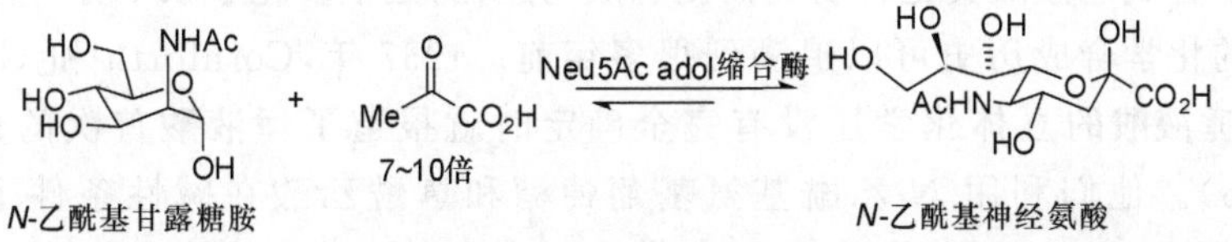

N-乙酰基甘露糖胺 + 丙酮酸(7~10倍) ⇌(Neu5Ac adol缩合酶) N-乙酰基神经氨酸

图 5-3　*N*-乙酰基甘露糖胺为原料的唾液酸生物合成及其逆反应

Wandrey 等[21]1991 年报道了使用相对价廉的 *N*-乙酰基氨基葡萄糖作为原料,通过异构化酶和唾液酸醛缩酶同时催化,在酶膜反应器(enzyme membrane reactor)中合成获得了唾液酸(图 5-4)。

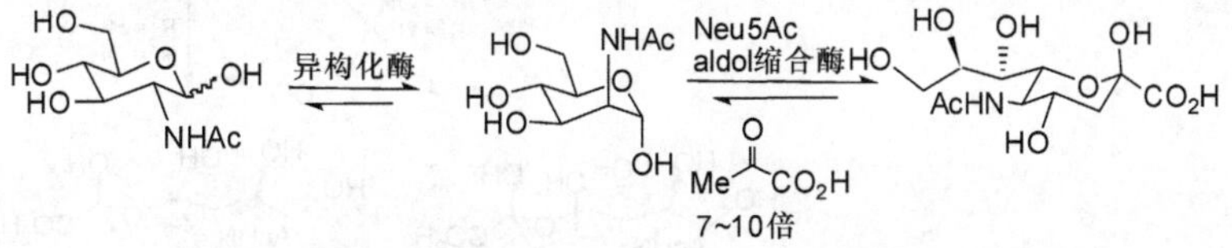

异构化酶; Neu5Ac aldol缩合酶; 7~10倍

图 5-4　*N*-乙酰基氨基葡萄糖为原料的唾液酸生物合成

Sugai 等[22]在 1995 年通过在酶反应器中加入丙酮酸酯脱羧酶将反应体系中过量的丙酮酸降解为乙醛和二氧化碳,从而改善了生物合成唾液酸时产物与丙酮酸分离上的难度(图 5-5)。

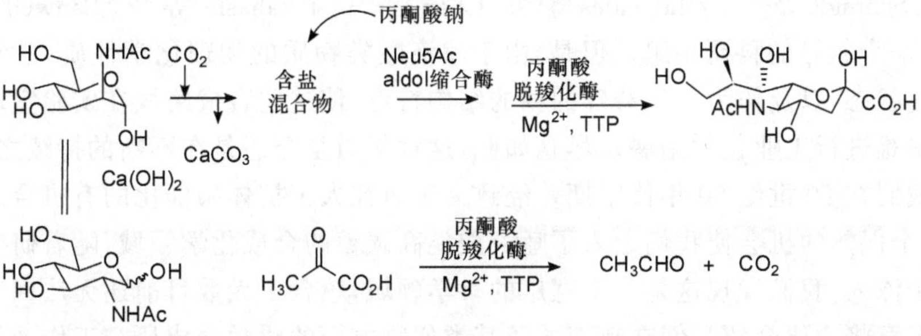

丙酮酸钠; CO_2; 含盐混合物; $CaCO_3$; $Ca(OH)_2$; Neu5Ac aldol缩合酶; 丙酮酸脱羧化酶, Mg^{2+}, TTP

H_3C-CO-CO_2H →(丙酮酸脱羧化酶, Mg^{2+}, TTP) CH_3CHO + CO_2

图 5-5　丙酮酸酯脱羧酶的使用改善了生物合成唾液酸产物分离的困难

尽管唾液酸的生物合成途径早为人知，但是由于酶催化反应对反应器以及底物的匹配性有很高的要求，因此，通过目前的方法进行生化过程还是有很多困难需要改进和优化的。与之相比，化学合成则有很多优点：如果有合适的工艺路线，生产能力将迅速提高；它可以使用或制备不被酶识别的化合物，在唾液酸结构的改造和构效关系等研究上具有不可替代的优越性。因此，寻找一条从廉价易得的原料出发化学合成唾液酸类化合物的简捷有效的途径，是很多化学家十分向往的事情。唾液酸的化学合成历史可以追溯到很多年前。1957 年，Cornforth 和 Gottschalk 等[23]在唾液酸的立体化学还没有完全确定时就报道了唾液酸首次的化学合成（图 5-6）。他们利用 *N*-乙酰基氨基葡萄糖和草酰乙酸在碱性条件下（pH = 9～11）缩合，然后再脱羧合成了唾液酸和它的 4-位差向异构体。显然，那个时代的合成根本提不到用产率来评价。

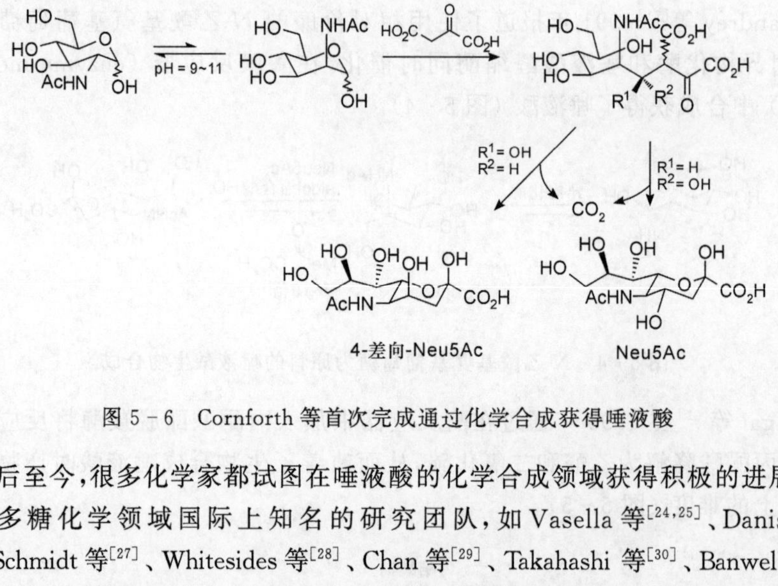

图 5-6 Cornforth 等首次完成通过化学合成获得唾液酸

其后至今，很多化学家都试图在唾液酸的化学合成领域获得积极的进展，其中包括很多糖化学领域国际上知名的研究团队，如 Vasella 等[24,25]、Danishefsky 等[26]、Schmidt 等[27]、Whitesides 等[28]、Chan 等[29]、Takahashi 等[30]、Banwell 等[31]、Kang 等[32]领导的科研小组。但是，由于唾液酸类物质的物理化学性质，已经高度的氧化状态，以及作为一种特殊的糖的结构特点，使这些合成路线在实验室取得的成果很难进行工业化的拓展。尽管如此，这种努力至今还是在不断的持续之中。

我们在 20 世纪 90 年代中期曾经致力于研究人工抗体酶催化的有机合成方法学，一个偶然的机会使我们走入了唾液酸类高碳糖的合成化学领域，随着研究工作的步步深入，我们发现这是一个宽广的科学领域，蕴含了无数目前还无法回答的问题。本章将主要介绍我们在唾液酸及其类似物方面的化学合成研究工作及相关的生物学应用方面的初步探索。

5.2 唾液酸类高碳糖新的合成方法研究与探索

5.2.1 基于氧杂 Diels-Alder 反应的唾液酸类高碳糖的新合成方法及应用

20 世纪 90 年代中期,我们对于克隆抗体催化的有机反应表现出浓厚的兴趣。由于当时的科学界还没有发现自然界存在一种酶可以催化有机合成中最为重要的反应——Diles-Alder 反应,我们曾试图通过设计、合成氧杂 Diels-Alder 反应过渡态的方式来获得半抗原,通过动物免疫的方式来获得可以催化氧杂 Diels-Alder 反应的单(多)克隆抗体。为此,我们针对这一目标进行了很多背景文献的学习,其中发现氧杂 Diels-Alder 反应是一种可以迅速获得唾液酸基本骨架的理想方法。为此我们对于多克隆催化抗体用于催化氧杂 Diels-Alder 反应,乃至直接用于唾液酸类物质的合成(如 KDO)进行了一系列的研究[33](图 5-7)。较之单克隆抗体,多克隆抗体可能在成本等多个方面都有优势,而且更加可能达到应用的目的。在此我们很容易发现从氧杂环已烯 **C1** 出发可以转化为各种构型的 KDO 类化合物;**C1** 代表的化合物最容易由一个[4+2]反应来获得。但是对于这种类型的底物,不论从产率还是选择性上来说都是不会令人满意的。发展一种抗体催化技术专门针对这一反应,显然是有限实现手段中的一种可取之道。为此,我们设计了相应的半抗原 **C1A**,并通过化学合成的手段获得了这个化合物;通过与牛血清蛋白 BSA 相连就制备相应的抗原 **C1B**。通过标准的抗体获取技术,最终我们获得了一批相应的

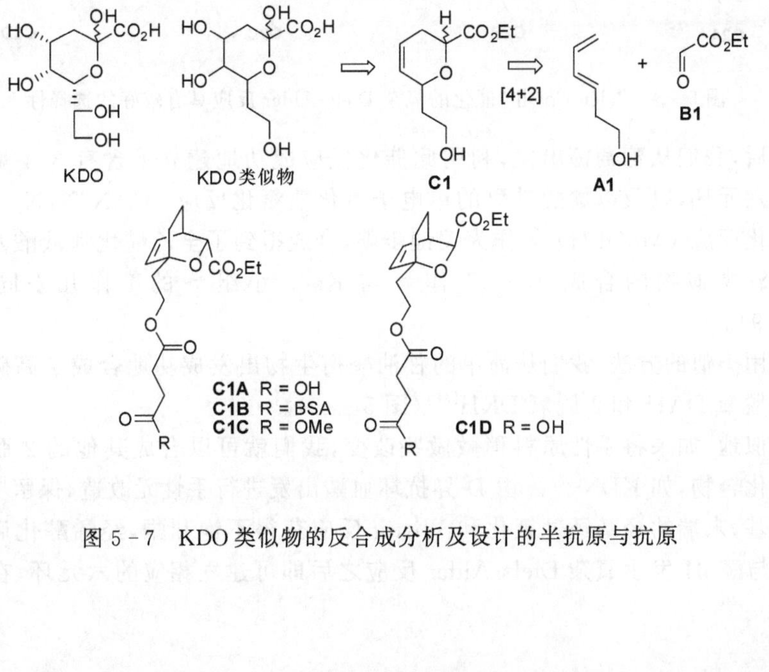

KDO KDO类似物 C1 [4+2] A1 B1

C1A R = OH
C1B R = BSA
C1C R = OMe
C1D R = OH

图 5-7 KDO 类似物的反合成分析及设计的半抗原与抗原

多克隆抗体。为此，我们通过动力学研究，发现获得的多克隆抗体可以催化 **A1** 衍生物酯与 **B1** 之间的氧杂 Diels-Alder 反应，并显示出中等程度的催化加速作用，其中 endo 产物优势形成。

在研究氧杂 DA 反应过程中，为了取得对比产物，我们同时开展了通过化学合成来获得相应的化合物的研究。但是遇到了很多困难，几年之后才获得了一些进展。1998 年，我们经过催化剂筛选发现手性 Salen-Co(Ⅱ) 催化的杂原子 Diels-Alder 反应[34a]可以获得较好的催化结果、立体选择性以及 *endo*/*exo* 选择性(图 5-8)。如在室温下反应，可以获得 85% 的产率的产物，产物 **C2A**：**C2B**：**C2C**：**C2D**的比例为 80：5：13：2，*endo*：*exo* 的比例为 93：7，*si*：*re* 选择性为 85：15。进一步的研究[34b,c]发现双烯体的性质、金属盐或络合物催化剂都可能影响该反应中的各种选择性。

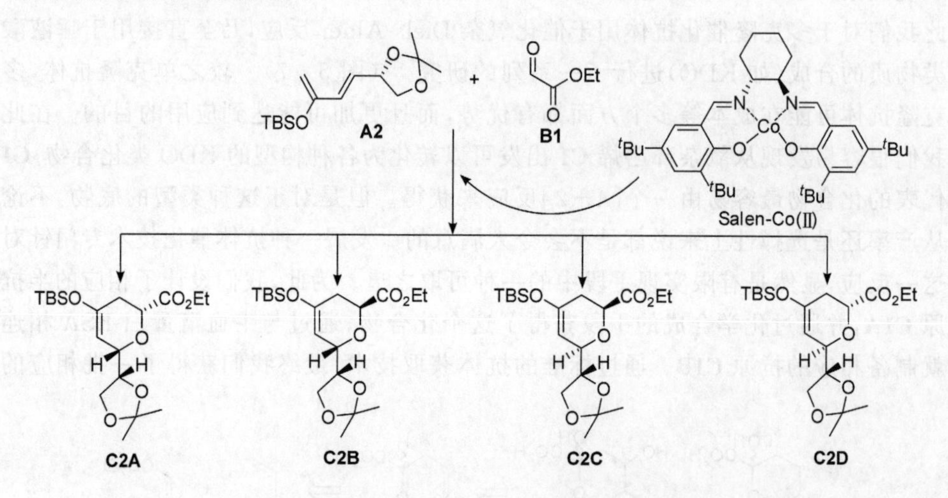

图 5-8 Salen-Co(Ⅱ)催化的氧杂 Diels-Alder 反应具有较好的选择性

随后，我们从葡萄糖出发，利用此催化反应成功地建立了含有 3,4-烯醇结构的氧杂六元环，以及以烯醇硅醚的单电子氧化叠氮化反应 (CAN/NaN_3)、烯醇锂盐的氧化反应 (MoOPH) 等作为关键步骤，合成得到了全乙酰化唾液酸及其两个 2-位脱氧类似物的合成，这一工作[35]与 Kang 小组[32]的工作几乎同时发表(图 5-9)。

利用类似的方法，我们从简单的甘油醛衍生物出发成功地合成了高碳糖类化合物 2-脱氧 DAH 和 2-脱氧 DRH[36](图 5-10)。

类似地，如果将手性原料稍微做些改变，我们就可以合成其他的 2-脱氧的唾液酸类化合物，如 KDN[37]。由 D-异抗坏血酸出发进行手性元改造，保留支链上的三个羟基，末端的羟基经过氧化和 Wittig 反应获得不饱和酮，经烯醇化后得到双烯 **A3**，与醛 **B1** 发生氧杂 Diels-Alder 反应之后即可建立相应的六元环，在经过与

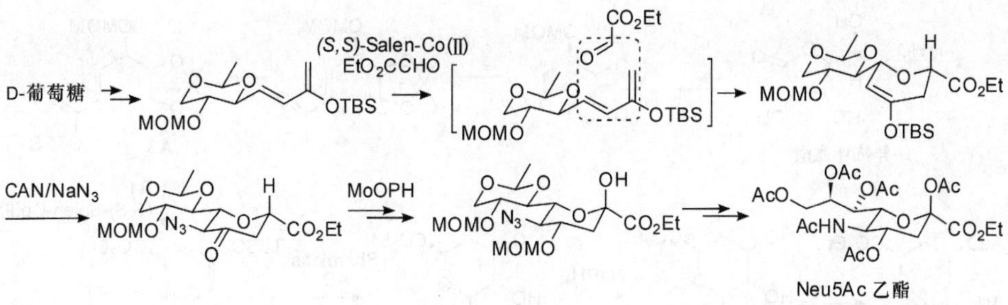

图 5-9　利用 Salen-Co(Ⅱ)络合物催化的氧杂 Diels-Alder 反应合成乙酰化唾液酸

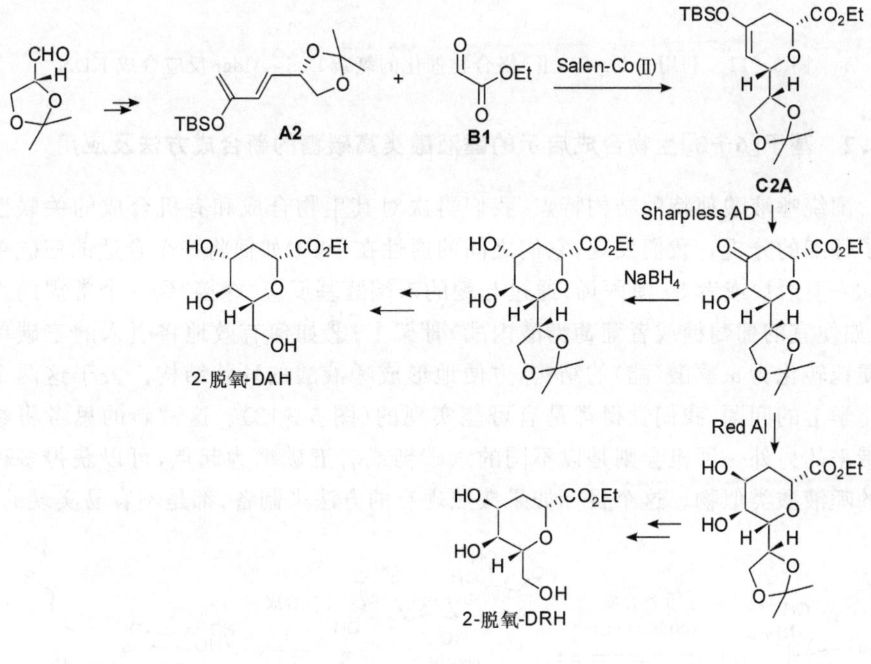

图 5-10　利用 Salen-Co(Ⅱ)络合物催化的氧杂 Diels-Alder 反应合成 DAH 和 DRH 衍生物

上述类似的转化后，最终获得了全乙酰化的 KDN 乙酯(图 5-11)。

尽管我们利用金属络合物催化的氧杂 Diels Alder 反应取得了一定的进展，并将此反应成功运用于若干唾液酸及其类似物的合成之中。但是，研究中我们也发现，多种副产物的存在给分离和纯化中间体的过程带来一定的困难。如果今后将此发展为工业使用的工艺，还需要做进一步优化和大量的改进。

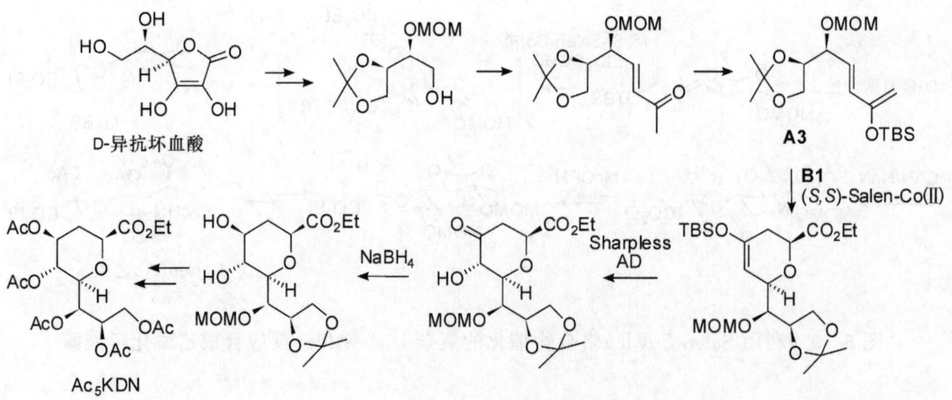

图 5-11 利用 Salen-Co(Ⅱ)络合物催化的氧杂 Diels-Alder 反应合成 KDN

5.2.2 基于[6+3]生物合成启示的唾液酸类高碳糖的新合成方法及应用

围绕唾液酸独特的结构特点，我们再次对其生物合成和有机合成的关联性进行了仔细的分析。我们发现，它们之间的通性在于：①如何将一个合适的三碳单元(如 3-溴丙炔或者 3-溴丙烯)通过与糖的末端醛基反应"嫁接"到一个常规的六碳糖(如便宜的葡萄糖或者葡萄糖酸内酯)骨架上；②如何有效地将引入的三碳单元方便地转化为 α-酮酸(酯)的结构，方便地形成唾液酸的环状结构。关于这两个合成化学上的问题，我们觉得都是有可能实现的(图 5-12)。这种新的思考将给我们带来的另外一种机会则是以不同的六碳糖或者五碳糖为起点，可以获得多种结构的唾液酸类似物。这个目标如果按照现有的方法来制备，都是不容易实现的。

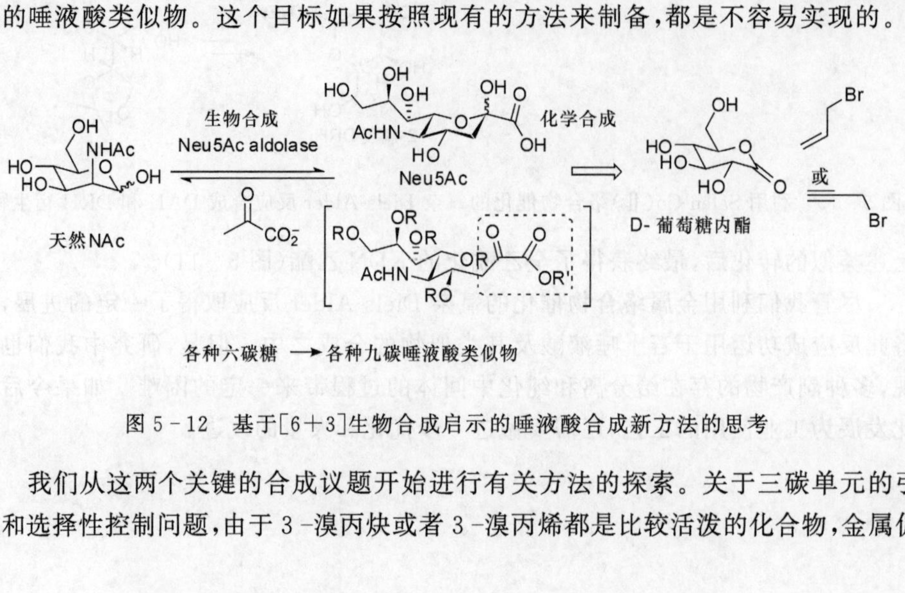

图 5-12 基于[6+3]生物合成启示的唾液酸合成新方法的思考

我们从这两个关键的合成议题开始进行有关方法的探索。关于三碳单元的引入和选择性控制问题，由于 3-溴丙炔或者 3-溴丙烯都是比较活泼的化合物，金属促进的对醛的加成反应具有比较好的基础，而且我们在过去研究中也曾有过积累和经验[38]，比较容易解决。因此，我们将工作的重点放在了如何将末端的炔烃方便有效地转化为相应的α-酮酸(酯)结构上，并在这个问题的解决上取得了积极的进展。

5.2.2.1　末端炔烃转化为α-酮酸(酯)结构的方法学研究

对于末端炔烃来说，如果有某种氧化反应(条件)可以进行二次双羟基化，那么此产物将会是相应的α-酮醛，但如采用末端炔醇醚作底物则就可以获得相应的α-酮酸酯。但末端炔醇醚不易获得，于是我们就改而采用它的等当体炔溴。末端炔烃很易转化为炔溴，转化产率非常高，通常可以达到定量的水平。对进一步的双羟基化我们进行了大量的摸索，开始我们采用 $KMnO_4$-$NaHCO_3$-$MgSO_4$ 在丙酮-水体系中进行反应，反应后却只分离得到了少一个碳原子的羧酸，分析原因是反应中先生成的α-酮酰溴水解成α-酮酸，而α-酮酸在此条件下不稳定脱羧而成降一级的羧酸。于是我们改而用甲醇-水作为反应溶剂，希望生成的α-酮酰溴能醇解成稳定的α-酮酸酯。实验结果很好地实现了我们的设想，炔溴中间体置于甲醇-水(1∶1)混合体系中加入 3 eq 的 $KMnO_4$，0.6 eq 的 $NaHCO_3$ 和 2 eq 的 $MgSO_4$，室温反应若干小时后就可以满意产率获得相应的α-酮酸酯[39](图 5－13)。进一步的底物研究还发现，该反应具有较好的普适性；对于多种羟基的保护基(如 TBS 醚、*O*,*O*-缩酮、MOM 醚、Bn 醚、各种酯等)没有影响，这一性质对于我们希望开展的高碳糖合成特别重要。但由于这一反应需在醇-水溶液中进行，当扩展应用于水溶性较差的非糖类炔类化合物时就会有一定的局限性。

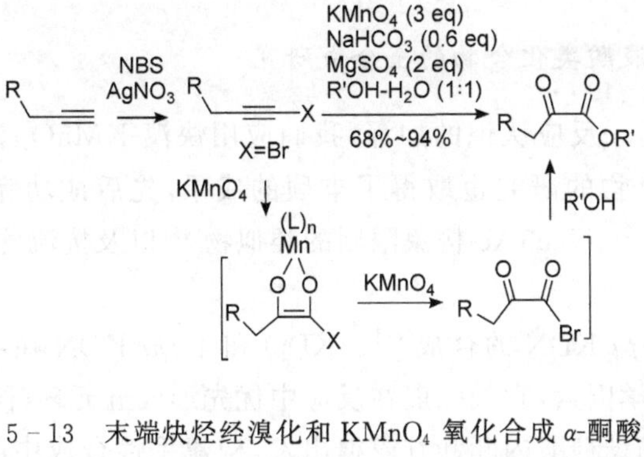

图 5－13　末端炔烃经溴化和 $KMnO_4$ 氧化合成α-酮酸酯

运用上述方法，许多具有α-酮酸单元的化合物，特别是唾液酸类化合物的合成就可能实现新途径。DAH 和 DRH 以及它们的六碳类似物的合成就是最直接体现这一方法有效性的简单例子[40](图 5－14)。分别通过葡萄糖酸内酯和葡萄糖为原料，经过改造，保留分子中的部分羟基及其手性；经过不同的方法引入末端炔烃，在此基础上再进行溴化和 $KMnO_4$ 氧化，经过必要的酸处理，可以分别获得 DAH

和 DRH 的衍生物。

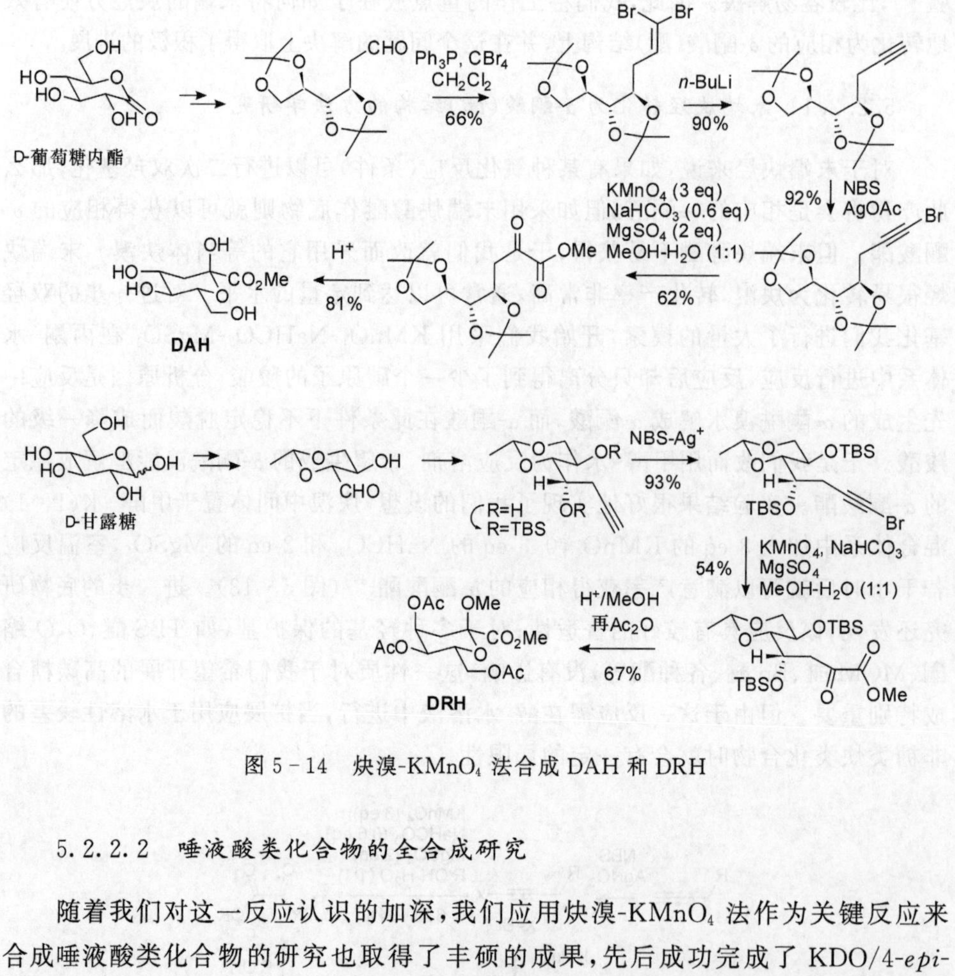

图 5－14 炔溴-$KMnO_4$ 法合成 DAH 和 DRH

5.2.2.2 唾液酸类化合物的全合成研究

随着我们对这一反应认识的加深，我们应用炔溴-$KMnO_4$ 法作为关键反应来合成唾液酸类化合物的研究也取得了丰硕的成果，先后成功完成了 KDO/4-*epi*-KDN[41]、Neu5Ac[42]、Neu5Ac 构象限制的类似物[43]以及抗流感药物 Relenza[44]等新的合成路线。

(1) KDO/4-*epi*-KDN 的合成[41]。KDO 和 4-*epi*-KDN 在结构上具有相当的类似性，由于热力学因素，它们一般在反应中优先形成五元环(图 5－15)。

我们分别从葡糖糖酸内酯和甘露糖出发，构建手性合成中间体——醛 A 和 B (图 5－15)。接着通过金属锌粉活化炔丙基溴将此三碳单元嫁接到相应的醛上，该反应一般在类似的底物中显现较好的 *erythro* 优势的产物取向，在这两个底物上也是获得同样的立体选择性。引入的三碳单元中的末端炔基按照我们上述发展的炔溴-$KMnO_4$ 法顺利得到需要的 α-酮酸酯，产率良好。最后，经过酸处理除去各种保护基，即可在现场分别形成五元环高碳糖的结构。经过全乙酰化处理分析后

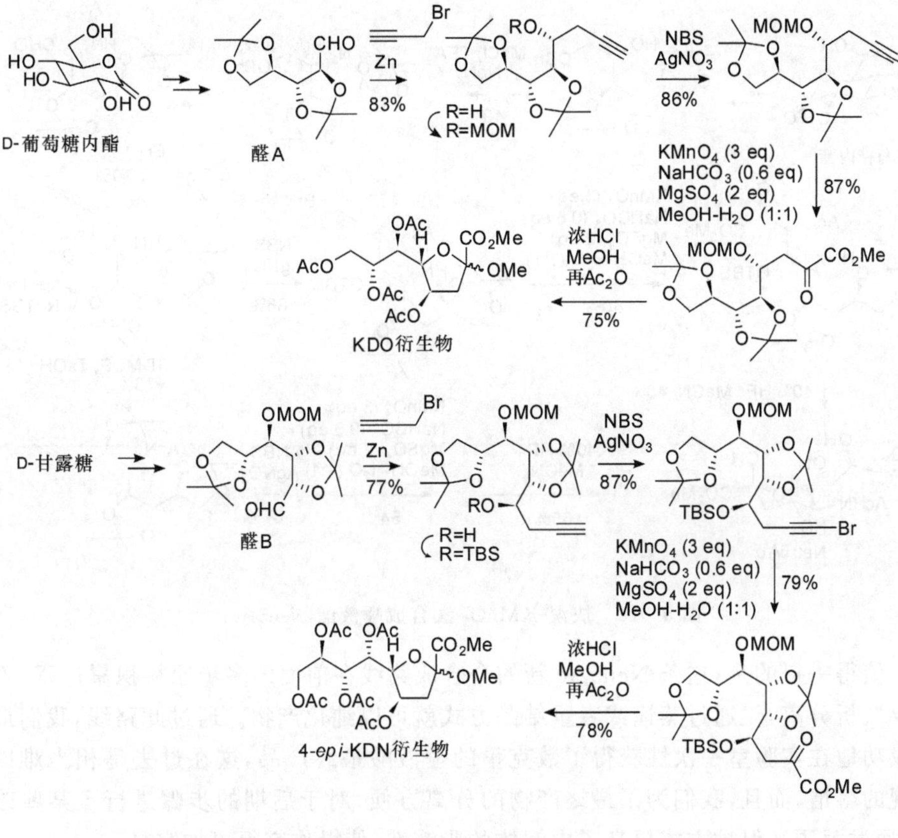

图 5-15　炔溴-$KMnO_4$ 法合成 KDO 和 4-*epi*-KDN

显示，得到的化合物的性质与文献全部吻合。

(2) 克级以上规模 Neu5Ac 的合成[42]。神经氨酸 Neu5Ac 是唾液酸类化合物中最为典型的结构，也是最常见的高碳糖。我们的合成同样利用价廉的葡萄糖酸内酯作为原料，其间也成功使用了炔溴-$KMnO_4$ 法。

与 KDO 和 4-*epi*-KDN 等相比，Neu5Ac 的结构中含有一个乙酰氨基，所以必须考虑在合适的位置立体专一性地引入。由于我们使用简单的糖作为原料，显然通过羟基的取代反应来实现最为直接。因此，我们在合成工作的初期通过将其中一个在正确位置上的具有合适立体化学的羟基制备成甲基磺酸酯，再与 NaN_3 发生 S_N2 的亲核取代反应将需要的叠氮基团引入到分子中（图 5-16）。经过一系列常规的转化后，可以制得相应的 *α*-氨基醛；此醛与锌粉活化后的炔丙基溴发生加成反应，以 7∶1 的 *threo* 选择性获得需要的高炔丙基醇。接着，再次使用前面发展的炔溴-$KMnO_4$ 法将末端的炔烃转化为 *α*-酮酸酯，最后经过弱酸性条件的处理除去所有保护基，原地环化获得 Neu5Ac。

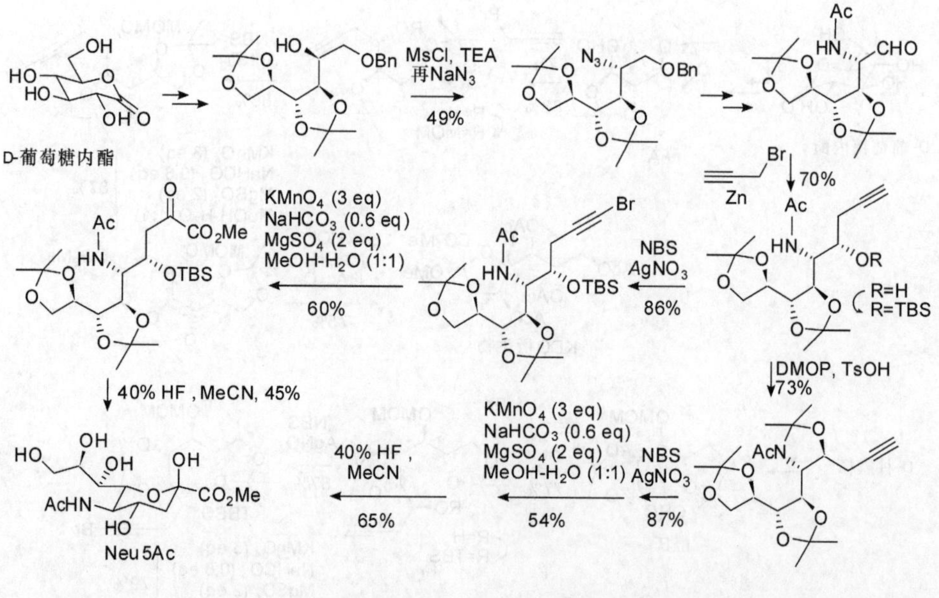

图 5-16　炔溴-$KMnO_4$ 法合成唾液酸 Neu5Ac

值得一提的是，这条 Neu5Ac 新的全合成路线在前面的多步原料积累过程，不需要层析分离，仅通过蒸馏或者重结晶方式就可以纯化产物。通过此路线，我们最后成功地在实验室一次性获得了数克量的唾液酸最终产品，这在过去是相当难以实现的事情，而且，我们为了最终产物的分离方便，对于后期的步骤进行了某些改良，通过丙酮叉保护方式提高了中间体的脂溶性，使操作变得更加容易。

(3) 构象限制的 Neu5Ac 类似物的合成[43]。对于上述的[6+3]合成策略来讲，我们已经获得比较满意的结果；但是，这还不完全是我们预期的[6+3]唾液酸合成方案的全部。我们在前文曾经提到，数字"6"所代表的糖可以改变，那么数字"3"所代表的三碳合成子也应该可以做到多样化，如比炔丙基溴更加稳定的烯丙基溴也是一种符合要求的三碳合成子之一。同时，我们认为一条全合成路线的建立可以为我们加以利用的成果之一就是导致最终产物结构多样性的潜力。我们希望通过上述积累可以丰富唾液酸的化学，包括合成一些结构新颖的、具有一定特殊物理化学或者生物学性质的唾液酸类似物。图 5-17 所示的例子就是我们这种思考的结果。

分析 Neu5Ac 的结构，设想如果其骨架中的某些官能团位置发生交换，或者立体化学发生转变，那么一定会引发一些特殊的化学性质或者生物学功能的变化。文献报道，Neu5Ac 经 2,7-位羟基的脱水作用可以形成具有稳定构象的化合物，该脱水化合物Ⅱ也是一种天然产物，这是"构象限制"这一重要概念在生物体系中的具体表现(图 5-17)。但是，这种化合物的乙酰氨基及其相邻的羟基均处于六

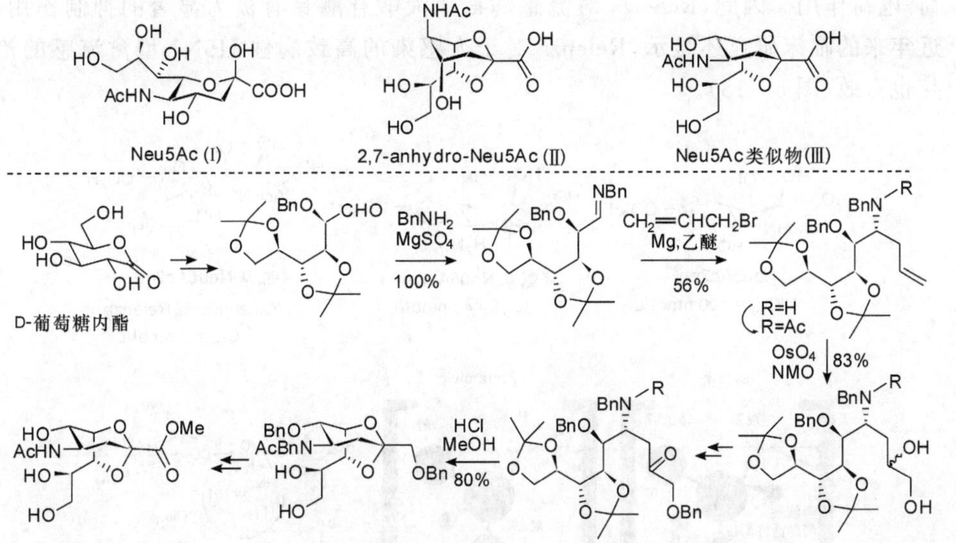

图 5 - 17　构象限制的唾液酸 Neu5Ac 的衍生物的合成

元环的直立键的状态，属于能量高的化合物。为此，我们如果通过“化学剪辑”稍微变动一下这两者的位置和立体化学，化合物的能量一定会显著下降，由此可能带来很多新的、目前不能预知的生物学性质变化。Neu5Ac 结构类似物Ⅲ就是根据这种思想所设计的。

Grignard 试剂对某些烯胺的加成反应是直接获得仲胺的方法之一。经过一系列的研究和筛选，我们发现烯丙基 Grignard 试剂可以顺利地与亚胺底物发生非对映选择性的加成，从而获得相应的仲胺，且没有明显的副产物(图 5 - 17)；如果同样的反应使用炔丙基 Grignard 试剂，反应情况就复杂得多，而不能成为有效的制备方法。接着，烯丙基 Grignard 试剂的加成产物中的末端烯烃通过 OsO_4 催化的普通双羟基化反应转化为 1,2 -二醇；该二醇用苄基选择性保护伯羟基后，仲位的羟基随后被氧化为酮。这时，通过盐酸-甲醇处理除去分子中的丙酮叉保护基，在反应现场就可以马上形成桥环状的产物基本结构，而且非常稳定。经过几步保护基的更替和伯羟基的氧化，最后顺利获得具有稳定构象的 Neu5Ac 类似物Ⅲ的甲酯。

(4) 抗流感药物 Relenza 的合成[44]。Relenza（又名 Zanamivir）是由 von Itzstein 小组根据流感病毒唾液酸酶和唾液酸相结合的晶体 X 射线衍射结构，利用分子模型和计算机辅助设计而获得的[45]。唾液酸在原 2,3-位脱水得到的化合物 DANA 已有一定的抑制作用，再通过在 4-位引入氨基和胍基使得酶抑制活性又有极大的提高。这是因为 4-位氨基和胍基的引入均可以与唾液酸苷酶活性位点区域的 119-位谷氨酸形成盐桥，而胍基还可以与该区域的 227-位谷氨酸有强的电荷-电荷作用。因此,Relenza 对流感病毒唾液酸苷酶具有极为显著的抑制作用。近年来的临床研究还显示,Relenza 对于人感染的高致病性 H5N1 型禽流感的治疗也有效(图 5-18)。

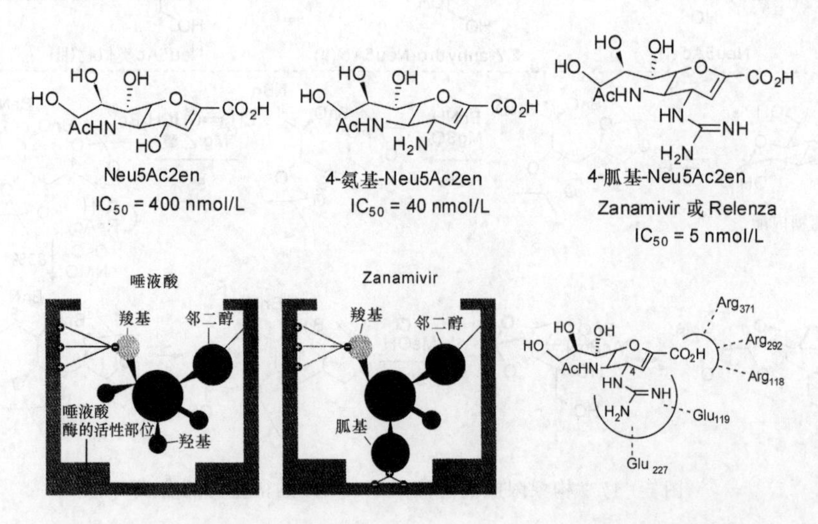

图 5-18　流感病毒唾液酸酶和 Neu5Ac/Zanamivir 相结合的模型示意图

Relenza 为药物商品名,中文译作"乐感清",可以特异性地抑制 A、B 型流感病毒 NA,阻止子代病毒从感染细胞表面释放,防止病毒经呼吸道扩散,从而发挥抑制流感病毒的疗效。体内抗流感病毒实验表明,由于 Relenza 分子本身的极性很大,造成口服给药的生物利用度很低而无抗病毒作用,只能以静脉注射、滴鼻或吸入方式给药。对感染人类流感病毒株的雪貂动物实验表明,Relenza 在降低鼻内 A、B 型流感病毒浓度以及发热程度方面的作用,比病毒唑和金刚烷胺强 100~1000 倍,而感染流感病毒的动物体内的血清抗体并未因它的使用而减少。Relenza于 1999 年先后在澳大利亚、美国与欧洲 15 国相继上市,成为第一个吸入型的流感病毒 NA 抑制剂,适用于治疗 A 型和 B 型流感。

目前 Relenza 是由价格极其昂贵的唾液酸经多步转化而得到的[46](图 5-19),研发工作已延续了近 20 年。正如 Unverzagt[47] 指出的摆在有机化学家面前的一个亟待解决的问题是必须发展合成 Relenza 或是它的原料唾液酸 Neu5Ac 的更为实用的方法,这也是我们思考的问题。

在前文提及的 Neu5Ac 类似物的合成中(图 5-17),我们认为烯丙基Grignard 试剂对于亚胺的加成反应产物 A 可以再进一步发展,最终发展成为合成 Relenza 的一条新路线(图 5-20)。该中间体 A 经过苄基脱除,羟基转化为离去性能较好的甲基磺酸酯,在经碱处理生成氮杂三元环 B。经过一系列条件的摸索,氮杂三元环 B 在弱酸性条件下可以被 NaN_3 区域和立体选择性地开环,从而得到中间体 C。

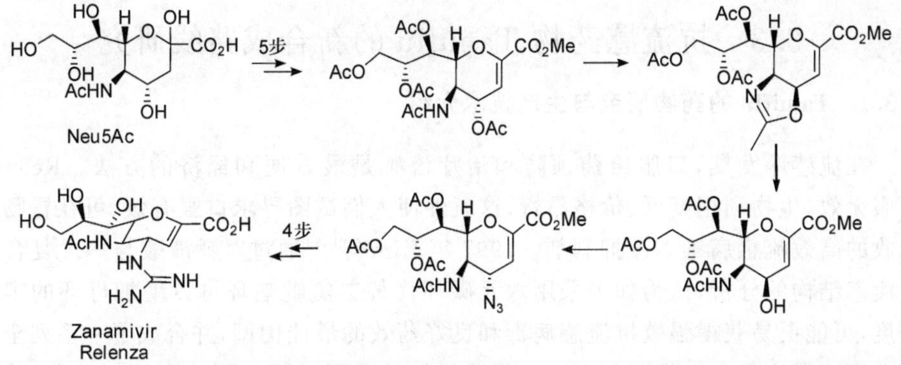

图5-19 Relenza的现有工业生产路线示意图

此时,末端的烯烃经双羟基化和伯羟基选择性氧化,转化为化合物E。中间体E的α-羟基经Dess-Martin氧化,不加分离直接通过弱酸处理,就可以得到具有糖骨架的化合物Liu-16。接下来,此化合物经过全乙酰化,α-位置氯化和消除,成为4-*azido*-Neu5Ac2en的结构G。化合物G遵循成熟的专利路线,经过四步转化就可以得到药物Relenza。这一路线的完成结束了20年来对于Relenza合成必须从唾液酸Neu5Ac出发的传统认识;同时,由于葡萄糖酸内酯的低廉价格,这一路线也为今后发展Relenza的新工艺提供了思路。

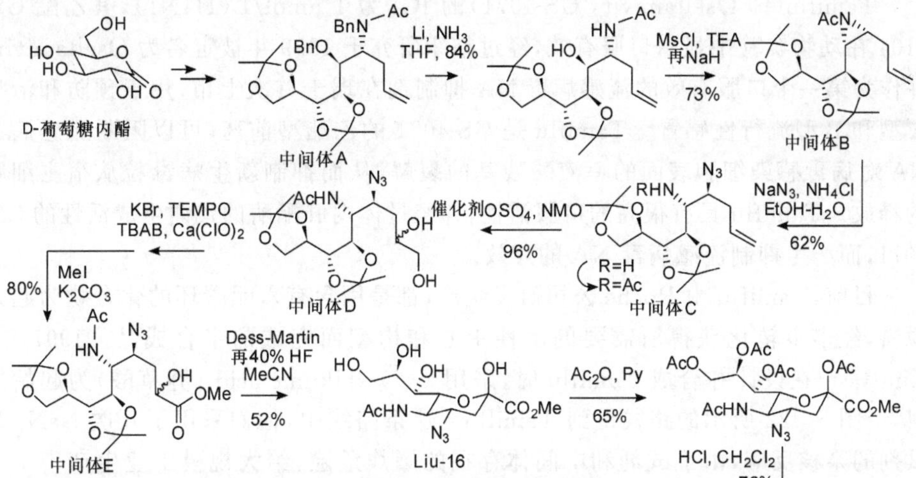

图5-20 葡萄糖酸内酯出发合成药物Relenza(乐感清)

5.3　抗流感药物 Tamiflu 的新合成路线研究

5.3.1　Tamiflu 的药物研究与生产技术介绍

在流感爆发期，口服给药预防和治疗流感是最方便和经济的方法。Relenza 口服无效，生物利用度低、价格昂贵，这就促使人们试图寻求口服有效、可在胃肠道吸收的高效流感病毒 NA 抑制剂。1997 年 Kim 等[48]通过对唾液酸与 NA 复合物过渡态结构的分析，认为如果采用六元碳环代替二氢吡喃环可以增加母环的牢固程度，可能更易获得强效抗流感病毒和良好药效的最佳构型，并合成了一系列全碳六元环流感病毒 NA 抑制剂。这一想法最终导致了口服新药 Tamiflu(达菲)的发明(图 5－21)。

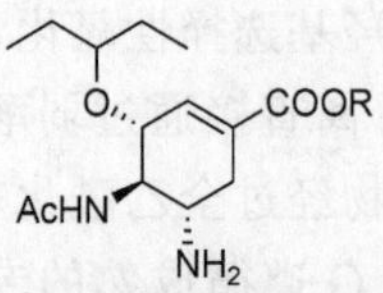

COOR
AcHN
NH_2
R=H, GS-4071, IC_{50}= 1nmol/L;
R=CH_2CH_3, GS-4104, Tamiflu

图 5－21　抗流感药物——潜药 Tamiflu(达菲)

Tamiflu(即 Oseltamivir，GS-4071)的 IC_{50} 为 1 nmol/L(H1N1)，其乙酯 GS-4104 在动物实验中显示口服有效，经过临床研究于 1999 年被定名为 Oseltamivir，并作为第一个口服有效的流感病毒 NA 抑制剂在瑞士首次上市，用于预防和治疗 A 型和 B 型流行性感冒。Tamiflu 是 GS-4071 的乙酯型前药，可以阻断流感病毒 NA 对病毒感染细胞表面的唾液酸残基的裂解，从而抑制新生病毒粒从宿主细胞的释放。Tamiflu 具有很高的口服活性，并经过体内肝酯酶的代谢生成活性的 GS-4071，而产生抑制流感病毒 NA 的疗效。

目前，Tamiflu 由 Roche 公司研发生产，都是用含有六元碳环的化合物为起始原料，经多步转化获得所需要的手性中心和构型而完成的半合成品。1997 年，Kim 等[48]在设计并合成 Tamiflu 时，采用 (－)-shikimic acid (莽草酸)为起始原料，经图 5－22 所示的路线得到 Tamiflu。这条路线中，他们采用了几次 NaN_3 为试剂的亲核反应，由于试剂和中间体存在的爆炸危险，给大规模工业生产带了危险性。

1998 年，Rohloff 等[49]采用相对较为廉价的(－)-奎尼酸[(－)-quinic acid]为起始原料，经图 5－23 所示的路线图合成了 Tamiflu。此法可以合成千克级的 Tamiflu 产品。但是，和 Kim 的路线相似，这条路线同样两次使用了 NaN_3 作为试剂。

1999 年 Roche 公司的 Federspiel 等[50]报道了工业化生产 Tamiflu 的一些关

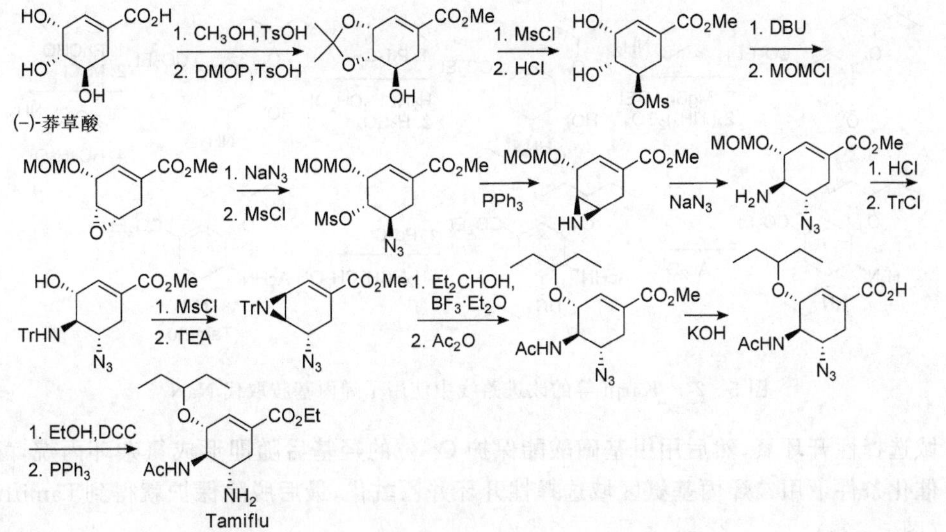

图 5 - 22　Kim 等从莽草酸出发合成 Tamiflu 的路线

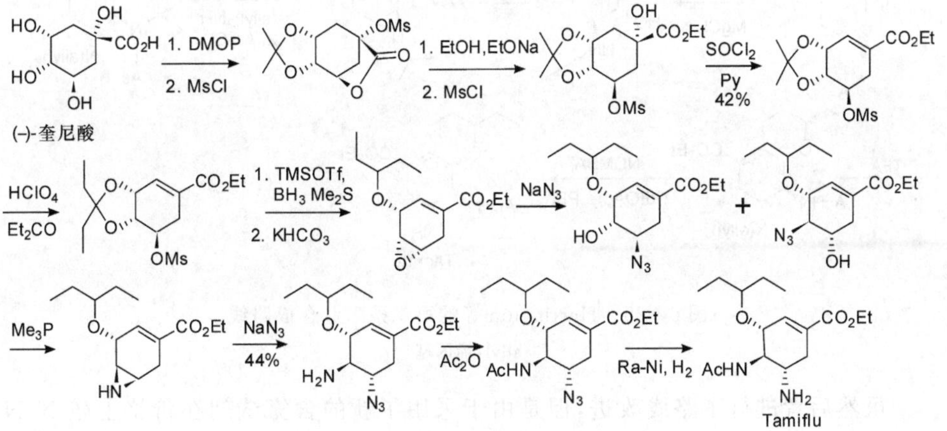

图 5 - 23　Rohloff 等从奎尼酸为起始原料合成 Tamiflu

键步骤的工艺改进。随后，2001 年 Karpf 等[51]在前人研究的基础上，从环氧化合物 A 出发在 $MgBr_2 \cdot OEt$ 催化下用烯丙基胺区域选择性开环氧，后面又利用烯丙基胺选择性开氮杂三元环反应，最后通过 Pd-C 催化的反应除去氮原子上的烯丙基保护得到 Tamiflu(图 5 - 24)。这一路线第一次采用烯丙基胺替代 NaN_3 引入氮原子，从而避免了生产中的爆炸性危险。

2004 年，Roche 公司的 Harrington 等[52]报道了 Tamiflu 的第二条工业合成路线。该小组仍然从环氧化合物 A 出发，在 $MgCl_2$ 催化下用大位阻的叔丁基氨区

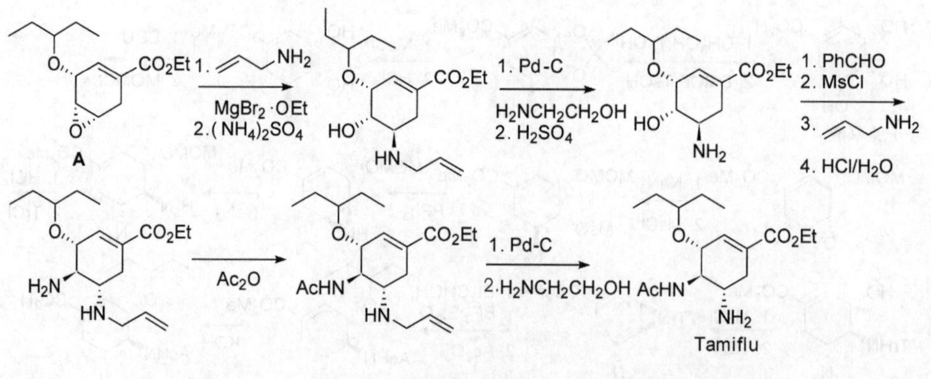

图 5-24　Karpf 等的改进路线中使用了烯丙基胺取代 NaN_3

域选择性开环氧，然后用甲基磺酸酯保护 C_4-位的羟基后随即形成氮杂环丙烷，酸催化条件下用二烯丙基氨区域选择性开环并乙酰化，最后脱除保护就得到Tamiflu（图 5-25）。

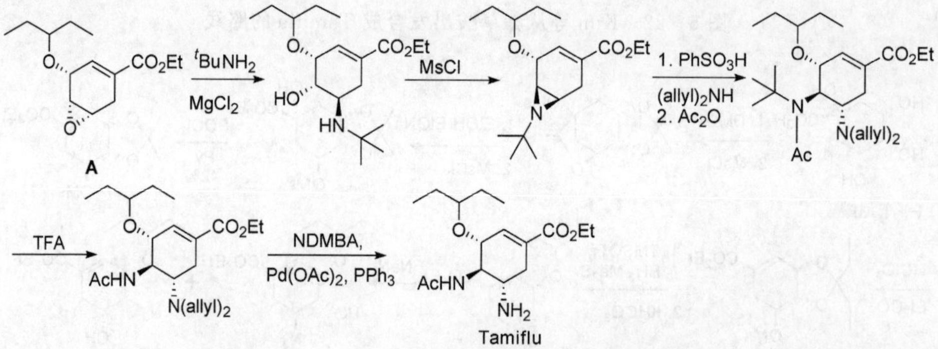

图 5-25　Harrington 等的第二条工业合成路线

allyl：烯丙基

虽然后者进行了路线改进，但是由于采用了新的含氮试剂在价格上较 NaN_3 贵很多，且最后除去保护基时必须使用 Pd 等贵金属，所以生产成本上扬。其次由于 Tamiflu 生产所用的莽草酸原料主要产自中国，产量的提升空间不大；今天由于禽流感爆发各国对于 Tamiflu 的需求急剧上升，Roche 的 Tamiflu 生产能力显得力不从心。因此，开发一条新的合成 Tamiflu 的路线非常有必要，一方面需要摆脱对于莽草酸的原料依赖，另外必须避免 NaN_3 等爆炸性化学试剂（或叠氮化合物中间体）的使用。

5.3.2　Tamiflu 的新合成路线研究

针对 Tamiflu 结构特点，我们希望能够采用以简单的小分子为起始原料，应用现代有机化学的某些高效率合成方法，建立 Tamiflu 所需的手性中心，进而构建六元碳环，最后通过适当的官能团转化和保护基脱除完成 Tamiflu 的全合成。围绕 Tamiflu 的合成研究工作，我们将会由此获得一批新的具有深入研究价值的化学物质和中间体，在此基础上将会有更多的该类六元碳环化合物作为新药的机会。

分析 Tamiflu 的结构可知：Tamiflu 分子中有三个手性中心，分别为(3*R*，4*R*，5*S*)-3-(1-乙基丙氧基)-4-乙酰氨基-5-氨基，此外 C_1/C_2 双键与 C_1-位乙酯羰基共轭。我们希望能在简单的非环状小分子结构下，用 Grignard 反应立体选择性地构建 C_3/C_5-位的手性中心，通过 RCM(ring-closing olefin metathesis；烯烃关环复分解反应)关环反应构成 C_1/C_2 双键的六元碳环，C_1-位的羧酸可以通过醇的氧化而获得，再经过官能团的转化和去保护基等最后得到目标分子(图 5－26)。通过这样的反合成分析，我们就可以从来源丰富的氨基酸——L-丝氨酸为原料来合成 Tamiflu，而且路线中氮原子的引入不再需要使用 NaN_3 等试剂。

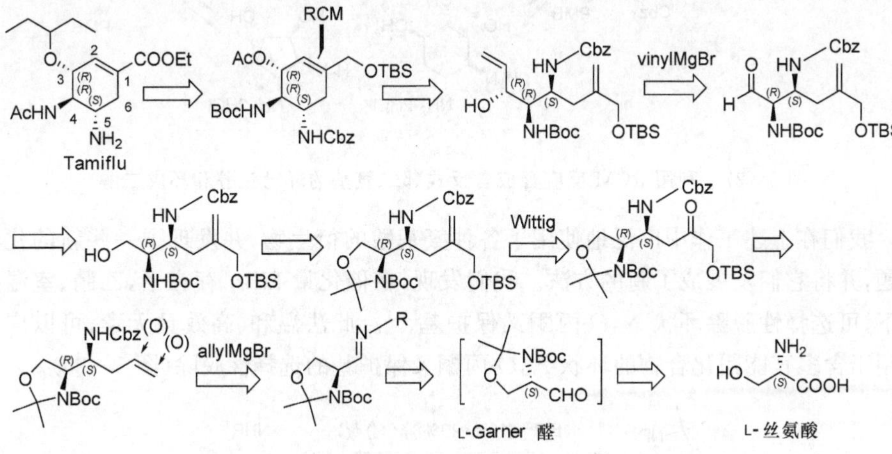

图 5－26　Tamiflu 新路线的反合成分析

vinylMgBr：$CH_2=CH-MgBr$；allylMgBr：$CH_2=CH-CH_2-MgBr$

按照这一反合成分析思路，我们以结构简单且价廉的 L-丝氨酸为起始原料，引入 Tamiflu 的 C_4-位手性中心，通过 Lewis 酸催化的高度立体选择性的 Grignard 加成反应，分别构建了 Tamiflu 的 C_3-和 C_5-位的手性中心，以 RCM 反应形成环系。在脱除保护基后，通过 NOESY 确证产物的构型与 Tamiflu 的构型一致(图 5－27)。在此基础上，我们进行了分子多样性的化学扩展。通过官能团转化立体选择性地得到了一系列含反式邻二氨基的环己三醇和环戊二醇[53]。通过 NOESY 分别确定了这些化合物的构型，并为今后进行这类非天然糖苷酶抑制剂的生物学研究提供了物质基础。目前，通过此路线对于 Tamiflu 的合成在实验室已经接近尾声。

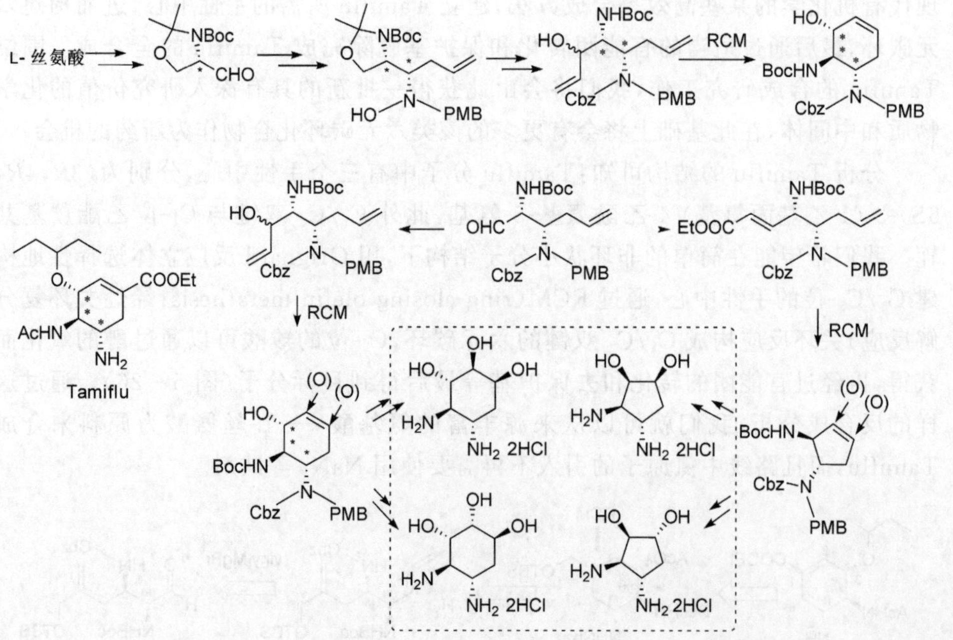

图 5-27 利用 RCM 反应合成含反式邻二氨基的环已三醇和环戊二醇

我们在上述工作中广泛地使用了各种氨基酸的衍生物,并发现了一些新的化学问题,并将它们发展成了新的方法。我们发现,在催化量 $BiBr_3$ 存在下,乙腈、室温搅拌下,可选择性脱除环状 *N*,*O*-丙酮叉保护基[54] 。此法温和、高效且无毒,可以广泛应用于含多官能团化合物的环状 *N*,*O*-丙酮叉保护基的选择性脱除(图 5-28)。

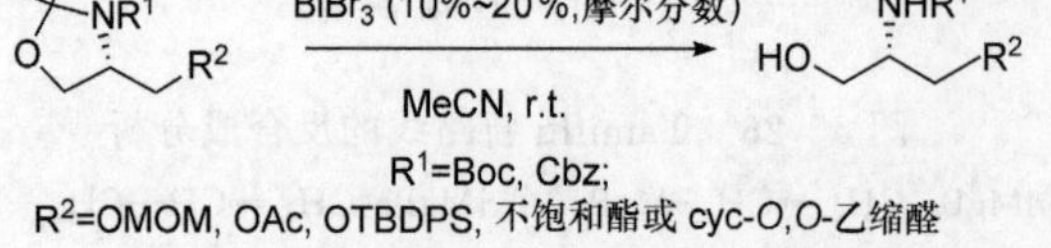

图 5-28 $BiBr_3$ 催化的选择性脱除环状 *N*,*O*-丙酮叉的新方法

同时,我们还开发和利用了研究过程中的一些中间体建立了一条高效的合成 2-(1′-氨甲基)呋喃衍生物的新方法,并获得了很好的光学纯度[55] 。其中,锌粉介导的 3-溴丙炔对醛的加成反应构建炔丙基醇,氧化得联烯酮后,再在催化量 $AgNO_3$ 存在条件下在丙酮中回流,环化构建成呋喃环结构。此外,呋喃 α-位的氨基的手性由原料 L-丝氨酸或 D-丝氨酸引入,而 β-位的羟基由立体选择性的 Grignard 加成构建。在此基础上,我们通过简洁、高效的底物控制的立体选择性转化,方便地合成了新的非天然多羟基哌啶类衍生物(图 5-29)。

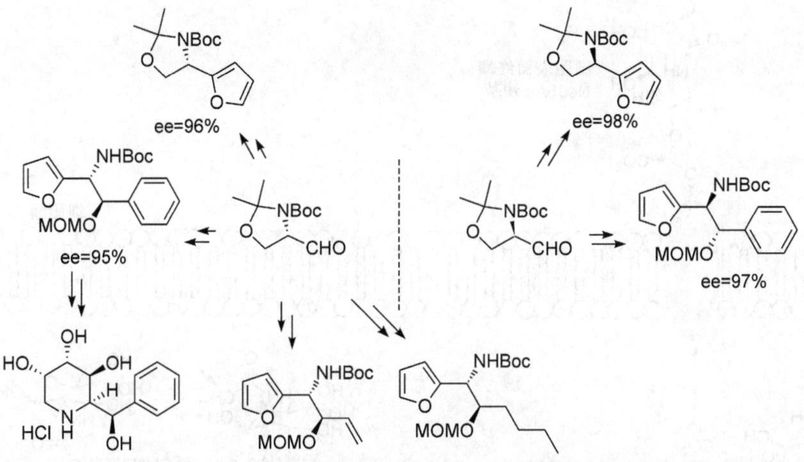

图 5-29 高效合成 2-(1′-氨甲基)呋喃衍生物的新方法及其应用

5.4 以唾液酸及其类似物为基础的细胞表面化学工程

我们在前文中已经提到,以 Neu5Ac 为代表的唾液酸与很多生物学机理密切关联。因此,唾液酸的化学工作很大程度上为生命科学界所重视,化学与生命科学的联手与交叉在唾液酸相关的领域是一个很好的聚焦点。许多化学生物学研究工作者为此投入了很大的热情与精力,如美国加州大学伯克利分校的 Bertozzi 教授就是一个代表,她在被称之为“细胞表面工程”的化学方面做出了重要的贡献。通过有机合成的方法操作细胞表面的糖蛋白上的唾液酸,就可以深入研究和调节控制复杂的细胞生物化学过程,从而获得新的认识和规律[56]。该课题组主要通过 α-叠氮乙酰氨基取代 Neu5Ac 中的乙酰氨基,通过细胞生物学的代谢途径将此叠氮基团标记的唾液酸直接取代 Neu5Ac 在细胞表面糖蛋白上的位置,再通过 Staudinger 络合物作用方式将研究工具(亲和素或者荧光基团)标记上去,从而打开示踪研究的大门(图 5-30)。

但是,Bertozzi 的方法只能够在现存的个别基团上加以修饰和标记,对于全面理解唾液酸的行为还是不够的。与此相反,目前我们已经可以做到对 Neu5Ac 进行更大限度的修改和分子操作,这就为我们从事相关的研究带来了无限的机遇。在前文叙述中,化合物 Liu-16 是合成流感药物 Relenza 的一个重要中间体(图 5-20)。该化合物具有如下特点:①Liu-16 的基本结构和天然的 Neu5Ac 相同;②Liu-16 的 C_4-位有一个叠氮基团取代了 Neu5Ac 中这个位置的羟基。由于至今无人研究 C_4-位的生物化学性质,因此我们利用手头的 Liu-16 进行了相关的糖蛋白研究。初步结果[57]显示,我们的合成化合物 Liu-16 与 Neu5Ac 在细胞合成糖

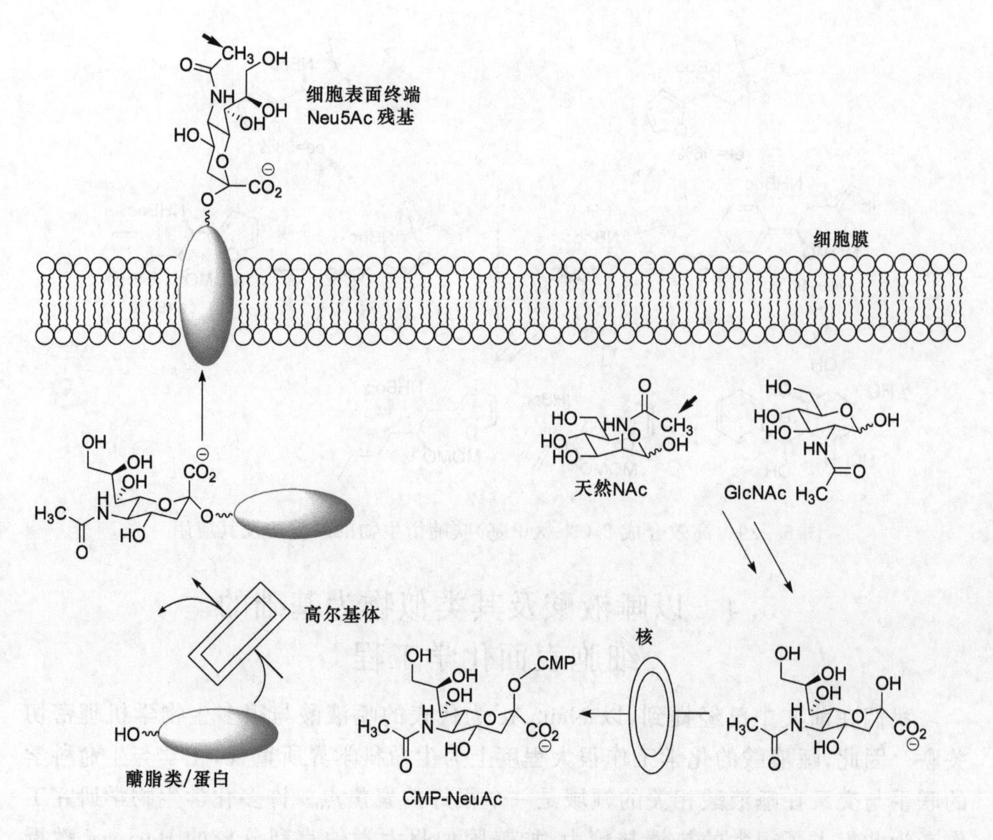

图 5-30 通过有机合成方法操作细胞表面的糖蛋白上的唾液酸

蛋白时具有相同的效率(图 5-31)。这一发现为我们开启了进一步深入开展唾液酸类化合物化学工作的一个新方向。

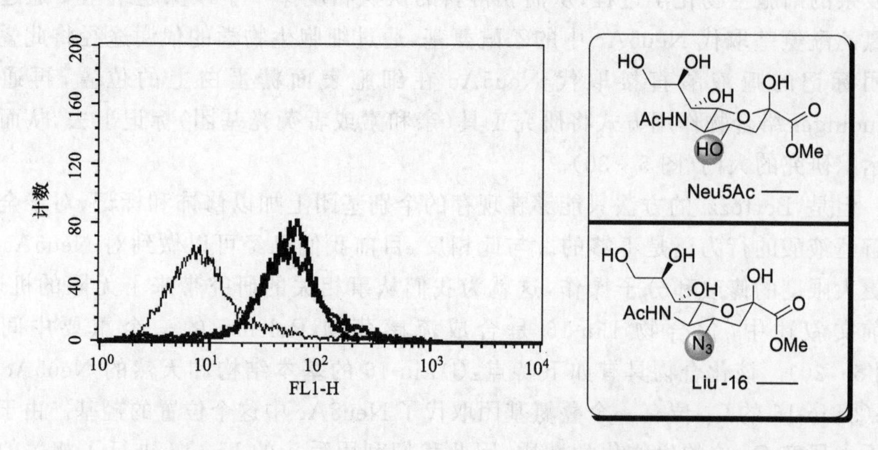

图 5-31 将合成化合物 Liu-16 和 Neu5Ac 对比接入到细胞表面糖蛋白上的效果

5.5 结论与展望

唾液酸是一个特殊的糖，分子虽小，但是地位重要。从1937年分离得到第一个唾液酸类化合物至今的60多年里，有关唾液酸类化合物的生物、生理活性，全合成以及以唾液酸为基础的药物研究成果不断涌现，成为一个经久不衰的热点领域；我们的努力和结果仅仅是沧海中的一朵小浪花。后基因组时代科学界对于蛋白质后修饰的机理和规律的研究，将再次对唾液酸青睐有加。探索唾液酸类化合物的高效合成方法与路线，发展新的具有工业价值的工艺还需要我们进一步的努力，同样等待我们去探索的还有以唾液酸化学为基点的相关化学生物学研究。

参考文献

1 Blix G. The carbohydrate groups of the submaxillary mucin. Z. Physiol. Chem., 1936, 240: 43～54.

2 Blix G, Lindberg E, Odin L, Werner I. Sialic acid. Acta Soc. Med. Ups., 1956, 61: 1～24.

3 a. Gottschalk A. *N*-substituted iso-glucosamine released from mucoproteins by the influenza virus enzyme. Nature, 1951, 167: 845～847; b. Gottschalk A. Structural relationship between sialic acid, nearaminic acid and 2-carboxypyrrole. Nature, 1955, 176: 881～883.

4 a. Jochims J C, Taigel G, Seeliger A, Lutz P, Drieson H E. Stereospecific long-range couplings of hydroxyl protons of pyranoses. Tetrahedron Lett.. 1967, 8: 4363～4369; b. Yu R K, Ledeen R W. Configuration of the Ketosidic bond of sialic acid. J. Biol. Chem., 1969, 244: 1306～1313.

5 Schauer R, Kelm S, Reuter G, Roggentin P, Shaw L. Biochemistry and role of sialic acids// Rosenberg A. Biology of the sialic acids. New York: Plenum, 1995, 7.

6 Horowitz M J, Pigman W. The Glycoconjugates. New York: Academic Press, 1978.

7 a. Schauer R. Chemistry, metabolism and biological functions of sialic acids. Adv. Carbohydr. Chem. Biochem., 1982, 40: 131～234; b. Reutter W, Köttgen E, Bauer C, Georok W. Biological significance of sialic acids// Schauer R. Sialic acids-chemistry, metabolism and function in cell biology monographs. New York, Berlin, Heidelberg: Springer, 1982: 263～305.

8 Kemp R B. The effect of neuraminidase (3∶2∶1∶18) on the aggregation of cells dissociated from embryonic chick muscle tissue. J. Cell Sci., 1970, 6: 751～766.

9 Brown D M, Michael A F. Effect of neuramindase on the accumulation of α-amino-isobutyric acid in Hela cell. Proc. Soc. Exp. Biol. Med., 1969, 131: 568～570.

10 Ahmad F, McPhie P. The intrinsic viscosity of glycoproteins. Int. J. Biolchem., 1980, 11: 91～96.

11 Schauer R, Shukla A K, Schroder C. The anti-recognition function of sialic acids: studies with erythrocytes and macrophages. Pure Appl. Chem., 1984, 56: 907～921.

12 Greenwalt T J, Steane E A. Quantitative haemagglutination. 4. Effect of neuraminidase treatment on agglutination by blood group antibodies. Br. J. Haematol., 1973, 25(2): 207～215.

13 Jancik J M, Schauer R, Streicher H J. Influenza of membrane-bound *N*-acetylneuraminic acid on the survival of erythrocytes in man. Z. Physiol. Chem., 1975, 356: 1329.

14 a. Paulson J P, Rogers G N, Carroll S M, Higa S H, Pritchett T, Milks G, Sabesan S. Selection of influenza virus variants based on sialylol igosaccharide receptor specificity. Pure Appl. Chem., 1984, 56: 797～805; b. Choppin P W, Scheid A. The role of glycolproteins in absorption penetration and pathogenicity of virus. Rev. Infect. Dis., 1980, 2: 40～61.

15 Mujoo K, Kipps T J, Yang H M, Cheresh D A, Wargalla U, Sander D J, Reisfeld R A. Functional properties and effect on growth suppression of human neuroblastoma tumors by isotype switch variants of monoclonal antiganglioside G_{D2} antibody 14,18. Cancer Res. 1989, 49: 2857～2861.

16 a. 李连生，刘克刚，姚祝军，吴毓林. 唾液酸类化合物的合成研究进展. 有机化学，2002，22：718～734 (Li L S, Liu K G, Yao Z J, Wu Y L. Recent progress of the synthetic study on sialic acid (*N*-acetylneuaminic acid) and its analogs. Youji Huaxue, 2002, 22(10): 718～734); b. Li L S, Wu Y L. Recent progress in syntheses of higher 3-deoxy-2-ulosonic acids and their derivatives. Curr. Org. Chem., 2003, 7: 447～475; c. 丛欣，姚祝军，吴毓林，廖清江. 流感病毒神经氨酸酶抑制剂的研究进展//彭司勋. 药物化学进展，北京：化学工业出版社，2004：24～53(Cong X, Yao Z J, Wu Y L, Liao Q J. Progress in influeza virus neuraminidase inhibitors. // Peng S X. Progress in Medicinal Chemistry. Beijing: Chemical Industry Press, 2004, 24～53.

17 Comb D G, Roseman S. Composition and enzymatic synthesis of *N*-acetylneuraminic acid. J. Am. Chem. Soc., 1958, 80: 497～499.

18 Augé C, David S, Gautheron C. Synthesis with immobilized enzyme of the most important sialic acid. Tetrahedron Lett., 1984, 25: 4663～4664.

19 Wong C H, Kim M J, Hennen W J, Sweers H M. Enzymes in carbohydrate synthesis: *N*-acetylneuraminic acid aldolase catalyzed reactions and preparation of *N*-acetyl-2-deoxy-D-neuraminic acid derivatives. J. Am. Chem. Soc., 1988, 110: 6481～6486.

20 Whitesides G M, Simon E S, Bednarski M D. Synthesis of CMP-NeuAc from *N*-acetylglucosamine: generation of CTP from CMP using adenylate kinase. J. Am. Chem. Soc., 1988, 110: 7159～7163.

21 Wandrey C, Kragl U, Gygax D, Ghisalba O. Enzymatic two-step synthesis of *N*-acetyl-neuraminic acid in the enzyme membrane reactor. Angew Chem. Int. Ed., 1991, 30: 827～828.

22 Sugai T, Kuboki A, Hiramatsu S, Okazaki H, Ohta H. Improved enzymatic procedure for a preparative-scale synthesis of sialic acid and KDN. Bull Chem. Soc. Jpn., 1995: 3581～3589.

23 a. Cornforth J W, Gottschalk A, Daines M E. Synthesis of *N*-acetylneuraminic acid (lactaminic acid, *O*-sialic acid) Proc. Chem. Soc. Lond., 1957: 25; b. Cornforth J W, Firth M E, Gottschalk A. The synthesis of *N*-acetylneuraminic acid. Biochem J., 1958, 68: 57～61.

24 Vasella A, Julina R, Muller I, Wyler R. A synthesis of *N*-acetylneuraminic acid and [6-^{2}H]-*N*-acetylneuraminic acid from *N*-acetyl-D-glucosamine. Carbohydr. Res., 1987, 164: 415～432.

25 Vasella A, Csuk R, Hugener M. A new synthesis of *N*-acetylneuraminic acid. Helv. Chim. Acta, 1988, 71: 609～618.

26 Danishefsky S J, DeNinno M P, Chen S H. Stereoselective total syntheses of the naturally occurring enantiomers of *N*-acetylneuraminic acid and 3-deoxy-D-manno-2-octulosonic acid: a new and stereospecific approach to sialo and 3-deoxy-D-manno-2-octulosonic acid conjugates. J. Am. Chem. Soc., 1988, 110: 3929～3940.

27 Schmidt R R, Haag-Zeino B. De novo synthesis of carbohydrates and related natural products. 34. Synthesis of *N*-acetyl-β-D-neuraminic acid derivatives via inverse-type hetero-Diels-Alder reaction. Liebigs.

Ann. Chem.，1990：1197～1203.

28 Whitesides G M，Gordon D M. Indium-mediated allylations of unprotected carbohydrates in aqueous media：a short synthesis of sialic acid. J. Org. Chem.，1993，58：7937～7938.

29 Chan T H，Lee M C. Indium-mediated coupling of α-(bromomethyl) acrylic acid with carbonyl compounds in aqueous media concise syntheses of (+)-3-deoxy-D-glycero-D-galacto-nonulosonic acid and *N*-acetylneuraminic acid. J. Org. Chem.，1995，60：4228～4232.

30 Takahashi T，Tsukamoto H，Kurosaki M，Yamada H. Total synthesis of Neu5Ac via alkylation of 2-alkoxy-2-cyanoacetate with a sugar-derived bromide. Syn. Lett.，1997：1065～1066.

31 Banwell M，DeSavi C，Watson K. Diastereoselective synthesis of (−)-*N*-acetylneuraminic acid (Neu5Ac) from a non-carbohydrate source. J. Chem. Soc. Perkin Trans. I，1998：2251～2252.

32 Kang S H，Choi H W，Kim J S，Youn J H. Asymmetric synthesis of *N*-acetylneuraminic acid. Chem. Commun.，2000：227～228.

33 Hu Y J，Ji Y Y，Wu Y L，Yang B H，Yeh M. Polyclonal catalytical antibody for hetero-cycoaddition of hepta-1,3-diene with ethyl glyoxylate，an approach to the synthesis of 2-nonulosonic acid analogs. Bioorg. Med. Chem. Lett.，1997，13：1601～1606.

34 a. Hu Y J，Huang X D，Yao Z J，Wu Y L. Formal synthesis of 3-deoxy-D-manno-2-octulosonic acid (KDO) via a highly double-stereoselective hetero Diels-Alder reaction directed by a new (Salen)Co(Ⅱ) catalyst and chiral diene. J. Org. Chem.，1998，63：2456～2461；b. Li L S，Wu Y，Hu Y J，Xa L J，Wu Y L. Asymmetric hetero-Diels-Alder reaction of 1-alkyl-3-silyloxy-1,3-dienes with ethyl glyoxylate catalyzed by a chiral (Salen) cobalt(Ⅱ) complex. Tetrahedron Asymmetry，1998，9：2271～2277；c. HuY J，Huang X D，Wu Y L. An efficient approach to the 2-nonulosonic acid skeleton though a hetero-Diels-Alder reaction. J. Carbohydrate Chem.，1998，17：1095～1105；d. 李连生，吴毓林. 手性Salen-Co在不对称催化反应和天然产物中的应用. 有机化学，2000，20(5)：689～700(Li L S，Wu Y L. Application of chiral (Salen) Co in catalytic asymmetric reaction and natural product syntheses. Youji Huaxue，2000，20(5)：689～700.)

35 Li L S，Wu Y，Wu Y L. Total synthesis of fully acetylated *N*-acetylneuraminic acid (Neu5Ac)，2-deoxy-Neu5Ac and 4-epi-2-deoxy-Neu5Ac from D-glucose. Org. Lett.，2000，2：891～894.

36 Li L S，Wu Y，Wu Y L. An efficient approach to the synthesis of ethyl esters of 2,6-anhydro-3-deoxy-D-gluco and D-allo-heptanoates. J. Carbohydrate Chem.，1999，18：1067～1077.

37 Shen X，Wu Y L，Wu Y. Enantioselective synthesis of ethyl 4,5,7,8,9-penta-*O*-acetyl-2,6-anhydro-3-deoxy-D-erythro-L-gluco-nononate：a monodeoxygenated derivative of "2-keto-3-deoxy-D-glycero-D-galacto-nononic acid". Helv. Chim. Acta，2000，83：943～953.

38 Wu W L，Yao Z J，Li Y L，Li J C，Xia Y，Wu Y L. Diastereoselective propargylation of α-alkoxy aldehyde with propargyl bromide and zinc，a versatile and efficient method for synthesis of chiral oxygenated acyclic natural products. J. Org. Chem.，1995，60：3257～3259.

39 Li L S，Wu Y L. An efficient method for synthesis of α-keto acid esters from terminal alkynes. Tetrahedron Lett.，2002，43：2427～2430.

40 Liu K G，Hu S G，Wu Y，Yao Z J，Wu Y L. A straightforward synthesis of DAH (3-deoxy-D-arabino-hept-2-ulosonic acid) and DRH (3-deoxy-D-ribo-hept-2-ulosonic acid). J. Chem. Soc. Perkin Trans. I，2002，：1890～1895.

41 Li L S，Wu Y L. Synthesis of 3-deoxy-2-ulosonic acid KDO and 4-*epi*-KDN. A highly efficient approach

of 3-C homologation by propargylation and oxidation. Tetrahedron，2002，58：9049～9054.

42 Liu K G，Yan S，Wu Y L，Yao Z J. A New synthesis of Neu5Ac from D-glucono-delta-lactone. J. Org. Chem.，2002，67：6758～6763.

43 Liu K G，Zhou H B，Wu Y L，Yao Z J. Synthesis of a new stable conformationally constrained 2,7-anhydrosialic acid derivative. J. Org. Chem.，2003，68：9528～9531.

44 Liu K G，Yan S，Wu Y L，Yao Z J. Synthesis of 4-azido-4-deoxy-neu5,7,8,9Ac_4-2en1Me，A key intermediate for the synthesis of GG167 from D-glucono-δ-lactone. Org. Lett.，2004，6：2269～2272.

45 von Itztein M，Wu W Y，Kok G B，et al. Rational design of potent sialidase-based inhibitors of influenza virus replication. Nature，1993，363：418～423.

46 Scheigetz J，Zamboni R，Bemstein M A，Roy B. A synthesis of 4-α-guanidino-2-deoxy-2,3-didehydro *N*-acetylneuraminic acid. Org. Prep. and Proc. Int.，1995，27：637～644.

47 Unverzagt C. Got the flu? Try a designer agent derived from a sugar. Angew. Chem. Int. Ed.，1993，32：1691～1693.

48 a. Kim C U，Lew W，Williams M A，et al. Influenza neuraminidase inhibitors possessing a novel hydrophobic interaction in the enzyme active site：design，synthesis and structural analysis of carbocyclic sialic acid analogues with potent anti-influenza activity. J. Am. Chem. Soc.，1997，119：681～690；b. Kim C U，Lew W，Williams M A，et al. Structure-activity relationship studies of novel carbocyclic influenza neuraminidase inhibitors. J. Med. Chem.，1998，41：2451～2460.

49 Rohloff J C，Kent K M，Postich M J，et al. Practical total synthesis of the anti-influenza drug GS-4104. J. Org. Chem.，1998，63：4545～4550.

50 Federspiel M，Fischer R，Hennig M，et al. Industrial synthesis of the key precursor in the synthesis of the anti-influenza drug oseltamivir phosphate (Ro 64-0796/002，GS-4104-02)：ethyl (3*R*,4*S*,5*S*)-4,5-epoxy-3-(1-ethyl-propoxy)-cyclohex-1-ene-1-carboxylate. Org. Process Res. Dev.，1999，3：266～274.

51 Karpf M，Trussardi R. New，Azide-free transformation of epoxides into 1,2-diamino compounds：synthesis of the anti-influenza neuraminidase inhibitor oseltamivir phosphate (Tamiflu). J. Org. Chem.，2001，66：2044～2051.

52 Harrington P J，Brown J D，Foderaro T，et al. Research and development of a second-generation process for oseltamivir phosphate，prodrug for a neuraminidase inhibitor. Org. Process Res. Dev.，2004，8：86～91.

53 Cong X，Liao Q J，Yao Z J. RCM Approaches toward the diastereoselective synthesis of vicinal trans-diaminocyclitols from L-serine. J. Org. Chem.，2004，69：5314～5321.

54 Cong X，Hu F，Liu K G，Liao Q J，Yao Z J. Chemoselective deprotection of cyclic *N*,*O*-aminals using catalytic bismuth(Ⅲ) bromide in acetonitrile. J. Org. Chem.，2005，70：4514～4516.

55 Cong X，Liu K G，Liao Q J，Yao Z J. Preparation of enantiomerically pure 2-(1′-amino-methyl)furan derivatives and synthesis of an unnatural polyhydroxylated piperidine. Tetrahedron Lett.，2005，46：8567～8571.

56 Prescher J A，Hube D H，Bertozzi C R. Chemical remodeling of cell surfaces in living animals. Nature，2004，430：873～877.

57 Gao Z X，Liu K G，Yao Z J，Han S，Paulson J. unpublished results.

第6章　倍半萜和二萜的合成

萜类是天然产物中的一个重要组成部分，它由不同个数的异戊二烯首尾相连而成，广泛存在于自然界的植物、微生物、海洋生物乃至一些昆虫之中。萜类按组成异戊二烯的个数分为单萜(两个异戊二烯)、倍半萜(三个异戊二烯)、二萜(四个异戊二烯)、三萜等。萜类天然产物的半合成和全合成是20世纪甾体、生物碱、抗生素之后受到重视的一个合成课题，这是由于萜类化合物的多种生物活性是稍晚才为人们所知晓，精油中萜类化合物主要是单萜作为香气味成分的。20世纪70年代以后萜类化合物的合成有了蓬勃的发展，K. C. Nicolaou在回顾20世纪的天然产物合成时[1]，所列举的典型例子中就有不少倍半萜和二萜分子，如赤酶素(gibberellic acid)、illudol、fumagillol、aphidicolin、苦木素(quassin)、hirsutene、coriolin、quadrone、pleuromutilin、长叶烯(longifolene)等。

20世纪60年代上海有机化学研究所的天然产物研究主要是从事甾体化学合成和香精油中单萜化学的研究，20世纪70年代则开始转向前列腺素的合成和昆虫信息素的鉴定和合成。这期间在全国大协作下从传统药青蒿中发现了高效的抗疟药——青蒿素，这一与传统奎宁类生物碱抗疟药截然不同的倍半萜，引起了全球医药、化学界的瞩目，作为一个参与青蒿素结构鉴定的单位，自然而然地也产生了从事这一奇特结构合成的激情，开始进入了萜类化合物合成的领域。本章中将介绍我们课题组在倍半萜和二萜合成中的一些探索，介绍其中的设想和实践、成功和挫折。

6.1　青蒿素与其类似物的合成

疟疾是全球感染人数最多的一种流行病，20世纪60年代开始发现抗药性的疟原虫，使得传统的抗疟药如奎宁、氯喹、磺胺类已经难以应对，青蒿素(arteannuin qinghaosu)的出现也正适得其时，疟疾又能够得到控制，千千万万的生命从而得以挽回。青蒿素具有高效抗疟活性，而且有效于具抗性的疟原虫虫株。青蒿素结构独特，具有天然产物中少见的1,2,4-三噁烷过氧片段，无论对生物医药界还是化学界都是一个值得深入研究的课题，对有机合成化学界来讲，也是一个能够施展才能的机会，既可以从事合成青蒿素本身、合成青蒿素的衍生物和类似物，又可以通过合成来研究结构-活性关系，探讨青蒿素的抗疟作用机理。

6.1.1　青蒿素的合成

青蒿素(**1**)结构独特,含有过氧基团,而且5个氧原子以过氧缩酮、缩醛再以内酯基团串联而组成三个环。青蒿素含有过氧基团,但热稳定性好,化学反应研究显示对酸较稳定,但对碱不稳定,因此合成青蒿素的设计思想还是将过氧基团的引入安排在合成路线的最后阶段。图6-1显示了青蒿素结构确定后[2],1978年前后考虑合成工作时的反合成分析,开始先将青蒿素(**1**)分拆成开环的过氧羟基、酮、醛和酸的形式**2**,然后是分拆过氧基团和醛基得**3**,由**3**可以推导至原料异胡薄荷醇[(−)-isopulegol,**4**],而**4**也可以由更易得的香茅醛(citronellal,**5**)一步制备。这一考虑的特点是采用天然的手性纯的单萜为原料,而且它们的绝对构型正好与青蒿素的相应中心一致,因此直接就能获得手性纯的合成目标。存在的问题是尚无现成的反应可以实现由**3**的羰基引入过氧羟基醛,或增一个碳成醛再引入过氧羟基。**3**的立体化学可以环化成**6**后与青蒿素的降解产物**7**来核对,同时设想是否**3**

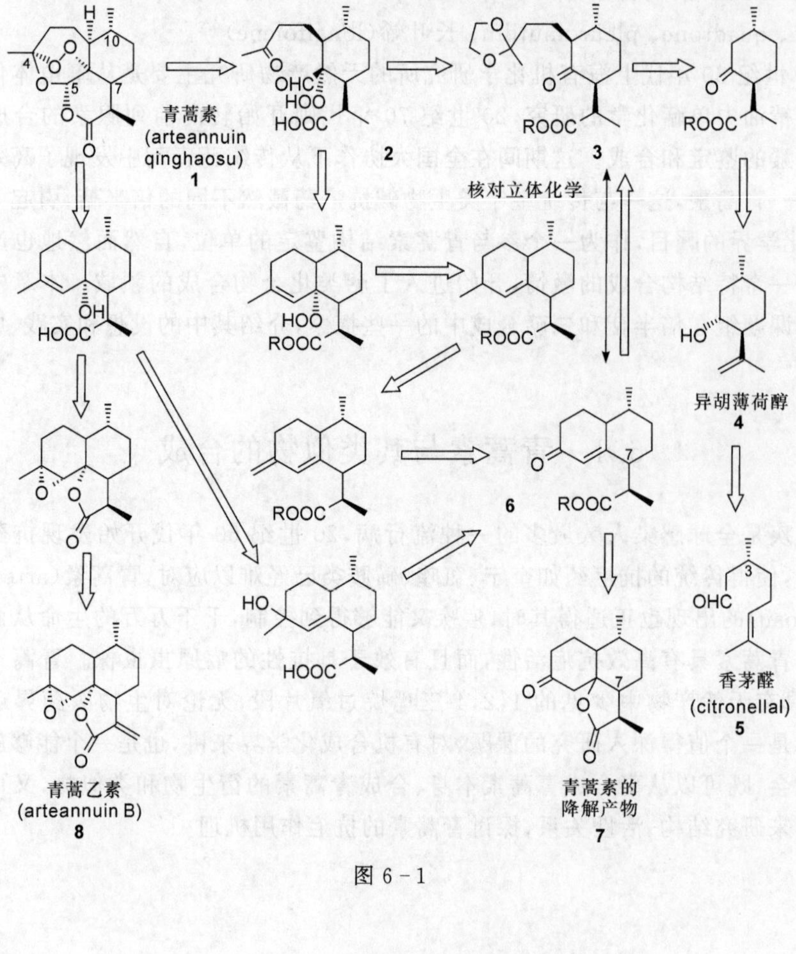

青蒿素 (arteannuin qinghaosu) **1**　**2**　**3**　核对立体化学　异胡薄荷醇 **4**　香茅醛 (citronellal) **5**　**6**　青蒿素的降解产物 **7**　青蒿乙素 (arteannuin B) **8**

图6-1

也可能通过**6**来合成**2**。另一种考虑是从青蒿植物种中另一含量较高的组分青蒿乙素(**8**)通过脱除氧桥后来合成青蒿素。

在以后的实验中从青蒿乙素成功实现了双键的选择性还原,但下一步的脱氧桥未能成功,由于青蒿乙素的来源有限,我们没有继续这一探索,但是十几年后很有趣地发现美国纽约大学的一个小组却成功地实现了这一设想,他们采用了 Sharpless 的试剂 $WCl_6/BuLi$ 将这一空间阻碍极大的氧桥还原成双键,虽然 6-位的构型发生了翻转,但并不妨碍他们由此进一步合成青蒿素[3,4]。由香茅醛开始合成**3**一类化合物,之后再进行 Robinson 增环反应获得了期待的双环化合物**6**,但与青蒿素的酸降解产物**7**相对照时,发现主要产物环上 7-位的异丙酸酯取代基发生了转位,同时也发现了酸降解产物**7**的 7-位也应修正为 *α*-构型[5,6](图 6-2)。因此从引入甲基乙基酮开始的 Robinson 增环反应在反应条件上还有待改进。

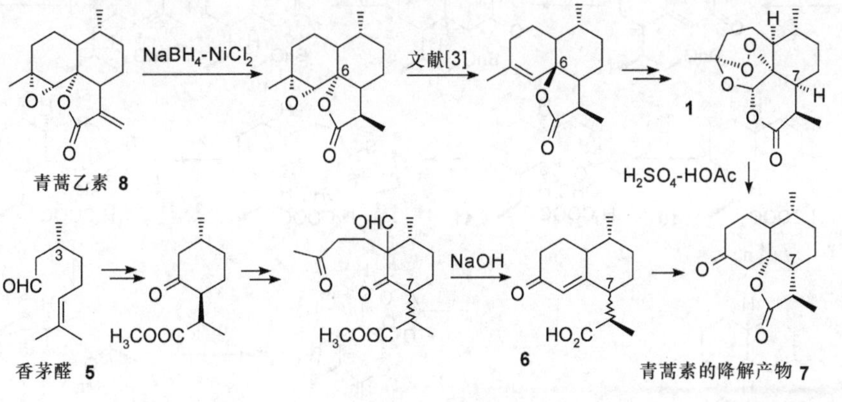

图 6-2

在中国科学院上海有机化学研究所开展青蒿素合成工作之际,中国科学院上海药物研究所从事青蒿植化分离的植物化学家鉴定出了青蒿中的另一个倍半萜青蒿酸(**9**)[7],而且发现中国北方和江南地区的青蒿中,青蒿酸的含量远高于青蒿素的含量,青蒿酸的 1-、7-、10-位构型与青蒿素的完全一致,它的整个结构显示出是青蒿素合成非常合适的前体。当时有机化学所的合成小组获悉这一信息后,即改而利用青蒿酸作为合成原料,甲酯化后用同样的钠硼氢-氯化镍还原法,立体选择性地合成到 11-*β*-二氢青蒿酸甲酯(**10**),臭氧化得到关键的中间体醛酮酸酯(**11**)。接下去最关键的问题则是在醛基的 *α*-位引入过氧羟基(—OOH),这也是开始时就担心的难题。已知引入过氧基团的反应主要是光化学引发单线态氧的方法:ene 反应或 Diels-Alder 反应,但是在此时醛基的*α*-位反应引入—OOH 则尚缺成熟的方法。1980 年荷兰 Groningen 大学的 Kellogg 和 Asveld 发表了他们对单线态氧与一些环外烯醇醚反应的研究结果，他们发现在适当的条件下可以在双键上进行[2+2]反应，重排后可生成相当于在醛基 α-位反应引入—OOH 的产物[8]。于是中国科学院上海有机化学研究所的合成小组按照这一方法，将中间体 **11** 经三步略为迂回的方法，合成到了光化学反应的前体 **12**，然后按 Kellogg 的反应条件以28%的产率获得了青蒿素[9]。之后又从香茅醛开始，对以前的合成略做改进，保持了7-位原来的构型，合成11-β-二氢青蒿酸甲酯(**10**)，从而完成了从香茅醛开始的青蒿素全合成[10,11]（图6-3）。

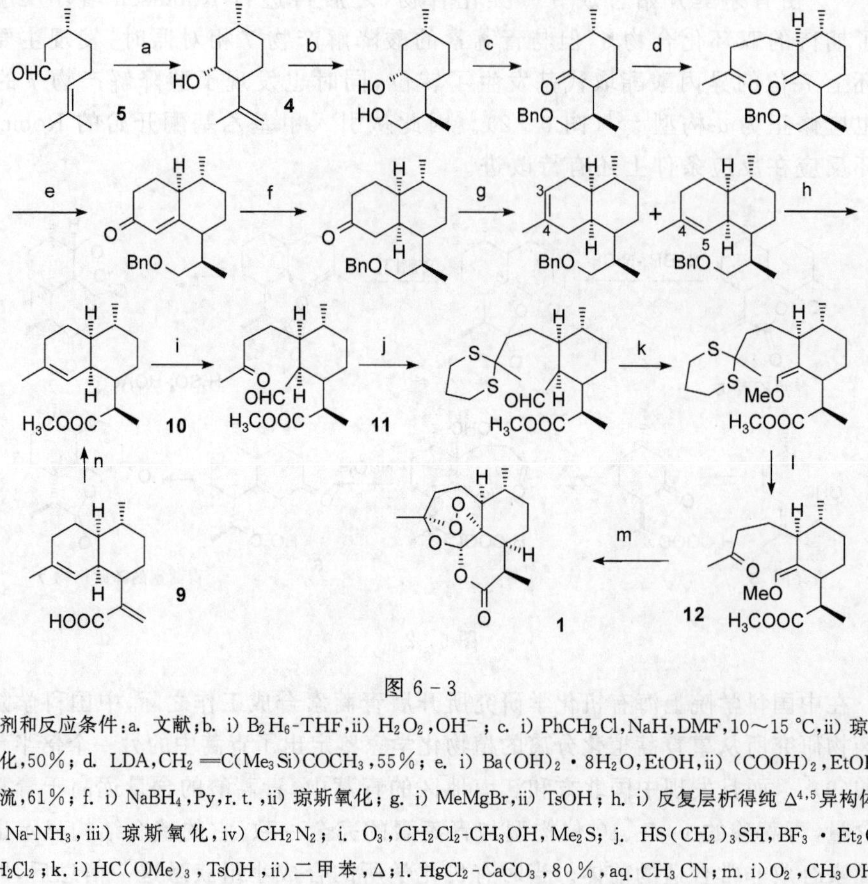

图 6-3

试剂和反应条件：a. 文献；b. i) B_2H_6-THF，ii) H_2O_2，OH^-；c. i) $PhCH_2Cl$，NaH，DMF，10～15 ℃，ii) 琼斯氧化，50%；d. LDA，CH_2 ═C(Me_3Si)$COCH_3$，55%；e. i) $Ba(OH)_2 \cdot 8H_2O$，EtOH，ii) $(COOH)_2$，EtOH，回流，61%；f. i) $NaBH_4$，Py，r. t.，ii) 琼斯氧化；g. i) MeMgBr，ii) TsOH；h. i) 反复层析得纯 $\Delta^{4,5}$ 异构体，ii) Na-NH_3，iii) 琼斯氧化，iv) CH_2N_2；i. O_3，CH_2Cl_2-CH_3OH，Me_2S；j. $HS(CH_2)_3SH$，$BF_3 \cdot Et_2O$，CH_2Cl_2；k. i) $HC(OMe)_3$，TsOH，ii) 二甲苯，Δ；l. $HgCl_2$-$CaCO_3$，80%，aq. CH_3CN；m. i) O_2，CH_3OH，Rose Bengal，$h\nu$，ii) 70% $HClO_4$-THF-H_2O，28%；n. i) CH_2N_2-Et_2O，ii) $NaBH_4$，$NiCl_2 \cdot 6H_2O$，CH_3OH

在上述中国科学院上海有机化学研究所周维善先生等合成青蒿素工作的同时，F. Hoffmann-La Roche 的药物研究室也开展了青蒿素的合成研究，并且于1982年的秋天抢先完成了青蒿素的全合成[12]。有趣的是他们的合成设计思想与我们开题时的想法十分相似，也是用(−)-异胡薄荷醇(**4**)为手性纯的原料，然后引入甲基乙基酮边链，但用甲氧基三甲硅基甲基锂在酮上增长一个碳原子。最后，也许是一次巧合,他们也是同样按 Kellogg 的方法[8],在烯醇醚上进行光氧化反应,并以30%的产率分离得到了青蒿素结晶(图6-4)。

(-)-异胡薄荷醇

图6-4

试剂和反应条件:a. $ClCH_2OCH_3$, $PhNMe_2$, CH_2Cl_2, r. t.; b, i) B_2H_6-THF, ii) H_2O_2, OH^-, 80%; c. i) $PhCH_2Br$, KH, THF : DMF(4 : 1), 0 °C, ii) HCl, MeOH, 40 °C, iii) PCC, CH_2Cl_2, 58%(自 **4**); d. LDA, $CH_3(Me_3Si)CH{=}CCH_2I$, THF, 0 ℃, 62%; e. 10 eq $CH_3O(Me_3Si)CHLi$, THF, −78°C, 89%; f. i) Li-NH_3(l), ii) PCC, CH_2Cl_2, 75%; g. i) *m*-CPBA, CH_2Cl_2, ii) TFA, CH_2Cl_2, 0°C, 3 min, 72%; h. *n*-Bu_4NF, THF, r. t., 2h. 95%; i. Na盐, O_2, 亚甲基蓝, MeOH, −78°C; j. HCOOH, CH_2Cl_2, 0 °C, 24h, 30%

1983年两条合成路线先后报道后,全世界还陆续有多个实验室报告了他们的青蒿素合成研究,对此可以参阅我们近期撰写的几篇综述[13~15]。下面专门介绍1983年后我们课题组在这方面的一些探索工作。

20世纪80年代青蒿素及其衍生物在国内的疟疾患者中广泛使用,青蒿素的产量也达到了吨级规模,因此从全合成的策略考虑已可能利用青蒿素为原料,研究它的降解反应,利用降解反应的产物作为关键接力中间体,再由此探索重组青蒿素结构的方法学,也可以由此合成青蒿素的衍生物或类似物,与此同时也可研究由更简单、易得的原料合成这些中间体[16](图6-5)。

根据上面的合成策略除了结构研究时探索的青蒿素反应外,主要又进行了锂铝氢的还原反应和酸降解反应。青蒿素的锂铝氢还原在短时间反应后可得到部分还原的产物 **13** 和彻底还原的产物 **14**,长时间在四氢呋喃中回流则只得到 **14**。**13** 氧化可得脱羰脱氧的青蒿素,而由 **14** 可得缩丙酮化合物和分子内缩酮化合物,经

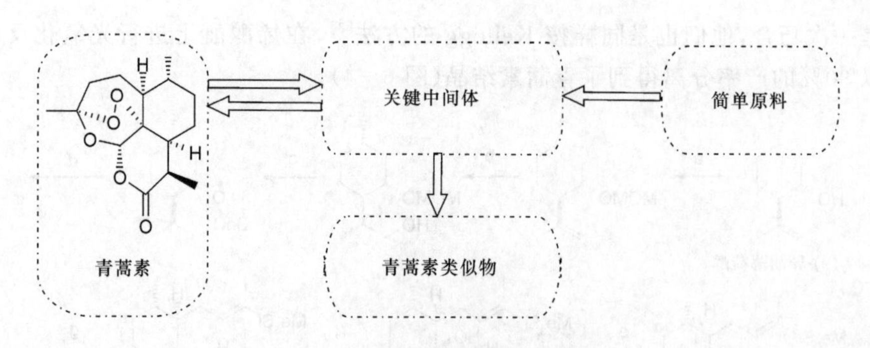

图 6-5 青蒿素合成研究的路线图

三步反应则可得双酮化合物 **15**,**15** 的四个手性中心均保持原来的构型,是重组青蒿素和合成其类似物的合适中间体,只是后三步的产率不太理想[17]。11 年后香港大学的 Brown 重复了我们的工作,发现在短时间还原后的产物中还有少量的含过氧羟基的重排产物 **16**(R = OH)[18](图 6-6)。

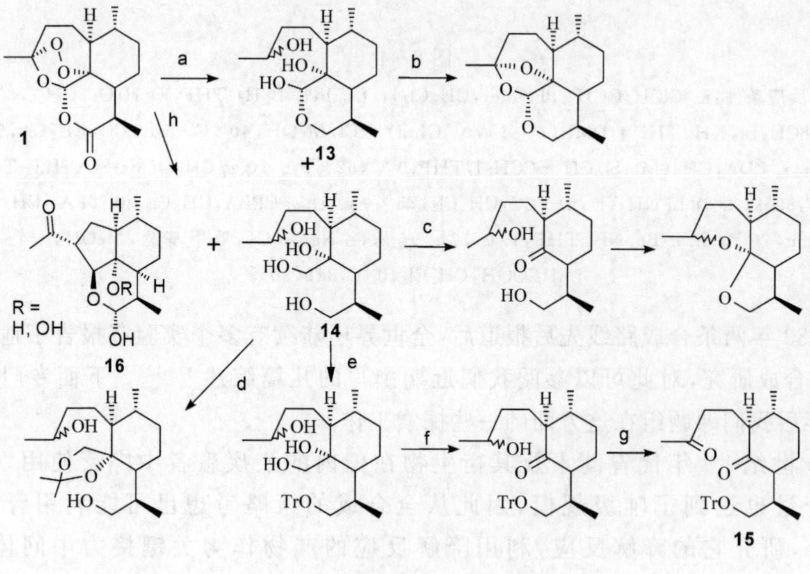

图 6-6

试剂和反应条件:a. $LiAlH_4$,THF,回流,3h; b. 琼斯氧化; c. $HIO_4 \cdot H_2O$,二氧六环;

d. $Me_2C(OMe)_2$,PPTS; e. TrCl,Py-CH_2Cl_2,DMAP; f. $NaIO_4$,EtOH-H_2O;

g. PDC,CH_2Cl_2; h. $LiAlH_4$,Et_2O,回流,3h

结构测定时曾发现青蒿素在硫酸-乙酸中室温反应过夜后获得前面已提及的失碳倍半萜内酯 **7**,后重新深入研究发现此反应产物复杂,能分到八个以上产物，也确证了化合物 **7** 的 7-位构型已发生了翻转[19]。基于这些经验，我们改变了酸降解的反应条件，青蒿素的甲醇溶液在催化剂量的酸存在下加热回流可醇解为醛甲酯 **16** 和少量缩醛甲酯 **17**，它们都保留过氧结构，它们的二氯甲烷溶液在酸处理后又可恢复成青蒿素，但 **16** 和 **17** 的混合物粗品直接用硫酸-乙酸在冰水冷却下处理则得失去一个碳的双酮甲酯 **18**，扣除约 10% 的回收青蒿素，两步产率可超过 90%，由此我们以十分简单的步骤获得了非常理想的关键中间体[20]（图 6－7）。

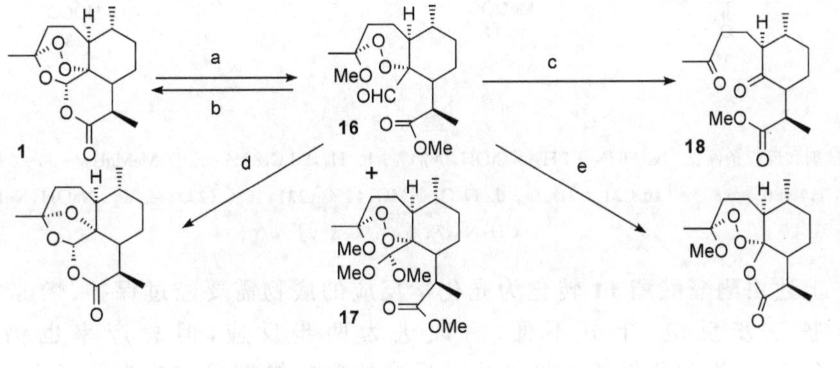

图 6－7

试剂和反应条件：a. CF_3COOH，MeOH，回流；b. CF_3COOH，CH_2Cl_2；c. 冰 AcOH/浓 H_2SO_4（10∶1），0～5 ℃；d. Zn/HCl；e. $NaBH_4$

随着关键中间体 **18** 的获得，我们就可由此探索方法，重组青蒿素本身和合成其类似物。为重组青蒿素先按类似方法，以氢氧化钡为碱进行 **18** 的分子内 aldol 反应，获得的 *α*,*β*-不饱和酮 **19**，氢化得饱和酮 **20**，Grignard 反应引入甲基，然后脱水，不幸的是和图 6－3 报道的情况一样获得了 3,4-双键 **21** 和 4,5-双键 **10** 差不多 1∶1 的混合物，不同的脱水条件都不能对此情况有多大改善，获得更好比例的 4,5-双键异构体，即二氢青蒿酸（**10**）。此前文献[10]的作者在类似情况下只能采用反复层析的方法，分得少量纯品后，再进一步完成了二氢青蒿酸（**10**）的合成。但这种方法极难为以后几步提供样品，为此我们转而采用化学方法进行分离，此 1∶1 的混合物直接进行 OsO_4-NMO 双羟基化反应，由 3,4-双键异构体生成了 3,4-双羟基酸 **23**，而由 4,5-双键异构体则生成了羟基内酯化合物 **22**，前者很易用稀碱水溶液萃取分离，在有机相中留下纯的内酯化合物 **22**。内酯化合物水解成羟基酸后，即用过碘酸钠断邻二羟基，高产率地获得了已知的关键中间体酮醛酸酯 **11**，由 **11** 即可按已知的方法完成青蒿素的重组合成[21]（图 6－8）。

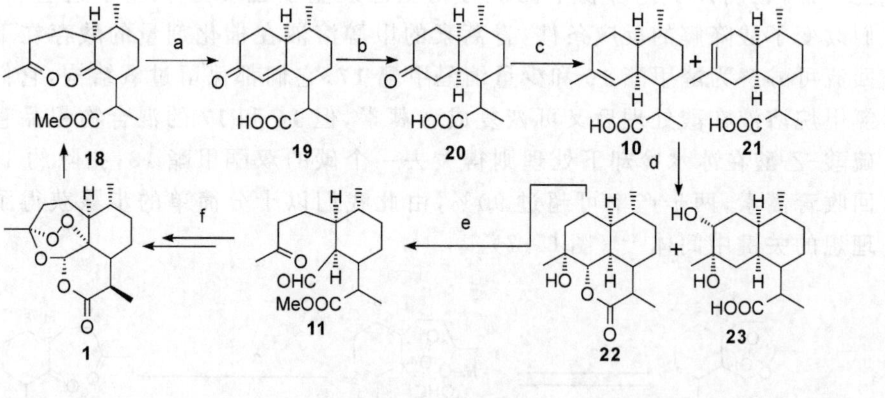

图 6-8

试剂和反应条件：a. $Ba(OH)_2 \cdot 8H_2O$，EtOH，>70%；b. H_2，Pd-C，85%；c. i) MeMgBr，−20～0 ℃，ii) H^+，80%～85%（**10**：**21** = 1：1）；d. OsO_4-NMO，44%（**22**），46%（**23**）；e. aq. NaOH，$NaIO_4$，CH_2N_2，78%；f. 文献[9]

上述由酮醛酸酯 **11** 转化为光化学反应的底物需要经过保护、烯醇醚化、去保护三步反应，十分不便，后改进为两步反应，但总产率也仍类似(32%)[22]。为此我们考虑将光化学反应的底物烯醇甲醚改为分子内的环烯醚，这样也就免除了选择性的问题，又可避免烯醇甲醚 **12** 可能存在两个异构

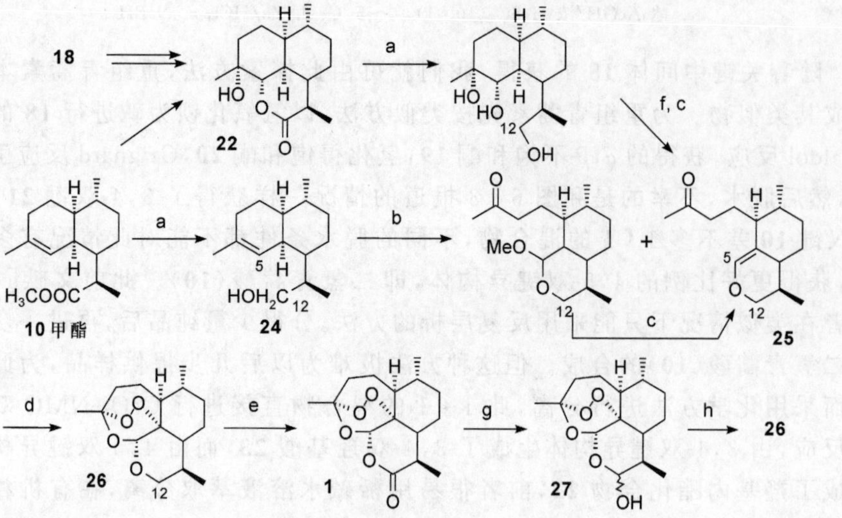

图 6-9

试剂和反应条件：a. $LiAlH_4$；b. O_3，MeOH-CH_2Cl_2，Me_2S；c. TsOH，二甲苯；d. O_2，钠灯，亚甲基蓝，CH_2Cl_2，−78～−70 ℃，TfOTMS；e. $RuCl_3$-$NaIO_4$，MeCN-H_2O-CCl_4；f. $NaIO_4$；g. $NaBH_4$，MeOH，0～4 ℃，>90%；h. BH_3NEt_2-Me_3SiCl，DME，r. t.，7h，81%

体的状况。由二氢青蒿酸(**10**)的甲酯出发,锂铝氢还原得醇**24**,臭氧化断开双键应得醛酮化合物,但由于羟基的存在即生成缩醛和环烯醚,其中与溶剂中甲醇生成的缩醛热解后也可转成环烯醚**25**[23],**25**为低熔点固体,较为稳定,与烯醇甲醚**12**比较,合成操作简便易行,更大的优点是下一步单线态氧氧化能以较好的产率合成至脱羰青蒿素**26**。**26**经四氧化钌氧化即得青蒿素[24]。整个合成策略的特点是利用了分子中的12-位羟基,正好形成了六元环环烯醚,另一特点是合成了脱羰青蒿素**26**,**26**是抗疟活性较青蒿素更好的化合物[25]。在我们工作完成时看到有报道,仿照由青蒿酸直接氧化得青蒿素的方法,从化合物**24**直接光氧化得**26**,但产率较低[26]。为合成环烯醚**25**我们也可利用上述重组青蒿素合成路线中的中间体**22**,**22**还原、过碘酸断双羟基后也可得**25**。事后为了核对合成得的**26**和确证其生物活性,我们也发展了它的另一制备方法,还原青蒿素(**27**)用BH_3NEt_2-Me_3SiCl处理可进一步还原而得**26**[27]。

6.1.2　青蒿素衍生物和类似物的合成

青蒿素的发现标志了新一代抗疟药的诞生,在我国报道青蒿素以后,环绕着青蒿素国际上开展了大量的研究工作,进行了多种类的衍生物和类似物的合成研究[13~15,28]。相比之下,20世纪80年代中期以后在青蒿素衍生物和类似物的合成方面,除了中国科学院上海药物研究所的青蒿素衍生物合成外,国内的研究工作已十分冷落。尽管如此,在有限的人力、物力条件下,我们还是按照上面的设想,从获得的降解产物做了一些青蒿素的类似物合成探索,从易得原料合成了一些中间体,以及由环烯醚的方法设计合成了新类型的1,2,4-三噁烷化合物。

6.1.2.1　由降解产物合成青蒿素类似物

降解产物**18**可重组至青蒿素,也可合成至4-位非甲基的青蒿素类似物。为此**18**在氢氧化钡-甲醇中环化后,重氮甲烷甲酯化得α,β-不饱和酮**19**的甲酯,通过对甲苯磺酰腙还原羰基,并将双键移位至4,5-位,再酯基还原得醇**28**。仿照上述脱羰青蒿素的合成方法合成至醛环烯醚**29**,最后单线态氧氧化即可获得15%的4-去甲基脱羰青蒿素**30**和11%的异构体**31**,但**31**的确切构型未定。醛环烯醚**29**与乙基Grignard试剂反应,再小心用Swern氧化可得乙基酮的环烯醚**32**,酸性的氧化条件将使羟基与烯醚作用成环缩醛**33**。环烯醚**32**类似地单线态氧氧化得26%的4-乙基脱羰青蒿素**34**和9.4%构型未确定的异构体**35**[29]。这一合成路线也可用于青蒿素本身的合成,如采用甲基Grignard试剂与**29**反应,可避免6.1.1小节重组青蒿素时脱水无选择性的问题,但这一路线的反应条件较难控制。乙基脱羰青蒿素的抗疟活性与青蒿素相近，说明甲、乙基的影响不大。

19 甲酯通过硫缩酮脱羰则得双键未位移产物 **36**，**36** 与单线态氧反应发生 ene 反应，最后能分得 12% 的过氧内酯 **37**[30]（图 6-10）。

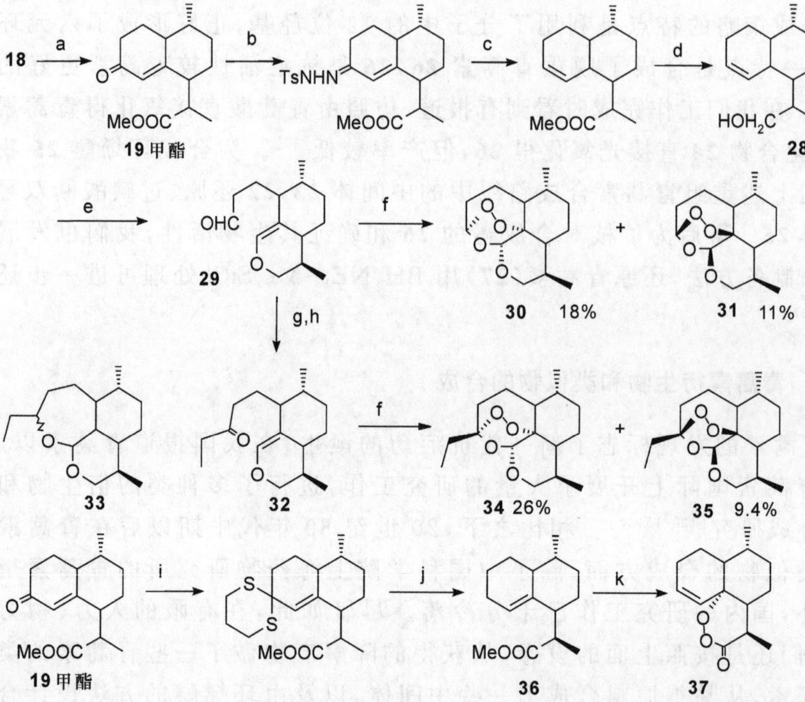

图 6-10

试剂和反应条件：a. i) $Ba(OH)_2 \cdot 8H_2O$, MeOH, 86%, ii) CH_2N_2, 100%; b. $TsNHNH_2$, 100%; c. $BH(OCOPh)_2$，再 $NaOAc \cdot 3H_2O$, 78%; d. $LiAlH_4$, Et_2O, 99%; e. i) O_3, Zn-HOAc, ii) TsOH，二甲苯，34%; f. O_2，钠灯，亚甲基蓝，CH_2Cl_2, −78 °C, TfOTMS; g. EtMgBr, Et_2O, 0°C, 98%; h. DMSO, $(COCl)_2$, CH_2Cl_2, −60°C, 62%; i. $HS(CH_2)_3SH$, $BF_3 \cdot OEt_2$, 0°C, 92%; j. Raney Ni, EtOH，回流，48h, 100%; k. i) O_2，钠灯，亚甲基蓝，MeCN, r.t., 10h, ii) CF_3COOH, CH_2Cl_2, 0 °C, 2 天，12%

事后我们也曾探索了另外的路线从降解产物 **18** 合成 4-位取代的青蒿素类似物，由 **18** 两步制备的 **20** 与乙基 Grignard 试剂反应，脱水后得双键异构体大致为 1∶1.1 的混合物。再按 6.1.1 小节重组青蒿素时的策略分得了羟基内酯，但进一步的反应则采取了锂铝氢还原，再过碘酸断邻二醇的方法，酸处理烯醚化得图 6-10 中的光化学反应的前体 **32**。这一路线虽然脱水一步缺少选择性，但多步反应均易掌握，总产率也不差于上路线[31]（图 6-11）。

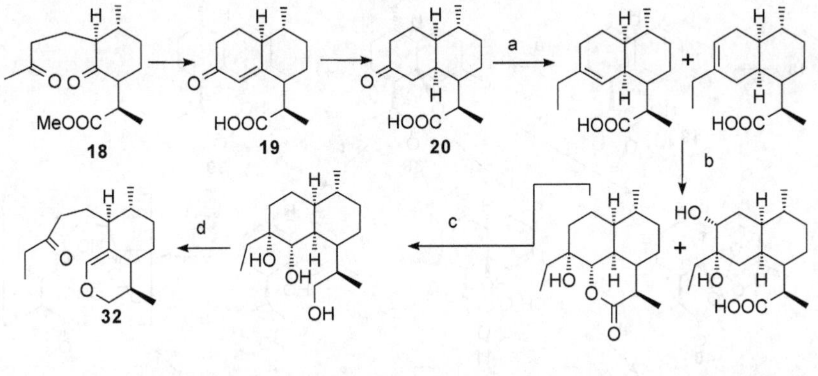

图 6-11

试剂和反应条件：a. i) EtMgBr，−20～0 ℃，ii) H^+，82%×74% (Δ^4 : Δ^3 = 1 : 1.1)；b. OsO_4-NMO，47%（内酯），52%（酸）；c. $LiAlH_4$；d. i) $NaIO_4$，NaOH，EtOH-H_2O，ii) PPTS，苯，72%

由降解产物 **18** 为原料进行的另一合成探索是臭氧化反应，**18** 的环化产物 α，β-不饱和酮酸 **19** 在低温下与 Grignard 试剂反应，然后也在低温下后处理可分得 76%的经烯丙醇重排得的内酯化合物 **38** 和 22%的脱水产物双烯酸 **39**。**38** 在正戊烷中进行臭氧化可分得 16%产率的臭氧化合物 **40**，**40** 是青蒿素的同分异构体。**38** 水解再酯化后成羟基酸酯 **41**，按 Criegee 的机理 **41** 臭氧化后应可获得 1，2，4-三噁烷结构的中间体 **42**，内酯化后可得青蒿素的异构体 **43**，但我们未能分离得到，反应混合物用锌粉-乙酸还原后可获得 **43** 的脱氧物 **44**，由此说明 1，2，4-三噁烷结构的中间体 **42** 是存在的，但无法形成内酯。锂铝氢还原 **38** 得二醇 **45**，**45** 臭氧化后可得 73%的含 1，2，4-三噁烷结构的化合物 **46**，但也无法闭环成脱羰青蒿素的异构体 **47**，**46** 用酸处理时可闭环，但脱氧的产物为 **48**[32]（图 6-12）。

上述合成的过氧化合物 **40** 和 **46** 生物测试显示只有较弱的抗疟活性，于是没有进一步扩展下去。但差不多 20 年之后，有文献报道含金刚烷基的臭氧化合物具有与青蒿素相当的抗疟活性，而且中国预防医学科学院上海寄生虫研究所的研究也发现此类臭氧化合物具有抗血吸虫活性，为此中国科学院上海药物研究所又按照上述方法合成了一系列的臭氧化合物，臭氧化一步产率仍较低，为 10%～30%，生物测试显示这些化合物也有中等程度的抗血吸虫活性[33]，这一结果对青蒿素类过氧化物的抗虫机理研究很有参考意义（图 6-13）。

6.1.2.2 合成青蒿素中间体

在从事由关键中间体合成青蒿素及其类似物的同时，也进行了从易得的手性原料香茅醛(**5**)，采用其他路线合成青蒿素中间体的探索实验。之前的路线是将香

图 6-12

试剂和反应条件：a. MeMgBr，Et_2O，0 ℃，H^+，−40 ℃，76%；b. O_3，戊烷，−78 ℃，16%；c. OH^-，MeOH，CH_2N_2；d. O_3，CH_2Cl_2，−78 ℃；e. Zn-HOAc，CF_3COOH，40%；f. $LiAlH_4$，THF；g. O_3，CH_2Cl_2，−78 ℃，73%；h. CF_3COOH，CH_2Cl_2，100%

49a=40	R=Me	28%
49b	R=Et	15%
49c	R=Pr	10%
49d	R=Bui	30%
49e	R=Bn	15%

图 6-13

试剂和反应条件：a. RMgX，THF，r. t.，H^+，−20 ℃；b. O_3，戊烷，−78 ℃

茅醛先环化至异胡薄荷醇(**4**)，形成相当于青蒿素的六元碳环，然后再引入甲基乙基酮的边链。我们则试探了先引入甲基乙基酮的边链后再闭六元碳环。香茅醛的烯胺与甲基乙烯基酮加成后，再闭环得环己烯酮 **50**，**50** 在 $BF_3 \cdot OEt_2$ 催化下发生分子内 ene 反应可分得 65%产率的六元并环酮化合物 **51**，反应产物直接缩酮化再重结晶则可得两步 60%产率的缩酮化合物 **52**，**52** 晶体的 X 射线衍射分析确证其绝对构型为(1*R*,6*R*,7*R*,10*R*)。**52** 硼氢化再氧化后得酮酸 **53**。**53** 为图 6-8 中酮酸 **20** 的 1,6-双差向异构体,按图 6-8 中同样的反应则可合成至 1,6-双差向-二氢青蒿酸(**55**)。由此我们改变了合成路线中几步反应的次序,采用了更易行的反应步骤,获得了青蒿素合成中间体二氢青蒿酸(**10**)的 1,6-双差向异构体,这为合成青蒿素的 1,6-位异构体提供了中间体[34]。化合物 **55** 中 11-位的构型可能和化合物 **10** 一样为(*R*)-型,但未确证(图 6-14)。

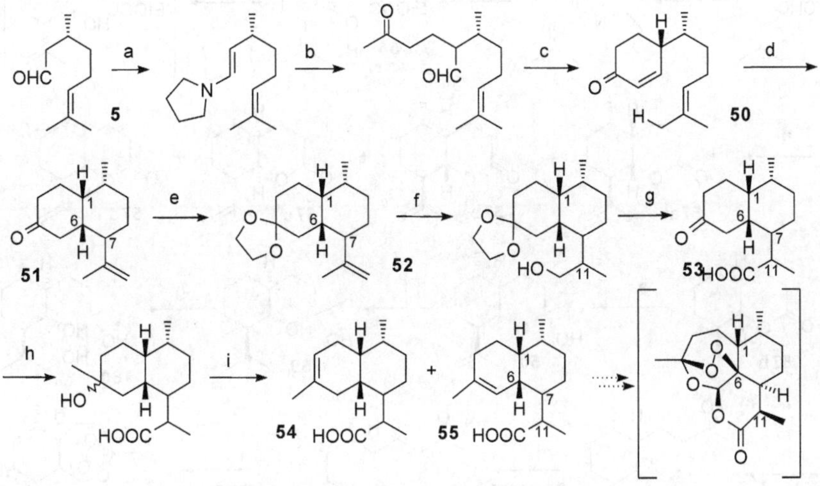

图 6-14

试剂和反应条件:a. 吡咯烷,K_2CO_3;b. $CH_3COCH{=}CH_2$;c. HOAc-H_2O,54%(3 步);d. $BF_3 \cdot OEt_2$-HOAc;e. $(CH_2OH)_2$-TsOH,Δ,60%(2 步);f. B_2H_6-H_2O_2;g. 琼斯氧化;h. MeMgI;i. TsOH,二甲苯,Δ,60%(**54**∶**55**=1∶1)

由香茅醛烯胺出发探索的另一途径是与三个碳的丙烯酸乙酯反应,产物 **56** 溴化锌催化进行分子内醛与双键的 ene 反应,粗产物碱水解后,再酸化得内酯 **57**,气相层析分析显示 **57** 为 ene 反应产生的四个组分的混合物 **57a**～**57d**,它们的含量依次为 9.2%、41%、8.2%和 41.5%,这数步反应形成了三个手性中心,由于 ene 反应在此场合下是以 exo 的方式进行,因此羟基和异丙基总是处于反式构型,所以只生成 4 个异构体,而不是 8 个异构体。此混合物很难用层析分开,反复层析后仅能获得少量 **57a** 的纯品,幸运的是这一混合物放置后可析出一低熔点的结晶,结晶为 **57b**∶**57d**=1∶1 的混合物,而此结晶与甲基锂试剂反应时,**57b** 反应生成 **58**,而 **57d** 不反应,可回收得纯品。**58** 锂铝氢还原得二醇 **59**,再硼氢化至三醇 **60**,**60** 琼斯氧化得内酯酮 **61**,碱水解后的水溶液用四氧化钌氧化,再直接甲酯化即可合成得前面提及的青蒿素降解产物和接力合成中间体双酮酯 **18**,**18** 还原再氧化可得 **61** 和其顺式内酯异构体,进一步确证了 **61** 乃至 **57b** 的立体化学[35]。这样,我们完成了由香茅醛出发的又一条合成至青蒿素关键中间体的路线，但看来这不是一条十分成功的路线，当初设想醛的 ene 反应会有较好的立体选择性，但实际很不理想，所需产物 **57b** 仅占 41%，且不易分离。因此在天然产物合成路线的设计中，反应的选择性是应该首先考虑的问题(图 6-15)。

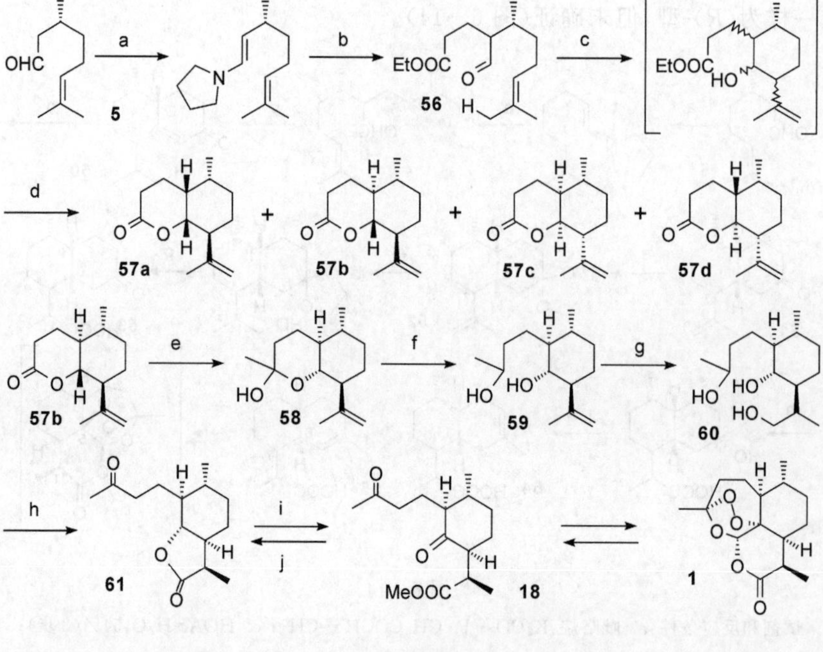

图 6-15

试剂和反应条件：a. 四氢吡咯，K_2CO_3，94%；b. $CH_2=CHCOOEt$，64%；c. $ZnBr_2$，苯，1～5 ℃，12h；d. KOH，EtOH，HCl；e. MeLi；f. $LiAlH_4$；g. $BH_3 \cdot Me_2S$，H_2O_2-NaOH，74%；h. 琼斯氧化，45.5%；i. i) —OH，中和，$RuCl_3$，$NaIO_4$，78%，ii) CH_2N_2；j. i) $NaBH_4$，MeOH；ii) 琼斯氧化

6.1.2.3 环烯醚法合成青蒿素类似物

环烯醚较易制备，也较稳定，是合成青蒿素及其类似物很好的前体，我们在 6.1.2.1 小节合成脱羰青蒿素同时，也利用环烯醚底物合成了脱氧脱羰青蒿素 **62** 和碳杂脱羰青蒿素 **63**，**63** 四氧化钌氧化未得 12-位单氧化的产物，而得 **65** 和 **66**。它们的活性测试也进一步证明分子中失去了过氧也就失去了抗疟活性[23～25](图 6-16)。

有报道称青蒿素的高抗疟活性的原因之一是它的结构类似于胆固醇，易于透过细胞膜，因而何不将青蒿素与胆固醇组合起来以获得抗疟活性更好的分子？为此我们将胆固醇的 A/B 环先改造成 1,6-醛酮的环烯醚 **67**，然后光氧化引入过氧

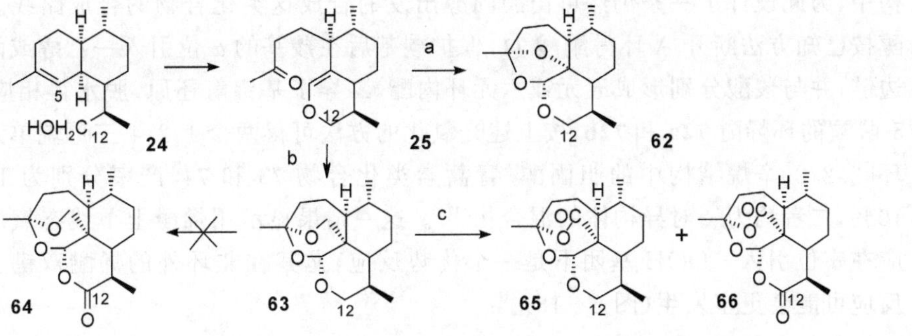

图 6-16

试剂和反应条件：a. m-CPBA，93%；b. $(HCHO)_n$，$BF_3 \cdot OEt_2$，63%；c. $RuCl_3$-$NaIO_4$，14 天，28%**65**，39%**66**

基团，构筑起青蒿素的关键部位 1，2，4-三噁烷结构单元，获得了一对异构体的胆固醇-青蒿素 **68** 和 **69**，以及过度氧化的产物 **70**。抗疟活性显示前两者均好于青蒿素本身，说明胆固醇部分的引入确实是有利的[36]（图 6-17）。

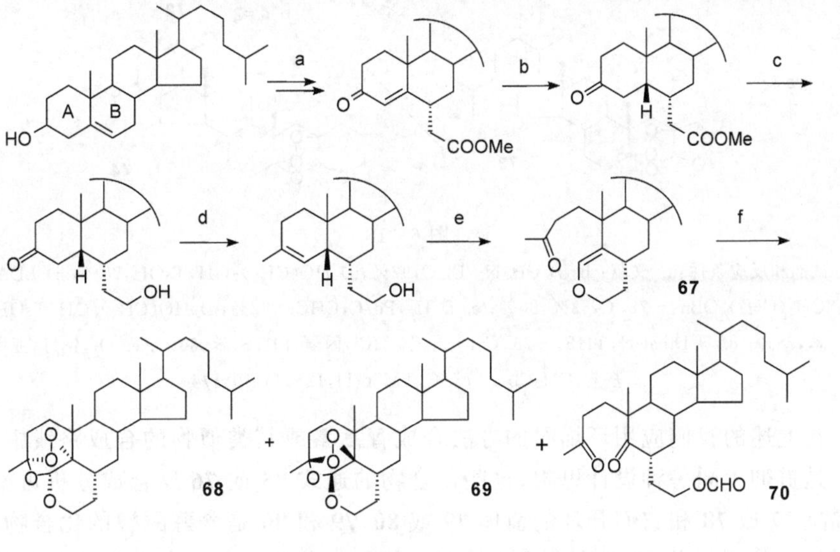

图 6-17

试剂和反应条件：a. 文献；b. H_2/Pd，80%；c. i) $CH(OMe)_3$，TsOH，ii) $LiAlH_4$，Et_2O，iii) H^+，82%；d. i) MeMgI，ii) $CuSO_4$-SiO_2，CH_3CN，89%；e. i) O_3，Zn-HOAc，ii) TsOH，甲苯，36%；f. O_2，钠灯，亚甲基蓝，-78 ℃，TMSOTf，16%**68**，20%**69**

上述胆固醇-青蒿素分子中的 1，2，4-三噁烷单元和青蒿素一样均处于桥环[3.2.2]壬烷结构中，我们设想能否将 1，2，4-三噁烷单元放在桥环[2.2.2]辛烷结构中,为此设计了一条仍然可由胆固醇出发的合成这类化合物的合成路线。胆固醇按已知方法断开A环得酮酸**71**,保护羰基后在羧基的α-位引入一乙醇或丙醇的边链,并与羧酸分别形成五元或六元环内酯,二异丁基铝氢还原、脱水得相应于1,5-醛酮的环烯醚**72a**和**72b**,按上述光氧化的方法可得两个1,2,4-三噁烷单元在桥环[2.2.2]辛烷结构中的胆固醇-青蒿素类化合物**73**和**74**,产率分别为12%和10%,二者均为一对异构体的混合物[31]。这一结果显示用烯醚上单线态氧加成反应在α-位引入—OOH基团不是一个优势反应,尤其在非环外的烯醚双键上,ene反应可能会更多发生(图6-18)。

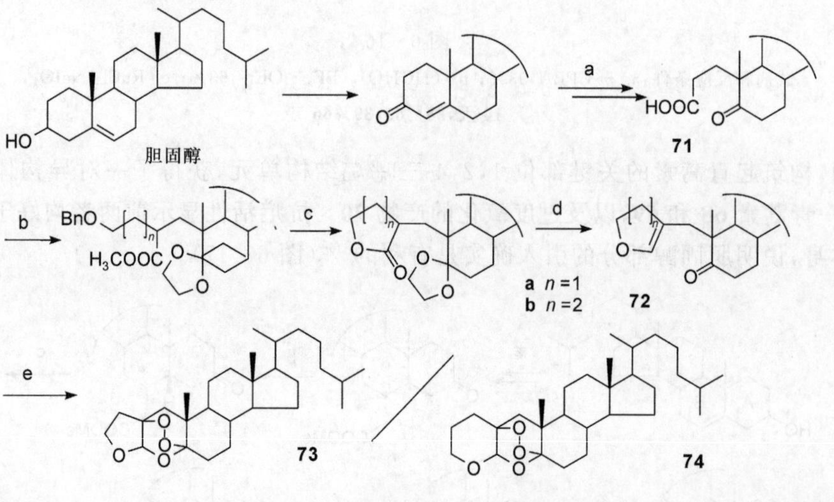

图6-18

试剂和反应条件:a. 文献; b. i) CH_2N_2,Et_2O,92%,ii) $HO(CH_2)_2OH$,TsOH,78%,iii) LDA,$ICH_2(CH_2)_nOBn$,−78 ℃,63%,80%; c. i) H_2,Pd/C,$CHCl_3$,92%,ii) $HO(CH_2)_2OH$,TsOH,苯,78%; d. i) Dibal-H,THF,−78 ℃,ii) 2.5% HCl,丙酮,PPTS,苯,60%; e. O_2,钠灯,亚甲基蓝,CH_2Cl_2,−78 ℃,TMSOTf,12%**73**,10%**74**

在上述的我们应用环烯醚的方法合成青蒿素或其类似物的合成路线中,实际上都是贯彻了同一种设计思想,这些化合物的通式**75**或**76**反合成分析可推导至环烯醚**77**或**78**和它们开环的前体**79**或**80**,**79**和**80**是含醛酮醇的化合物,酮基在醛的5-位或6-位,而醇羟基则在醛另一侧的4-位或5-位。各条合成路线的区别仅在于R取代基的差别和因而获得相应醛酮醇中间体**79**或**80**的方法和原料的不同。反过来,如手头掌握了**79**或**80**类型的中间体,也就有可能由此合成出相应的青蒿素类似物(图6-19)。

上述设计思想提供了合成的可能性,但是实际合成工作中还会有很多未曾料及的因素制约着具体化合物的合成。根据图6-19中的中间体**79**,我们设计了两个相当于失C环的青蒿素类似物,当R^1=Me、R^2=^{i}Pr、R^3=H(**81**)时反合成分析

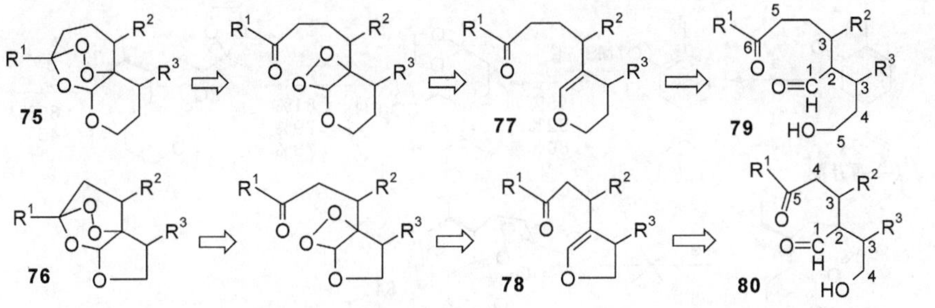

R^1 R^2 R^3 **75** ⇨ R^1 R^2 R^3 ⇨ R^1 R^2 R^3 **77** ⇨ R^1 5 6 3 R^2 1 2 3 R^3 O=C H HO 4 5 **79**

R^1 R^2 R^3 **76** ⇨ R^1 R^2 R^3 ⇨ R^1 R^2 R^3 **78** ⇨ R^1 4 5 3 R^2 1 2 3 R^3 O=C H HO 4 **80**

图 6－19　环烯醚法合成青蒿素或其类似物的统一设计思想

可推导至原料香芹酮[(－)-carvone]；当 $R^1 = {}^iPr$、$R^2 = Me$、$R^3 = H$(**82**)时则可推导至原料薄荷醇[(－)-menthol]，二者均为易得的手性纯的天然产物，因此可望合成得手性纯的目标化合物(图 6－20)。

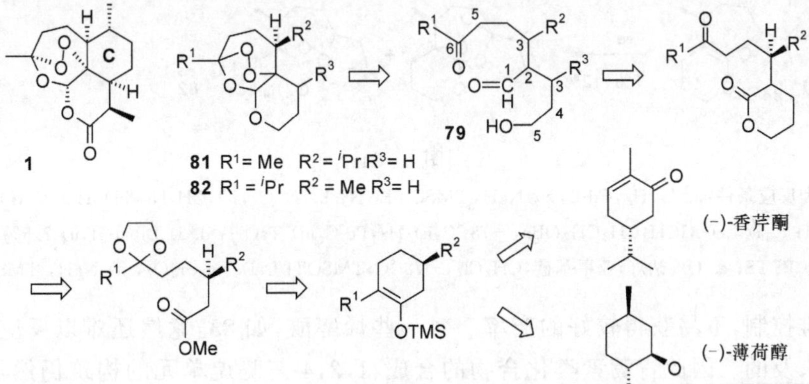

1 H C H ⇨ **81** $R^1 = Me$　$R^2 = {}^iPr$ $R^3 = H$ **82** $R^1 = {}^iPr$　$R^2 = Me$ $R^3 = H$ ⇨ R^1 5 6 3 R^2 1 2 3 R^3 O=C H HO 4 5 **79** ⇨ R^1 H R^2

⇨ R^1 H R^2 OMe ⇨ R^1 OTMS R^2 (－)-香芹酮 (－)-薄荷醇

图 6－20　失 C 环脱羰青蒿素类似物的反合成分析

香芹酮氢化后，将酮转化为烯醇硅醚，臭氧化断开双键即得与图 6－18 合成路线中相类似的 1,6-酮酸，再经类似的反应即得酮烯醇醚 **83**，但遗憾的是 **83** 基本不与单线态氧反应，即使延长光氧化后仍回收 70%～80%的原料，分子建模发现异丙基与酮基链分别处于烯醚双键的两个垂直方向，阻碍了单线态氧从任一方向接近双键。由薄荷醇出发氧化至薄荷酮后，按类似的反应合成得酮烯醇醚 **84**，**84** 在同样条件下光敏化氧化可得期望的产物 **82**，但产率较低，而且为一对一般层析无法分开的差向异构体[37](图 6－21)。

至此我们又较系统地探索了合成各种环烯醚的途径和进一步合成含 1,2,4-三噁烷单元青蒿素类似物的反应情况，实验证明多种类型的环烯醚都是较易制备的，但问题在于进一步的氧化反应，像其他青蒿素合成路线中的氧化反应一样，仍

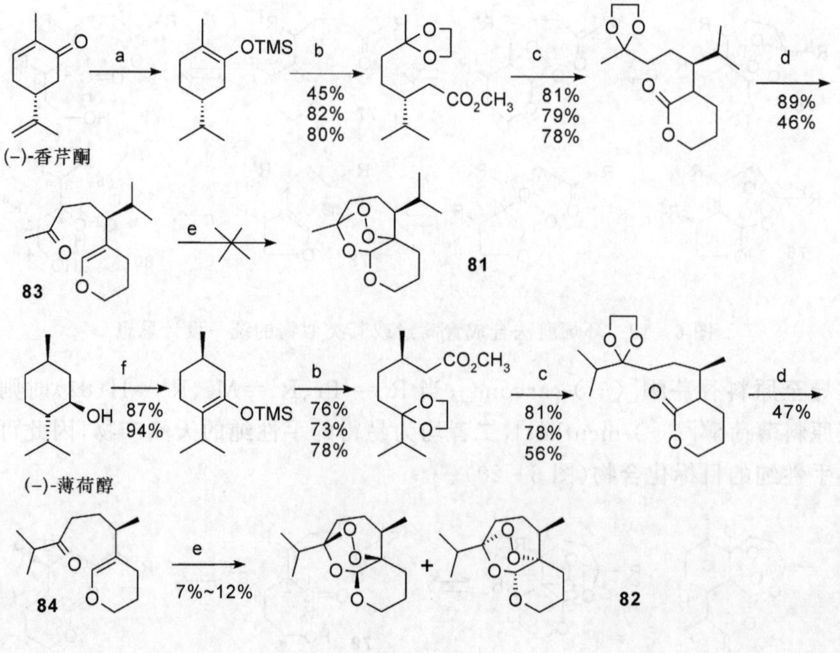

图 6-21

试剂和反应条件：a. i) H_2, Pd-C, ii) NaH, TMSCl, Et_3N; b. i) O_3, ii) CH_2N_2, iii) $HO(CH_2)_2OH$, TsOH; c. i) LDA, $ICH_2CH_2CH_2OBn$, −78 ℃, ii) H_2, Pd-C, iii) TsOH; d. i) Dibal-H, ii) 2.5% HCl, iii) PPTS; e. O_2, 钠灯, 亚甲基蓝, CH_2Cl_2, −78 ℃, TMSOTf f. i) $Na_2Cr_2O_7$, ii) NaH, TMSCl

然较难控制，不易获得较好的产率。对一些烯醇醚，如 **83**，竟然还难以反应，这是始料未及的。因此青蒿素类化合物的合成、1,2,4-三噁烷单元的构筑仍然是一个挑战性的课题。应用单线态氧引入过氧基团，除了现在应用的与烯醚反应外，如何采用能获得较好产率的 ene 反应以及 Diels-Alder 反应都是值得考虑的选项。

6.1.3　青蒿素类的合成和抗疟机理探索

生物活性天然产物的合成，除了合成天然产物分子本身外，一个重要方面是合成天然产物的衍生物、类似物，研究它们的结构-活性关系、进而研究它们的作用机理、开展化学生物学的研究。我们在 6.1.1 小节和 6.1.2 小节青蒿素类似物的合成中，确证了过氧基团是抗疟的活性部位，也探讨了 4,12-基团和甾体骨架拼入的影响。与此同时我们在研究了青蒿素类化合物与亚铁反应后，提出这是一个通过碳自由基的反应，并认为这是与抗疟机理有关[38~40]。进一步的工作和讨论可见我们的综述[13~15]，下面仅介绍其中两个合成工作和作用机理探讨的有趣例子。

青蒿素的内酯基团能为钠硼氢还原是 20 世纪 70 年代青蒿素结构研究时的重大发现，得到的还原青蒿素（或称二氢青蒿素，**27**）是一半缩醛，12-位的碳因而相当于糖中的异头碳，可以形成一系列相当于糖中的氧苷类衍生物，现今临床应用的青蒿素类药物蒿甲醚和青蒿琥酯正是这样的青蒿素衍生物。糖可以生成碳苷类化合物，因此我们也设计了由还原青蒿素出发合成在 12-位上以碳-碳键相连的衍生物，以考察它们的抗疟活性。还原青蒿素(**27**)的乙酸酯 **85** 在三氟化硼乙醚络合物($BF_3 \cdot OEt_2$，CH_2Cl_2)催化下与 *β*-萘酚发生 Friedel-Crafts 反应生成与 12-位碳-碳键相连的青蒿素-萘酚衍生物，为 1∶1 的混合物，反复层析后可分得二者纯品，经各种谱学数据分析，确定一种为 11*β*-甲基-12*α*-萘酚基衍生物 **87**，另一种为甲基转位的 11*α*-甲基-12*β*-萘酚基衍生物 **88**。这两种产物的生成说明反应有可能经过中间体脱水还原青蒿素 **86**。有意义的是当这一混合物与亚铁在 37 ℃ 反应 3 天后甲基构型保持的 **87** 几乎全部分解成自由基重排产物(**89** 和 **90**)和进一步脱羰的产物(**91**)；但构型转位的萘酚基青蒿素 **88** 则基本未反应，仅 11％转化成仲碳自由基重排的产物 **92**(图 6－22)[41]。

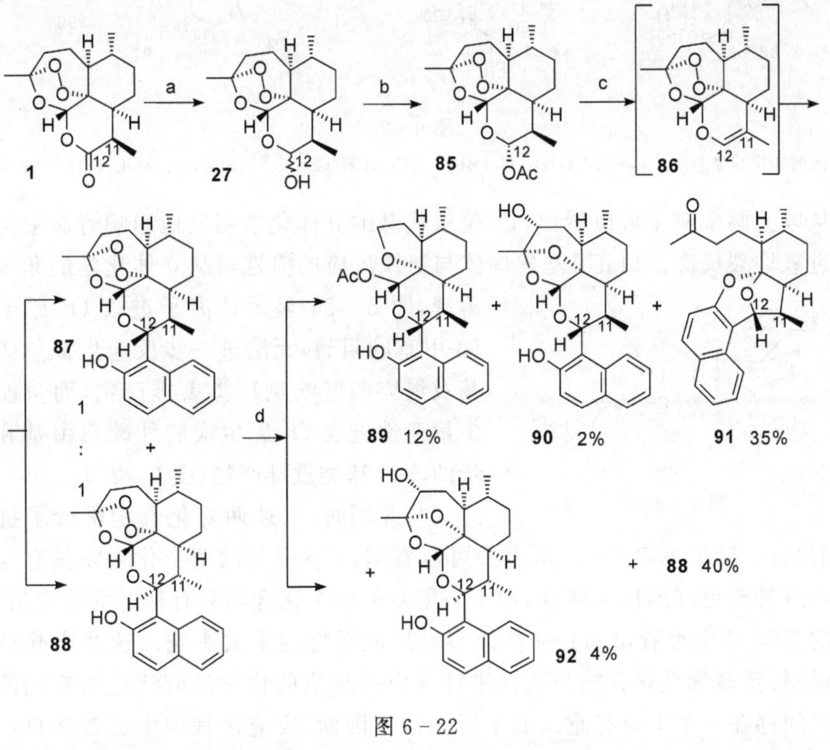

图 6－22

试剂和反应条件：a. $NaBH_4$，MeOH，0～4 ℃，90％；b. Ac_2O，Py，DMAP，87％；c. *β*-萘酚，$BF_3 \cdot OEt_2$，CH_2Cl_2，68％；d. $FeSO_4$，aq. MeCN，37 ℃，3 天

这一甲基构型与反应活性的关系引发了我们的兴趣，为此我们又进行了 12-脱氧-12-(2,4-二甲氧基-苯基)青蒿素衍生物的合成，除分到预期产物 **93** 外，还获

得了11-甲基转位的产物**94**以及未进一步反应的中间体**86**。**93**、**94**两个异构体分开、鉴定后分别在同样条件下与亚铁反应，与上一底物一样，11*β*-甲基衍生物**93**完全转化成预期的自由基反应产物**95**、**96**，而11*α*-甲基衍生物**94**仅有极少量反应，经仲碳自由基得到3-羟基产物**97**，90％的原料回收(图6－23)[42]。

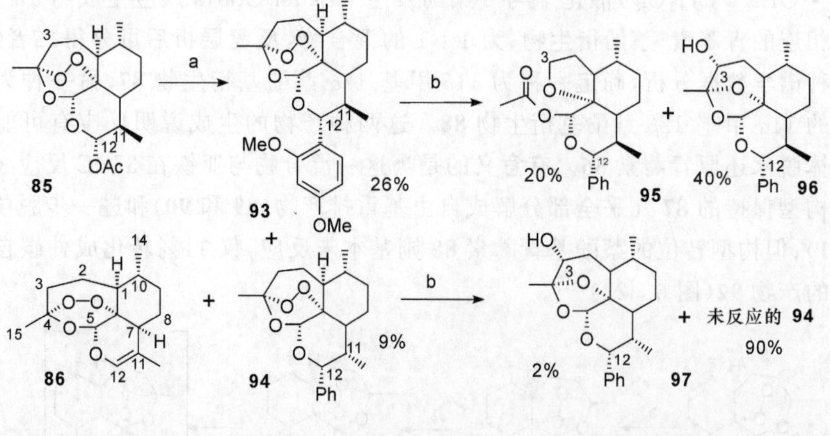

图6－23

试剂和反应条件：a. 1,3-$(MeO)_2C_6H_4$，$BF_3 \cdot OEt_2$，CH_2Cl_2；b. $FeSO_4$，aq. MeCN，37 ℃，2天

从以上两个例子可以看出，11-位取代基的立体化学明显地影响青蒿素类化合物的过氧均裂反应。11*α*-甲基异构体与亚铁反应的惰性可从立体化学的角度给予解释，图6－24显示铁离子进攻O_1原子受到13-甲基的阻碍，无法进一步反应生成伯碳自由基及最终四氢呋喃环类重排产物，而只能获得少量亚铁进攻O_2后生成的仲碳自由基和进一步的3-羟基类重排产物(图6－24)。

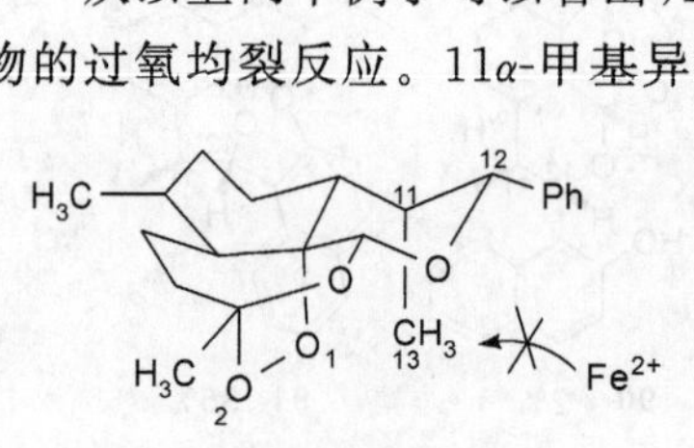

图6－24

与此同时，上述两对化合物进行了抗鼠疟活性的测试，结果见表6－1，从表中可以看出，11*β*-甲基的两个化合物具有与蒿甲醚相近或甚至更好的抗疟活性，而11*α*-甲基的两个化合物只有很低的抗疟活性，从它们的ED_{90}数据可看出，11-甲基构型对抗疟活性的重大影响。这些实验结果明确地说明：青蒿素类化合物与亚铁进行自由基反应的化学反应活性与它们的抗疟活性之间存在一个十分有意义的平行关系。因而，反应过程中生成的碳自由基可以认为是青蒿素类化合物起抗疟作用时的活性物种。从更广泛的意义来讲，这一结果也显示了有机合成在从分子水平上了解生物活性的作用机理时，确实是可以大有作为的。

表 6-1　蒿甲醚和其他青蒿素衍生物的抗鼠疟活性(*P. berghei* K173,口服)

化合物	ED_{50}/(mg/kg)	ED_{90}/(mg/kg)
蒿甲醚	1	3.1
87 (11β-CH_3)	1.27	5.27
88 (11α-CH_3)	4.18	76.27
93 (11β-CH_3)	0.58	1.73
94 (11α-CH_3)	7.08	60.99

6.2　Drimane 倍半萜类化合物的合成

具 Drimane(茼香烷)骨架的化合物是倍半萜中很重要的一类,20 世纪 70 年代末 Nakanishi 从东非的 Warburgia 植物中分离到了一批 Drimane 骨架的天然产物(图 6-25),其中已知的 Polygodial(**98**)和新发现的 Warburganal(**99**)对非洲行军虫具有很强的拒食作用[43]。这些结构的发现和它们的生物活性随即引发了有机合成学家的兴趣,不少实验室开展了 Drimane 类化合物的合成,据 1991 年综述时已收集了 30 余条合成路线,采用的策略有从其他天然产物分子转化的,有仿生多烯环化的,也有以十氢萘酮为原料或用 Diels-Alder 为关键反应的合成方法[44]。其中 Nakanishi 等三家实验室同在 1979 年报道了 Warburganal(**99**)的消旋体的合成[45~47]。1984 年我们在从事倍半萜青蒿素类化合物合成的同时,也试图拓展到其他生物活性萜类分子的领域,从而开始了 Drimane 骨架天然产物的合成探索。

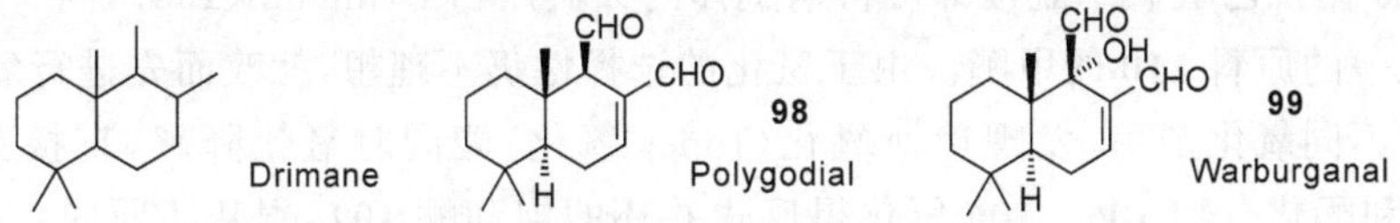

图 6-25

6.2.1　消旋 Drimane 倍半萜类化合物的合成

基于教学和科研的经历,对 Drimane 类化合物的合成设计开始就倾向于利用 Diels-Alder 反应来构筑 B 环,而且有感于分子内反应的高效、高选择性,因而后来采用了分子内的 Diels-Alder 反应(IMDA),其实这也是 20 世纪 80 年代较为热门的反应。我们设计的合成路线是 Drimane 类的化合物可由中间体 **100** 合成,**100** 是分子内的 Diels-Alder 反应的产物,而其最初的原料则可推导到易得的 β-紫罗兰酮[48,49](图 6-26)。

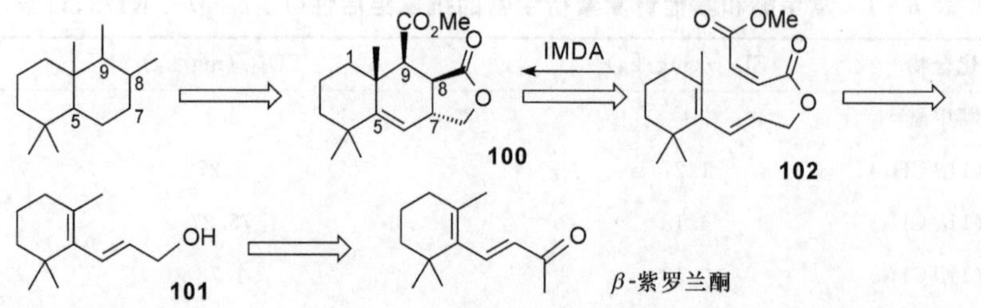

CO_2Me IMDA OMe 1 9 8 5 7 100 102 OH 101 *β*-紫罗兰酮

图 6 - 26

β-紫罗兰酮经卤仿反应降解得酸，酸还原得醇 **101**，**101** 的顺丁烯二酸酯 **102** 长时间加热发生分子内 Diels-Alder 反应得上述设计中的关键中间体 **100**；如用 **101** 的反丁烯二酸酯则得 9-位差向异构的加成物 **103**，但此时的 IMDA 反应更慢，异构体 **100** 用碱处理后也可转位成 **103**，这说明 **103** 是构型更稳定的化合物。化合物 **100** 的 7，8-位的相对构型由核磁共振确定，7，8-位的氢处于反式双竖键的构型，**100** 能转化为 **103** 进一步证明了化合物 **100** 9-位的酯基是处于竖键的位置。**100** 和 **103** 的构型都说明了生成它们的分子内 Diels-Alder 反应是以 exo 方式进行的，此立体化学的结果也与后来对 IMDA 反应的理论计算相一致[50]。对合成 Drimane 类化合物而言，中间体 **100** 需要除去 7-位上多余的一个碳原子和氢化 5，6-位双键获得反式的十氢萘骨架。首先试图将内酯打开成游离羟基酯，但均未能成功，幸而发现锂铝氢在 0 ℃时能选择性地还原内酯得双羟基化合物 **104**，进一步酸处理后得 8，9-位并环的内酯 **105**。**105** 氢化得 57％的反式并环产物 **109** 和部分顺式并环及氢解产物，较 **100** 氢化时主要为顺式并环产物的情况为好，**109** 氧化得羧酸 **110**，**110** 用二乙酸碘苯脱羧即可得消旋体的天然产物 Drimenin(**108**)，同时回收约三分之一的原料 **110** 的甲酯。由于氢化的选择性仍不理想，就改而先进行氧化，在试验了不同氧化剂后，发现琼斯氧化(Jones 氧化)能同时氧化降解，直接获得 *α*，*β*-不饱和酮化合物 **106**。**106** 氢化得反式并环的饱和酮 **107**，酮基还原脱水顺利得 **108**，由此以更简便、更高产率的路线从 *β*-紫罗兰酮合成了 Drimane 类中的第一个目标分子(图 6 - 27)。

合成得 Drimenin(**108**)后，经锂铝氢还原后得二醇 **111**，**111** 高锰酸钡氧化可得 Cinnamolide(**112**)，而 Swern 氧化可得 Polygodial(**98**)。由 **111** 合成 Warburganal 已有报道[46]，因此我们也完成了 Warburganal(**99**)的形式合成(图 6 - 28)。

在完成上述四个天然产物消旋体的合成和 Warburganal(**99**)的形式合成后，我们又探索了从 IMDA 加成物 **100** 出发合成 **98** 和 **99** 的其他途径，主要不同是用二异丁基铝氢还原内酯至醛，保护后用 PDC 氧化脱羟甲基，合成至化合物 **116** 后，按文献的反应条件合成得目标分子[51](图 6 - 29)。

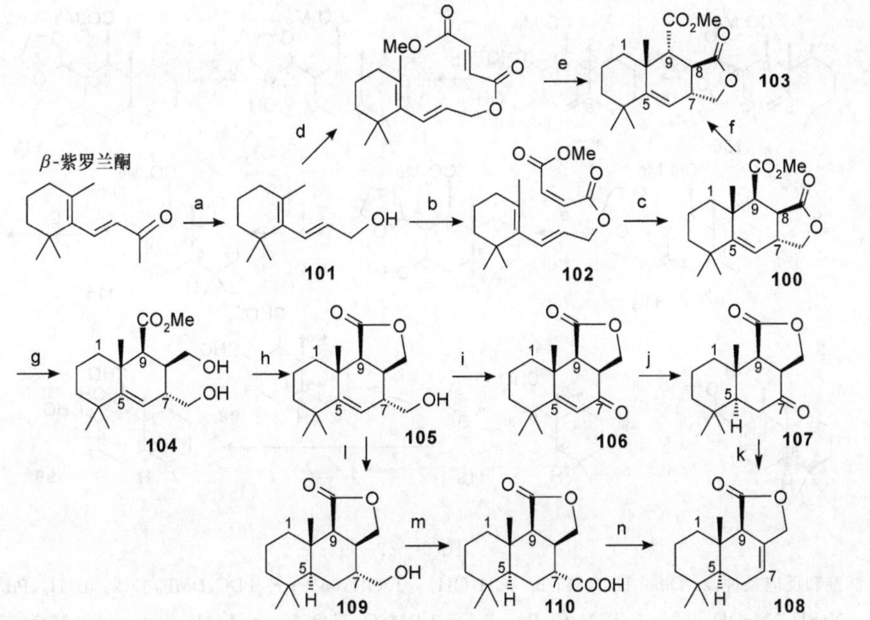

图 6-27

试剂和反应条件：a. i) NaOBr, NaOH, 90%, ii) $LiAlH_4$, Et_2O, 79%; b. i) $(CHCO)_2O$, Et_3N, DMAP, CH_2Cl_2, ii) CH_2N_2, 75%; c. 对苯二酚，二甲苯，回流，90h，70%，88%（回收原料后）；d. HOOCCH＝CHCOOMe, DCC, DMAP, CH_2Cl_2, 62%；e. 对苯二酚，二甲苯，回流，140h，40%；f. MeONa, MeOH, r. t., 100%; g. $LiAlH_4$, Et_2O, 0 °C, 30 min; h. TsOH, 71%（2步）；i. 琼斯氧化，64%；j. H_2, Pd-C, 100%; k. i) $NaBH_4$, MeOH, 99%, ii) MsCl, Py, iii) DMSO, 100 °C, 65.5%; l. H_2, Pd-C, 57%; m. 琼斯氧化，99%; n. $C_6H_5I(OAc)_2$, $Cu(OAc)_2$，苯，回流，57%

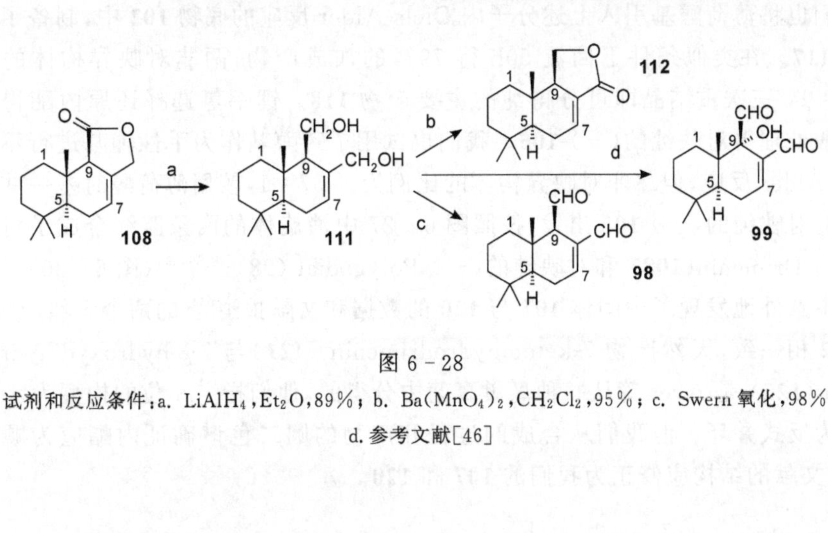

图 6-28

试剂和反应条件：a. $LiAlH_4$, Et_2O, 89%; b. $Ba(MnO_4)_2$, CH_2Cl_2, 95%; c. Swern 氧化，98%; d. 参考文献[46]

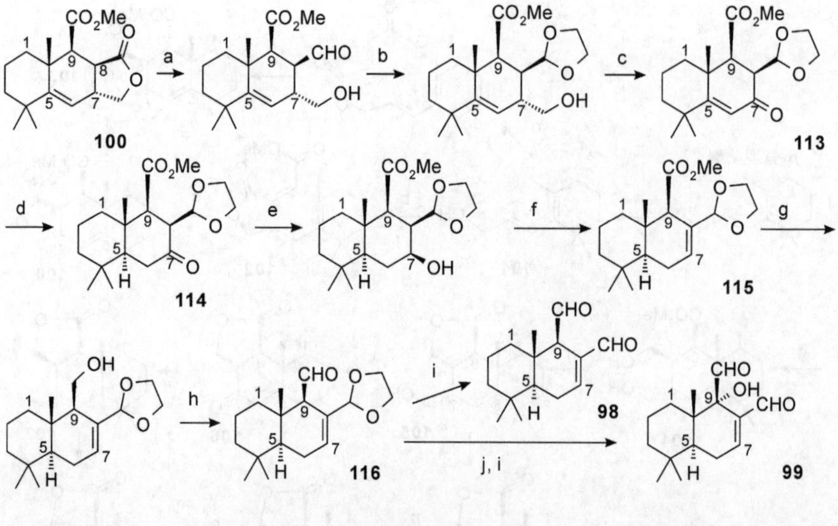

图 6 - 29

试剂和反应条件：a. Dibal-H，77%；b. $(CH_2OH)_2$，TsOH，65%；c. PDC，DMF，57%；d. H_2，Pd/C；e. $NaBH_4$，MeOH，70%；f. i) MsCl，Py，ii) DBU-DMSO，苯，88%；g. $LiAlH_4$；h. Collin 试剂，75%；i. 2.5% HCl，丙酮，83%；j. LDA，MoO_5-Py，HMPA

6.2.2 对映纯 Drimane 倍半萜类化合物的合成

20 世纪 70 年代我们曾探索过利用薄荷醇基作为手性辅基诱导的不对称 Diels-Alder 反应，虽然结果获得的 *de* 值仅为中等，但获得的产物为一对非对映异构体，可以分开获得对映纯的纯品，因此在一般场合下将优于拆分的方法[52]。为此我们也将薄荷醇基引入上述分子内 Diels-Alder 反应的底物 **102** 中，制备了薄荷醇酯 **117**。在类似条件下回流 50h 得 79% 的加成产物，两非对映异构体的比例 1.75∶1，三次重结晶即可分得纯的主要产物 **118**。锂铝氢选择还原内酯得二醇 **120**，酸处理得对映纯的(－)-**105**。我们也试用了葑醇基作为手性辅基进行不对称 Diels-Alder 反应，但二非对映异构体的比例为 1.37∶1，较用薄荷醇时差一些。由获得的对映纯的(－)-**105** 出发，按照图 6 - 27 中消旋体的两条路线合成了对映纯的(－)-Drimenin(**108**) 和对映纯的(－)-Polygodial (**98**)[48,49,53](图 6 - 30)。在此合成中意外地发现了中间体 **107** 与 **120** 的数据和文献报道[54]的两个天然产物 **121** 与 **122** 相一致，天然产物 7-ketodihydrodrimenin (**121**)与 7-*β*-hydroxydihydrodrimenin (**122**) 是 Ayer 等从一种鸟巢真菌中分得的，他们指定 8-位的构型为 *α*，因而内酯为反式并环。但我们从合成的过程和产物的圆二色谱确证内酯应为顺式并环，故文献的结构应修正为我们的 **107** 和 **120**。

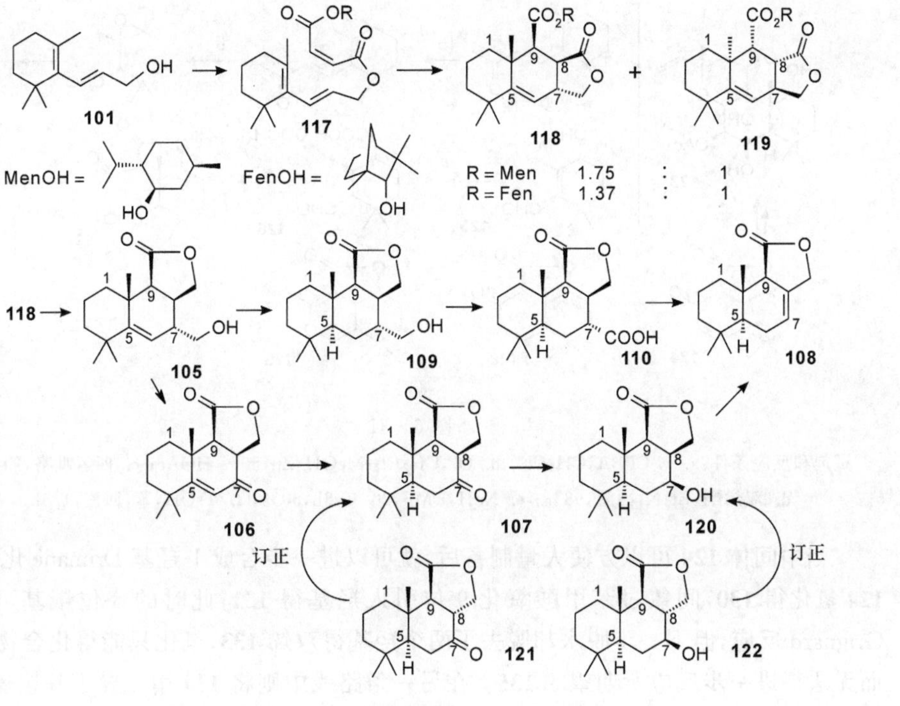

图 6-30

6.2.3　1-羟基-Drimane 倍半萜衍生物的合成

毛喉萜(forskolin,**123**)是一具有很高心血管系统活性的二萜化合物,对它的合成研究在 20 世纪 80 年代已有大量报道[55]。它的 A 环和 A/B 环的构型与 Drimane 类化合物类似,仅多一 1-位羟基,为此我们试探了利用毛喉萜的合成中间体 **124** 来合成 1-羟基-Drimane 倍半萜的衍生物。中间体 **124** 需用此前较不易获得的 3-羟基环柠檬醛(**125**)为原料,为此我们先发展了制备 **125** 的新合成路线,还是从 6.2.1 节类似的原料 *α*-紫罗兰酮(*α*-ionone)出发,经三步反应,以 71%的总产率便捷地得到了 3-羟基环柠檬醛 **125**[56]。一般情况下 *β*-位取代的 *α*,*β*-不饱和羰基化合物很难进行分子间的 Michael 加成反应,我们就曾实验发现环柠檬醛无法与乙酰乙酸酯发生 Michael 加成反应,但是 **125** 与双烯酮反应后生成的乙酰乙酸酯 **126** 却可以在氢化钠存在下进行分子内 Michael 加成反应。反应产物甲基酮醛 **127** 在碱性条件下不能进行分子内 aldol 缩合反应,但在酸催化下可顺利获得 68%的 *α*,*β*-不饱和酮 **124** 和 12%的 *β*,*γ*-不饱和酮 **128** 以及 13.5%的吡喃化合物 **129**[57](图 6-31)。

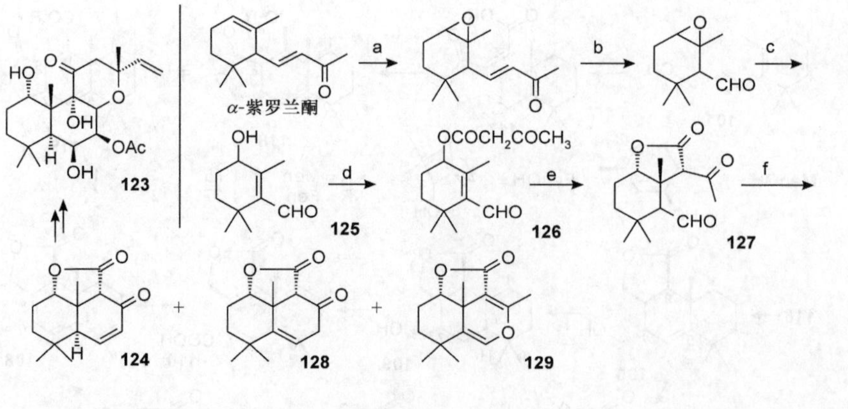

图 6 - 31

试剂和反应条件：a. *m*-CPBA，CH_2Cl_2；b. O_3，CH_2Cl_2-MeOH，Zn，50% HOAc；c. 四氢吡咯，Et_2O；d. 双烯酮，Et_3N，丙酮，98%；e. NaH，DMF，20 ℃，8h，60%；f. TsOH，苯，回流，1.5h

当中间体 **124** 可以方便大量制备后，就可以进一步合成 1-羟基 Drimane 化合物。**124** 氢化得 **130**，间氯过苯甲酸氧化 9-位引入羟基得 **131**，此时的 8-位羰基可进行 Grignard 反应，但下一步脱水却脱去了两个羟基得双烯 **133**，氢化只能得化合物 **134**，而无法得进一步反应所期望的 **135**。在另一条路线中则将 **130** 用二异丁基铝氢还原至半缩醛再保护得 **136**，以后的氧化、Grignard 反应、脱水得 **139**，**139** 的 8-位甲基烯丙位氧化后应可制备得 1-羟基-Polygodial(**140**)。至此我们利用合成毛喉萜的中间体 **124** 也开通了一条通向 Drimane 类化合物的途径[58]（图 6－32)。

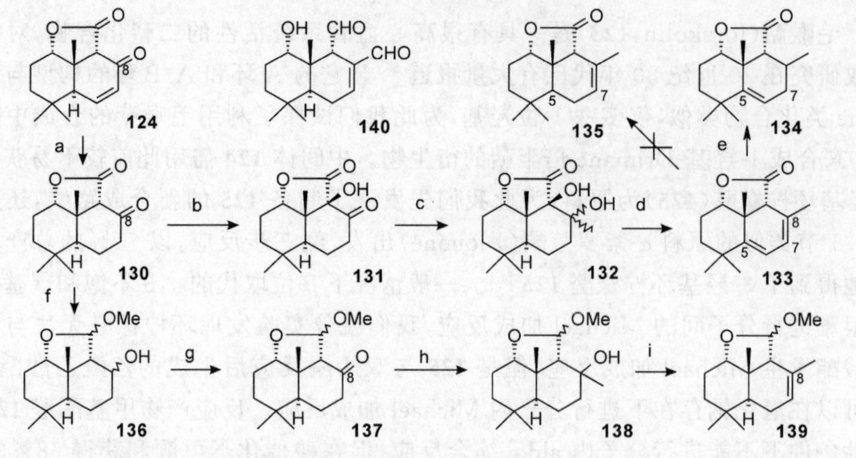

图 6 - 32

试剂和反应条件：a. H_2，Pd-C，100%；b. *m*-CPBA，CH_2Cl_2，67%；c. MeMgI，96%；d. TsOH，甲苯，回流，10h，91%；e. H_2，Pd-C，100%；f. i) Dibal-H，ii) MeOH，$BF_3 \cdot OEt_2$；g. PDC，30%（由 **130**)；h. MeMgI，56%；i. TsOH，MeOH，43%

6.3　莪术二酮和绿叶醇的合成

莪术二酮(curdione,**141**)和莪术醇(curcumol,**142**)是日本科学家首先从植物蓬莪术(*Curcuma zedoria* Roscoe)的根茎中分得的,后我国科学家也从中药温莪术(*Curcuma aromatica* Salisb.)的抗肿瘤有效的成分——精油中分到了它们,并证明它们确有很好的抗癌活性,莪术二酮对宫颈癌有较好的疗效。1985 年还发现在封管加热下莪术二酮能定量转化为莪术醇。当年我们在一国际会议上获悉了这一些信息后,对中药中的这两种活性成分产生了很大的兴趣,它们均未曾合成,而且文献报道时对分子中反常的异丙基构型还存疑虑,从我们的分析还发现莪术二酮至莪术醇的转化是一很有趣、很易进行的分子内 ene 反应,合成了莪术二酮也就意味着合成了莪术醇,因此我们启动了莪术二酮的合成计划(图 6-33)。

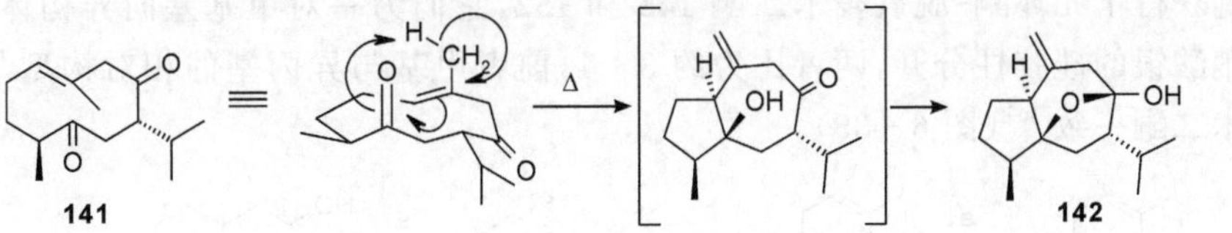

图 6-33　莪术二酮(**141**)、莪术醇(**142**)和它们的转化

6.3.1　(-)-莪术二酮的合成

莪术二酮是属于中环类的十元碳环倍半萜,8~11 元环类的中环化合物,由于环张力因素,在合成上是属于较难达到的目标分子,需要应用一些专门针对中环的合成策略[59]。在考察了各种中环的合成策略后,我们决定采用以 oxy-Cope 重排为合成十元环的关键反应,按此进行的反合成分析则可推导得香芹酮为合成的原料。按异丙基的构型应采用(+)-香芹酮(**143**)作为手性源,但因自然界(-)-香芹酮(**144**)较为易得,而且当时异丙基的构型还未完全确定,因此采用(-)-香芹酮(**144**)为原料既可以发展方法学,也可用于莪术二酮构型的确证。关键反应 oxy-

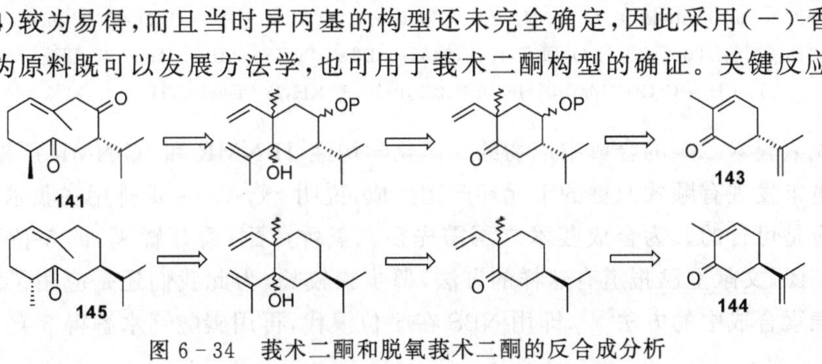

图 6-34　莪术二酮和脱氧莪术二酮的反合成分析

Cope 重排设计在合成路线的最后阶段，从合成策略上考虑，最好能通过模型试验先行验证其可行性，为此我们先设计了由(—)-香芹酮(**144**)至脱氧莪术二酮(**145**)的合成路线(图 6 - 34)。

(—)-香芹酮(**144**)的甲基碳上再引入乙烯基的工作试探了两条途径，首先是在选择性氢化异丙烯基后，采用还原烷基化的方法引入烯丙基，然后臭氧化、还原得醇 **146**，然而进一步伯羟基脱水遇到了困难，再加上前两步反应较难控制，于是就放弃了这条路线。在进行上述工作时，正好看到二乙酸碘苯脱羧的报道，于是我们改而将 **144** 全氢化后再用丙烯酸甲酯进行 Michael 加成反应得 **148**，**148** 为一甲基构型异构体 4∶1 的混合物，酸水解后用二乙酸碘苯脱羧得 **150**，并回收部分甲酯 **148**，这是由于脱羧中生成的甲基自由基所造成的。**150** 为 3∶1 的甲基异构体的混合物，**150** 不经分离与异丙烯基 Grignard 试剂反应得双烯 **151**，气相层析显示 **151** 是四个异构体的混合物，此物用氢化钾在 18-冠-6 存在下进行 oxy-Cope 重排，顺利获得十元环酮-脱氧莪术二酮 **145** 和 **152**，它们为一对甲基差向异构体，能用含硝酸银的硅胶柱分开，两者比为约 3∶1，前者甲基与异丙基的相对构型与天然莪术二酮一致[60](图 6 - 35)。

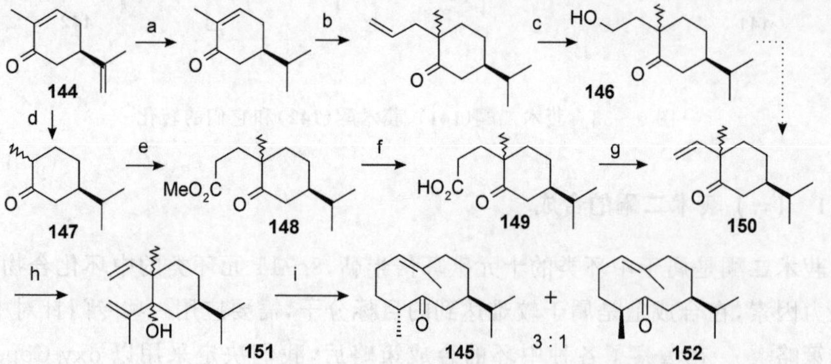

图 6 - 35

试剂和反应条件：a. H_2，PtO_2，MeOH，r. t.，98%；b. Li-NH_3(l)，DME，CH_2 ═$CHCH_2Br$，51%；c. i) O_3，ii) Zn-HOAc，iii) LiAl(^{t}BuO)$_3$H；d. H_2，PtO_2，MeOH，r. t.，91%；e. CH_2 ═CHCOOMe，^{t}BuOH，^{t}BuOK，25℃，24h，71%；f. 20% HCl，H_2O，回流，1.5h，94%；g. IBDA，Py，Cu$(OAc)_2$ · H_2O，苯，回流，7h，82%；h. CH_2═C(CH_3)MgBr，THF，回流，20h，95%；i. KH，18-冠-6，I_2，THF，r. t.，74%

脱氧莪术二酮的合成中产物的立体化学均经^{1}H NMR 和^{13}C NMR 严格论证，而且也未发现有顺式双键的十元环产物生成，说明 oxy-Cope 重排用在莪术二酮的合成应是可行的。为合成莪术二酮需先在二氢香芹酮(香芹鞣酮)的 5-位引入一含氧基团，文献上已报道有这样的方法，但步骤较长，为此我们还是应用了我们在前列腺素合成中的方法[61]，即用 NBS 在 5-位溴代，再用碳酸钙水解得 5-羟基香芹鞣酮(**153**),这时有较多脱水产物甲基异丙基苯酚生成,**153**的二步产率为33%,由于操作简便,这一方法还是可以接受,羟基构型为为7∶3的混合物,但都可以用于合成至最终产物。羟基保护后按上述同样方法进行以下的合成,仅甲酯水解时因保护基的关系,不能采用酸性条件,而用氢氧化锂。oxy-Cope重排反应后用含硝酸银的硅胶柱分开得43%的所需甲基构型的产物**156**。开始合成时采用甲氧基甲醚(MOM)为保护基团,获得重排产物后却无法去保护,反应产物不能耐受较强的酸性条件。后来改用了易于去保护的乙氧基乙醚(EE)保护基团解决了这一困难。合成所得莪术二酮所有的物理数据与天然莪术二酮的完全一致,仅旋光与圆二色谱的符号相反,合成莪术二酮比旋光为－25.2°,而天然莪术二酮报道为＋26°,说明它们互为对映体,由此也从反面证明了天然(＋)-莪术二酮的绝对构型[62,63](图6－36)。

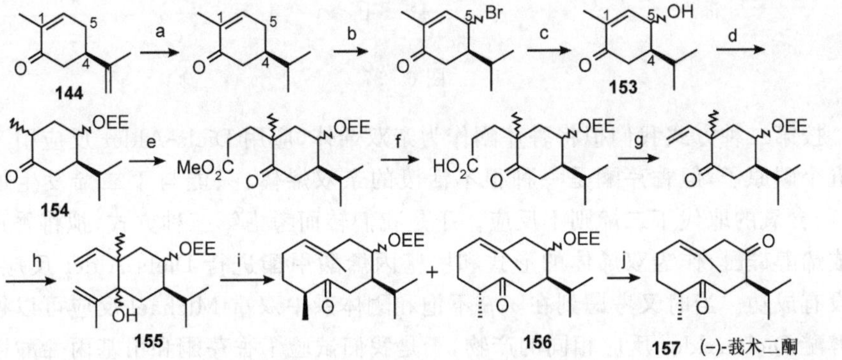

图6－36

试剂和反应条件:a. H_2,PtO_2,MeOH,r.t.,98%;b. NBS,AIBN,CCl_4,回流,2.5h;c. 二氧六环,H_2O,$CaCO_3$,回流,33%(2步);d. i) H_2,Pd-C,68%,ii) CH_2═CHOEt,PPTS,r.t.,3h,97%;e. CH_2═CHCOOMe,^{t}BuOH,^{t}BuOK,30℃,24h,72%;f. LiOH·H_2O,DME,H_2O,r.t.,2h,100%;g. IBDA,Py,$Cu(OAc)_2$·H_2O,苯,回流,7h,63%;h. CH_2═$C(CH_3)MgBr$,THF,回流,24h,84%;i. KH,18-冠-6,I_2,THF,r.t.,6h,43%;j. i) PPTS,EtOH,r.t.,1h,98%,ii) CrO_3,Py,过夜,72%

6.3.2　(＋)-莪术二酮的合成研究和榄香烯类化合物的合成

由(－)-香芹酮(**144**)合成(－)-莪术二酮的成功也意味着由(＋)-香芹酮就可以合成天然的(＋)-莪术二酮,但是我们从合成设计的角度考虑,是否可能还是利用(－)-香芹酮(**144**)作为合成(＋)-莪术二酮的原料,仅对合成路线给予改变。由(－)-香芹酮(**144**)合成(－)-莪术二酮时香芹酮是以图6－37中第一种方式断开C_1—C_2键而引入(－)-莪术二酮中。由(－)-香芹酮(**144**)合成(＋)-莪术二酮则就需要另外的方式,将香芹酮4-位的手性中心转180°后再引入莪术酮分子的骨架中，如图 6-37 中第二种方式断开 $C_1—C_6$ 键，或第三种方式断开 $C_1—C_2—C_3$ 键。

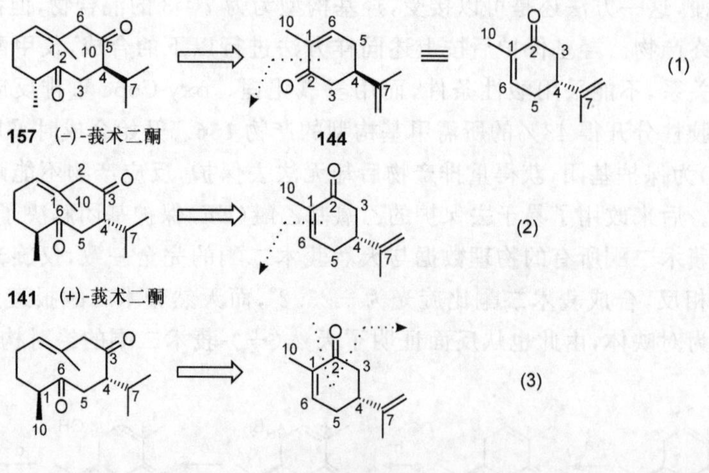

157 (-)-莪术二酮　144　(1)

141 (+)-莪术二酮　(2)

(3)

图 6-37

按第二种方式我们拟将香芹酮作为亲双烯体，应用 Diels-Alder 反应引入其余的五个碳原子，但香芹酮是一种很不活泼的亲双烯体，只能与丁二烯发生加成反应，与含氧的取代丁二烯则不反应。于是我们转而考虑第三种方式，拟将香芹酮制备成烯醇硅醚，作为双烯体的形式和甲基丙烯酸甲酯进行 Diels-Alder 反应，但是也没有成功。当时又考虑到在 α,β-不饱和酮体系中双重 Michael 反应可以得到和烯醇醚 Diels-Alder 反应相同的产物，于是我们试验了香芹酮和甲基丙烯酸甲酯的双重 Michael 反应，在改用六甲基二硅胺锂作碱、正己烷-乙醚作溶剂后，反应能顺利进行，可获得中等偏低的产率，但较易分得结晶纯品 **160**，**160** 的构型经 2D NMR 确证，显示了这一有趣的立体选择性反应，一步由一个手性中心的香芹酮形成了具五个手性中心的手性纯的产物[64,65]（图 6-38）。**160** 的获得使我们能够继续进一步的探索(+)-莪术二酮的合成，关于这一反应的系统考察和其他应用将在 6.3.3 小节中介绍。

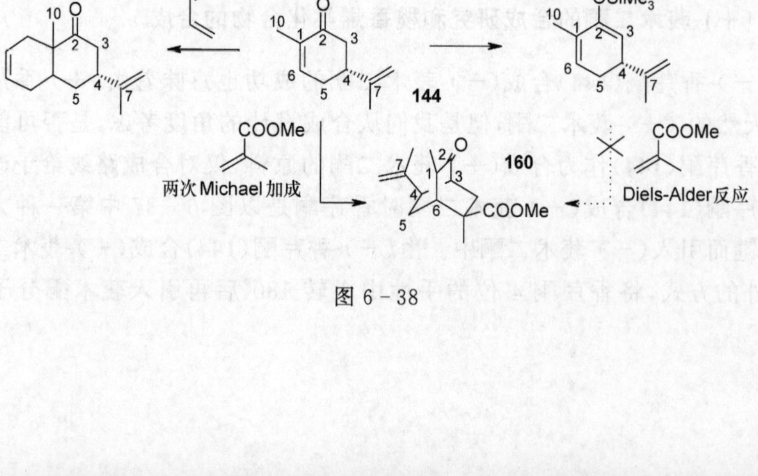

$OSiMe_3$　144　COOMe　160　COOMe

两次 Michael 加成　Diels-Alder 反应

图 6-38

按图 6-37 中第三种方式的计划，先将 **160** 氢化得饱和化合物 **161**，再断开 **161** 分子中原香芹酮中的 C_1—C_2 键，**161** 的 Baeyer-Villiger 反应得七元环内酯 **162** 和重排成五元环内酯的 **163**，酸处理可使 **162** 几乎定量地转化为 **163**，因此 Baeyer-Villiger 反应粗产物直接用盐酸处理即可得 84%产率的 **163**。**163** 的游离羧酸转化为羟基，曾试图采用转成甲基酮后进行一次 Baeyer-Villiger 反应，但形成甲基酮的反应复杂，故改而继续使用 6.3.1 小节的脱羧成双键的方法，接着的硼氢化反应顺利地引入了羟基，而异丙基则仍回复至原来的构型。以后的保护、还原、Wittig 反应和氧化获得了已十分接近(+)-莪术二酮前体 **173** 的中间体 **168**，我们曾试探了一系列的反应来引进甲基酮旁的羟基以获得中间体 **172**，可惜都没有成功，但 **168** 可以顺利进行 Wittig 反应，获得具倍半萜榄香烯类骨架的化合物 **169**、**170** 和 **171**，榄香烯类化合物具抗生育、抗肿瘤等生物活性，我们的方法为它们的合成，而且是手性纯体的合成提供了一新途径[65]（图 6-39）。

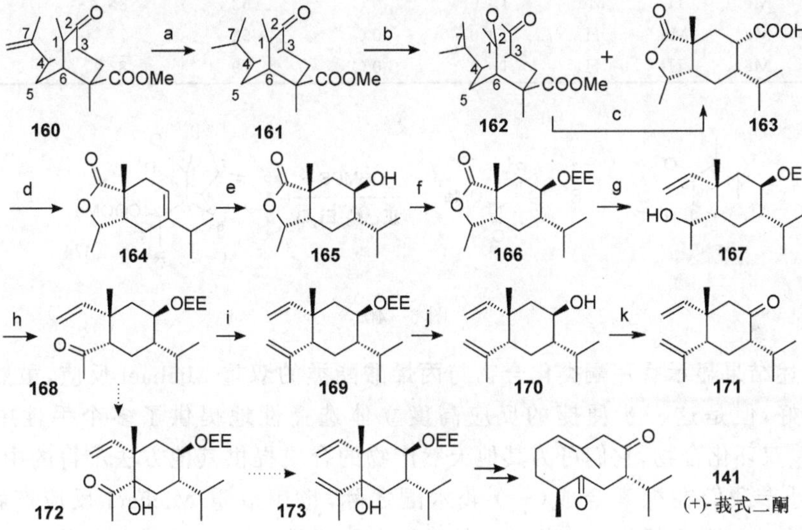

图 6-39

试剂和反应条件：a. H_2，PtO_2，MeOH，r. t.，100%；b. *m*-CPBA，CF_3COOH，CH_2Cl_2，r. t.，c. 20% HCl，回流，84%（2 步）；d. IBDA，Py，$Cu(OAc)_2 \cdot H_2O$，苯，回流，7.5h，68%；e. $B_2H_6 \cdot Me_2S$，THF，$NaOH$-H_2O_2，91%；f. CH_2=CHOEt，PPTS，84%；g. i) Dibal-H，甲苯，−78 ℃，92%，ii) Ph_3PCH_3I，*n*-BuLi，70%；h. PDC，CH_2Cl_2，64%；i. Ph_3PCH_3I，^{t}BuOK，苯，r. t.，99%；j. PPTS，EtOH，r. t.，77%；k. PDC，CH_2Cl_2，97%

6.3.3 香芹酮的双重 Michael 反应和绿叶醇的合成

香芹酮与甲基丙烯酸甲酯的双重 Michael 反应一步形成了双环［2.2.2］辛烷

骨架的化合物,显示了这是一个很有发展前景的有机反应,为此我们进一步考察了香芹酮和 3-甲基香芹酮与三种丙烯酸甲酯的反应。这一系列反应都能顺利进行,结果见表 6－2,从表中可以看到这些反应中一次新形成了 4～5 个手性中心,反应的立体选择性还是令人满意,主产物在整个加成产物中的含量很高,由 2D NMR 确定的结构说明 α,β-不饱和酯主要是从香芹酮异丙烯基的反面进攻,由于锂离子的配位作用,酯基和羰基处于同面,另外,甲基香芹酮中甲基的存在稳定了反应过程中的碳负离子,从而使反应更易进行,产率也明显提高[64](图 6－40)。

表 6－2　香芹酮和 3-甲基香芹酮与丙烯酸甲酯的反应

174	取代基			反应条件		加成物产率/%	主产物含量/%	备注
	R^1	R^2	R^3	C_6H_{14} : Et_2O	温度			
a	H	H	Me	9 : 1	－78℃至 r. t.	33	94	=**160**
b	H	Me	H	10 : 1	－78℃至 r. t.	46	77	
c	H	H	H	10 : 1	－78℃至 r. t.	32	76	
d	Me	H	Me	1 : 0	0℃	62	85	
e	Me	Me	H	1 : 0	0℃	52	77	
f	Me	H	H	1 : 0	0℃	79	87	

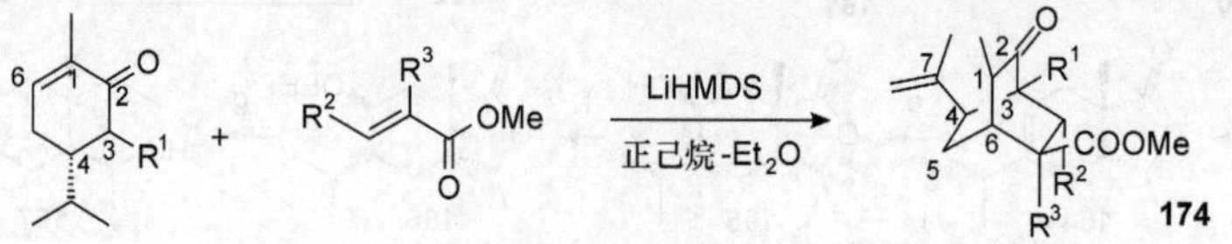

图 6－40

上述结果显示香芹酮类化合物与丙烯酸酯类的双重 Michael 反应,虽然产率不是很好,但是这一步便捷的反应高度立体选择性地提供了多个手性中心的[2.2.2]双环化合物,它们可为其他天然产物的合成提供其他方法难得的中间体。6.3.2 小节我们在探索合成(＋)-莪术酮之际,也用双重 Michael 反应产物 **160** (**174a**)合成了榄香烯类化合物。此外我们也利用了表 6－2 中的加成物 **174f** 进行

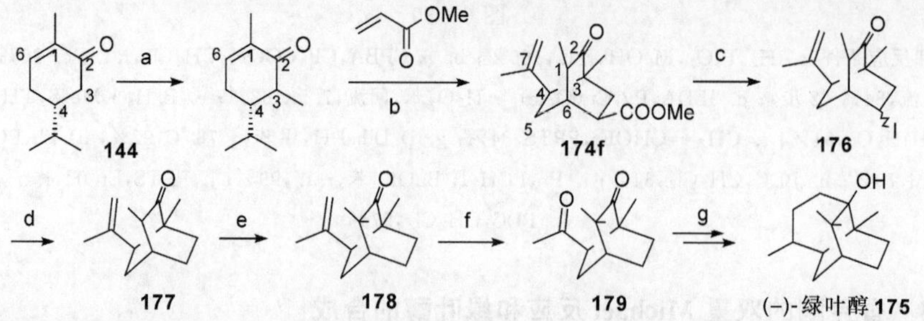

图 6－41

试剂和反应条件:a. MeI,LDA; b. LiHMDS,正己烷,0 ℃,79%; c. i) NaOH,MeOH,98%, ii) IBDA, I_2,CCl_4,回流,75%; d. Zn,HOAc,MeCN,83%; e. MeI,LDA,93%; f. O_3,Me_2S,95%; g. 文献[66]

了绿叶醇的合成。绿叶醇[(−)-Patchouli alcohol,**175**]是一很有名的木香型香料、三环二萜,曾有多条合成路线报道,但大多仅合成了消旋体。我们由**174f**出发经水解、脱羧得碘化物,脱碘得**177**,**177**甲基化、再臭氧化得**179**。由于由**179**的消旋体已合成得绿叶醇的消旋体[66],为此我们以极短的合成路线完成了手性纯的绿叶醇的形式合成[67](图6-41)。2005年印度Srikrishna基本上重复了我们这一合成工作合成至化合物**179**后再完成了绿叶醇的合成[68],文中引用了我们的论文[65,67],但没有明确提及我们绿叶醇合成的具体情况。

在我们方法学的报告发表后,Srikrishna除了最近绿叶醇的合成外,此前也利用了我们的双重Michael加成产物**160**(**174a**)完成了一系列isotwistane型二萜天然产物的合成(如**180**)[69],进一步印证了上面我们对这一反应的看法(图6-42)。

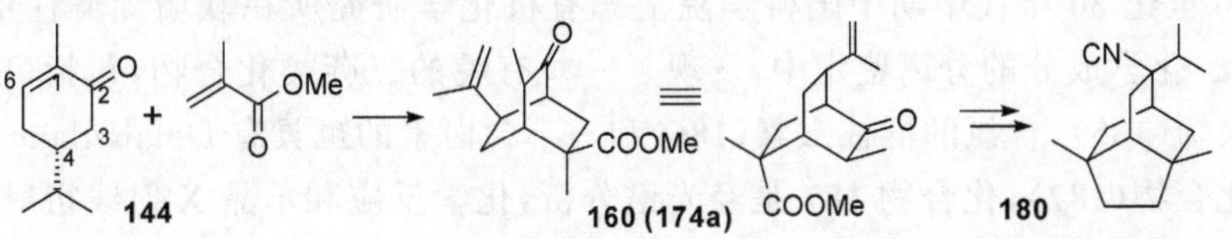

图6-42

在我们研究香芹酮的双重Michael反应时还有一有意思的发现,香芹酮与甲基丙烯酸酯反应时,除了生成双重Michael反应产物为主要产物外,还分到12%的副产物结晶,经仔细分析后发现这是香芹酮与两分子的甲基丙烯酸甲酯进行的Michael-Michael-aldol三重串联反应的产物**181**。**181**的形成显示了一个新的六元环的增环反应,为此希望能通过改善反应条件将副反应成为主

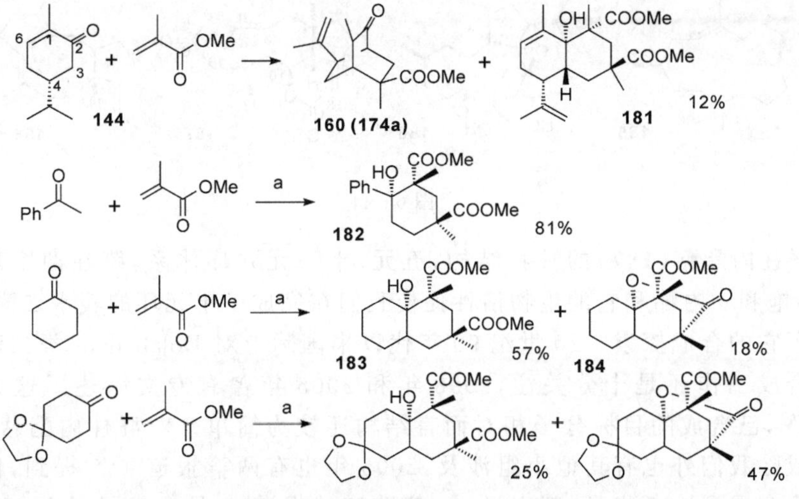

图6-43

试剂和反应条件:a. LiHMDS, 2.2 eq $CH_2=C(CH_3)COOMe$,正己烷,0 ℃至r.t.

反应,但没有成功。此后我们又试探了其他酮基化合物作为底物,苯乙酮可以高产率地给出环己烷产物 **182**,环己酮则生成二异构体羟基酯 **183** 和内酯 **184**,产率尚可。其他的邻、间位取代环己酮,虽然也可反应,但产率较低[70](图 6-43)。这一 Michael-Michael-aldol 三重串联反应的应用范围和反应产物在天然产物合成中的应用还有待进一步的探索,有很多工作可做,但现在这些工作已显示出在有机合成中,发展和运用串联反应是十分有创造性的研究工作,是值得注重的一个领域。

6.4　群柱内酯萜的合成研究

20 世纪 80 年代中期中国科学院上海有机化学研究所在软珊瑚群柱虫(*Clavularia*)化学成分的分离鉴定中,发现了一些有趣的二萜类化合物,包括(*S*)-构型的新松烯(**185**)、含氯的群柱虫素(**186**)和一不含卤素的也具有 Dolabellane 骨架的二萜化合物(**187**),化合物 **187** 是经光谱分析,化学反应和单晶 X 射线衍射分析得到了它的相对构型,后再经圆二色谱的 Cotton 效应确定了绝对构型[71],之后又经二维核磁共振对其^{1}H、^{13}C 谱峰进行了全归属,进一步给出了它的结构信息[72]。由于 **187** 结构内含有 Dolabellane 二萜中较少见的 *δ*-内酯,因此我们命名为群柱内酯萜(clavulactone)(图 6-44)。20 世纪 90 年代中山大学在群柱虫 *Clavularia viridis* Q. & G. 的系统分离研究中又分到了群柱内酯萜(**187**)和它的一些同类物,并且报道了它们,尤其是 **187**,具有较好的体外抗艾氏腹水培养肿瘤细胞(ehrlich ascite carcinoma cell)等活性[73,74]。

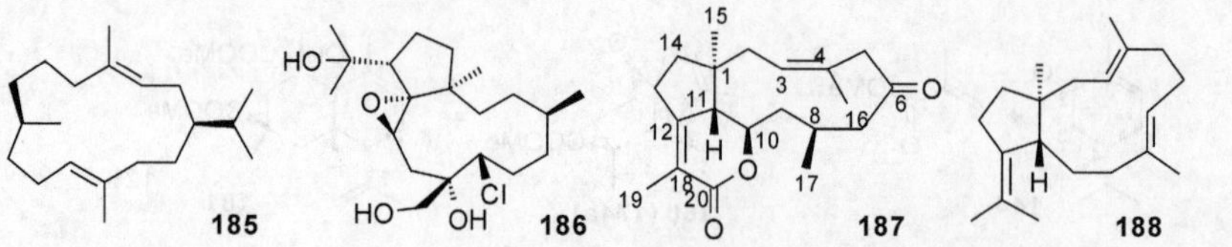

图 6-44

群柱内酯萜(**187**)的独特结构,五元、十一元并环体系,跨在两个环上的 *α*,*β*-不饱和 *δ*-内酯和它的生物活性促使我们在完成了十元环的莪术二酮之后,开始了它的合成探索。20 世纪 90 年代以来国际上对 Dolabellane 类二萜化合物的合成工作还是十分关注,1998 年和 2005 年曾有专文综述了这方面进展[75,76],已合成的目标分子相对而言结构还较为简单。对群柱内酯萜(**187**)的合成除我们外也有其他小组涉及,2005 年也有两篇报道[77,78]提到,但都没有最终合成到 **187** 本身,其中 Corey 实验室的报道[78]是合成了一个 **187** 的碳骨架分子,第一个分离到的 Dolabellane 类天然产物——*β*-Araneosene(**188**),分子内不含任何含氧的官能团。

我们反合成分析的第一步是分拆掉分子中的内酯得**189**,第二步分拆十一元环,当时的设想是合成时采用腈醇烷基化的方法闭环,再下一步的分拆有两种考虑,一是采用共轭加成-aldol缩合串联反应的方式推导至原料3-甲基环己烯酮,另一种方式是切断上下两碳链至带季碳的环戊烷衍生物**191**,而**191**则可由链状分子或其他环戊烷衍生物改造得到(图6-45)。

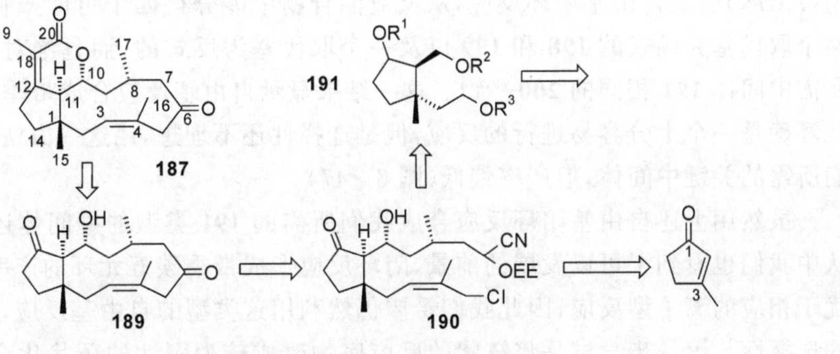

图6-45 群柱内酯的反合成分析

按第一种方式,关键反应是共轭加成-aldol缩合的串联反应,对环戊烯酮而言这一反应是较为成熟的反应,但对3-甲基环戊烯酮则就困难得多。我们先以简单的试剂进行了模型试验,两步可以24%的产率给出期望的中间体**192**,**192**中羟基的构型未定。也曾进一步在甲基环戊烯酮中引入手性亚砜基团,以进行不对称合成,但因底物制备时产率低、分离困难而放弃。但**192**的制备也提供了为构筑α,β-不饱和δ-内酯进行模型试验很好的底物,**192**的β-羟基酮很不稳定,但当使用二碘化钐促进的Reformatsky反应可以获得中等产率的内酯**194**,脱水得不饱和内酯**195**,说明合成设计中的最后一步反应是可行的[79](图6-46)。

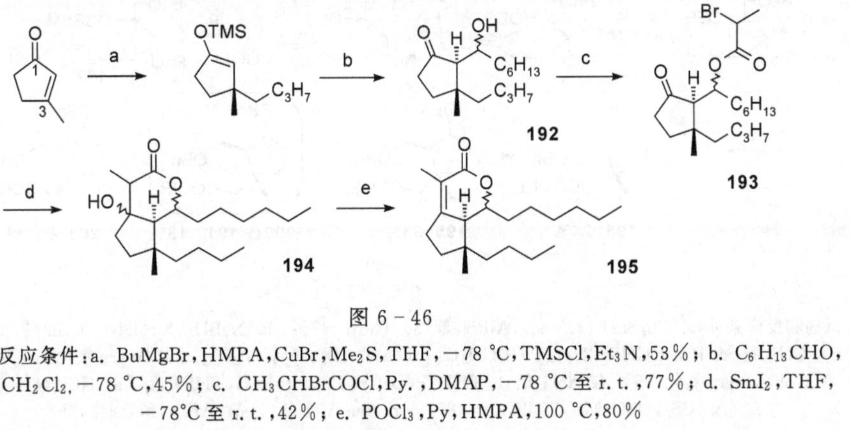

图6-46

试剂和反应条件:a. BuMgBr,HMPA,CuBr,Me_2S,THF,−78 ℃,TMSCl,Et_3N,53%; b. $C_6H_{13}CHO$,$TiCl_4$,CH_2Cl_2,−78 ℃,45%; c. $CH_3CHBrCOCl$,Py.,DMAP,−78 ℃至r.t.,77%; d. SmI_2,THF,−78℃至r.t.,42%; e. $POCl_3$,Py,HMPA,100 ℃,80%

于是我们转向第二种方式，探索合成另一手性纯的关键中间体 **191**。由于前一时期我们在前列腺素合成上的经历和糖作为手性源合成天然产物上的积累，我们很感兴趣于 Rondot 等从葡萄糖合成 Corey 内酯的报道[80]。我们认为如对此自由基反应的底物做适当调整后，应可用于制备我们的中间体 **191**。在此思想启发下我们由葡萄糖出发，按文献方法合成了保护的 2,3-脱氧葡萄糖 **196**，再经多方探索，最后较顺利地合成了自由基闭环的前体 **197**。**197** 由三丁基锡氢-偶氮二异丁腈(AIBN)引发自由基闭环反应，从反应混合物中能分得四个可能产物中的三个，两个取代基为顺式的 **198** 和 **199** 以及一个取代基为反式的，而且绝对构型与我们所需中间体 **191** 相同的 **200**[79,81]。这一结果显示自由基反应合成带季碳原子的五元环确是一个十分容易进行的反应，但是选择性还不理想，用这一方法能合成到我们所需的关键中间体，但产率偏低(图 6-47)。

虽然用上述自由基闭环反应合成我们所需的 **191** 类型的中间体还不理想，但从中我们也看到了可以发展的前景，闭环反应形成带季碳五元环的产率很好，显著优于相应的离子型反应，因此我们希望仍然利用这类型的自由基反应，但改进反应的选择性。第一步尝试是将链状的反应底物改成较为刚性的环状化合物，由葡萄糖降解得的羟基醛 **202** 经几步反应得闭环前的底物 **203**，**203** 顺利闭环得两个五、六元顺式并环的产物，主产物 **204**(75%)为 2,3-顺式，带甲基的 3-位构型与我们的

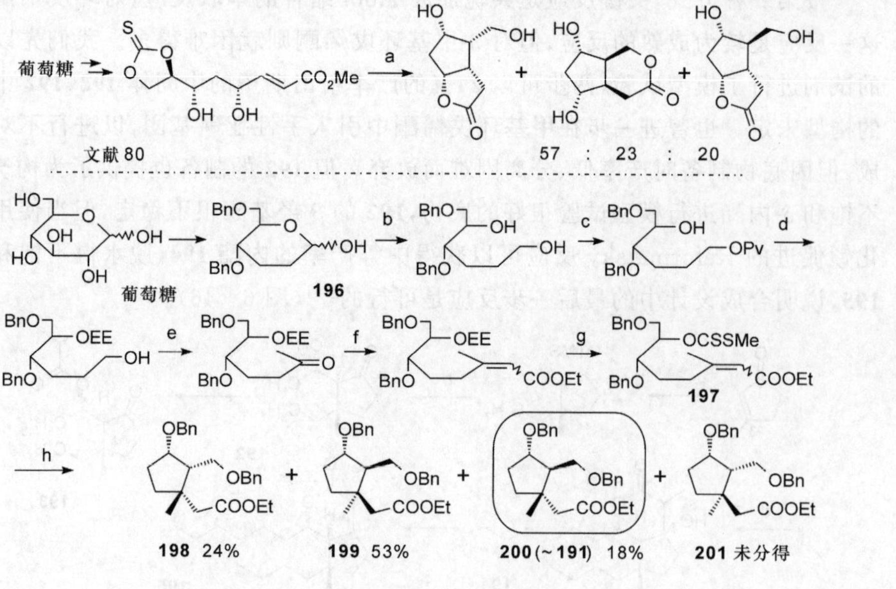

图 6-47

试剂和反应条件：a. Bu_3SnH (1.3 eq), AIBN, 苯, 80 °C, 1h, 47%；b. $NaBH_4$, MeOH, 0 °C, 89%；c. PvCl, Py, CH_2Cl_2；d. i) $EtOCH=CH_2$, PPTS, CH_2Cl_2, ii) MeLi, 醚, 85% (3 步)；e. i) Swern 氧化, ii) MeLi, 醚, 0 °C, iii) Swern 氧化, 55% (3 步)；f. i) $(EtO)_2P(O)CH_2COOEt$, NaH, THF, r.t., ii) HCl, 74% (2 步)；g. CS_2, DBU, MeI, DMF, r.t., 87%；h. Bu_3SnH (1.5 eq), AIBN, 苯, 回流, 3h

要求一致，但2-位的构型相反；次要产物**205**(18%)为2,3-反式，2,3-位的构型均与要求不符。为此我们又进而试探了由半乳糖降解得的羟基醛**206**制备了闭环底物**207**，**207**的闭环反应出乎意料地好，分离产率超过88%，但得到的唯一产物是2,3-顺式的**208**，3-位季碳的构型与要求相反[81](图6-48)。

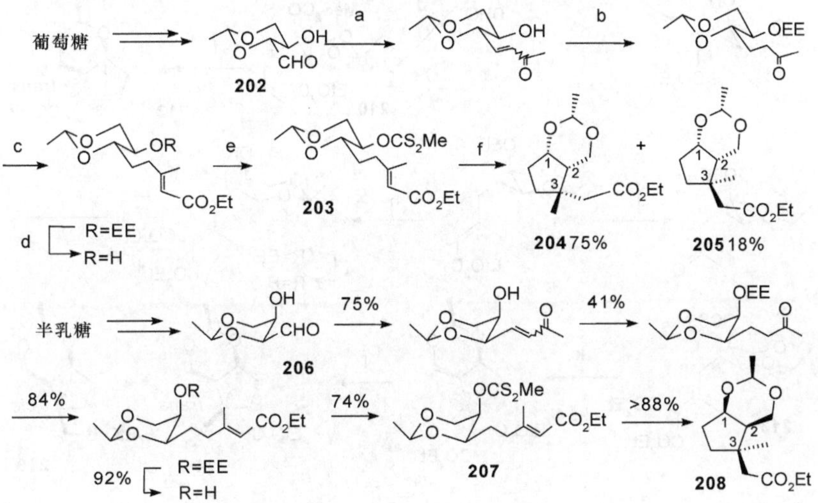

葡萄糖 → 202 —a→ —b→ —c→ (R=EE; d: R=H) —e→ 203 —f→ 204 75% + 205 18%

半乳糖 → 206 —75%→ —41%→ —84%→ (R=EE; 92%: R=H) —74%→ 207 —>88%→ 208

图6-48

试剂和反应条件：a. $Ph_3P{=}CHCOCH_3$，THF，r.t.，45%；b. H_2/Pd，MeOH；$CH_3CH_2OCH{=}CH_2$，PPTS，CH_2Cl_2，2步，86%；c. $(C_2H_5O)_2P(O)CH_2CO_2Et$，NaH，THF；d. 1mol/L HCl，THF，2步，77%；e. CS_2，DBU，MeI，DMF，93%；f. Bu_3SnH，AIBN，苯，回流，93%

上述结果使我们对闭环反应过渡态的立体化学有了一定的了解，分析认为闭环反应底物中双键的构型有重大影响，为此还专门合成了不带甲基的一对底物：反式双键的**209**和顺式双键的**210**，它们的自由基闭环反应都能给出2,3-顺、反两个产物**211**和**212**，但优势产物的比例正好相反，证实了事先的想法，考虑到顺式双键在自由基反应过程中，有可能部分转位成稳定的反式，否则**210**应能给出更高比例的2,3-反式产物**212**。由此试图合成双键上带两个酯基的底物，但其合成前体不稳定，未能成功，但成功合成了双键上带甲基又带两个酯基的底物**213**。**213**闭环反应并脱去一个酯基后，确如我们所期望的得到2,3-反式，且构型正确的关键中间体**214**为主的产物[82,83](图6-49)。

关键中间体**214**的获得为进一步的工作奠定了基础，但合成路线较长，最后一步2.7∶1的选择性终究还不尽如人意，为此后来还曾做过一些努力，如用改变保护基团的方法成功地获得了上述未能合成的双键上带两个酯基的底物**216**，闭环后确能获得较好比例(3.7∶1)的反式产物**212**。另外，也成功了在炔键上的自由基闭环反应，获得了不饱和酯**218**[84]。但这些产物都只能用于合成去甲基的群柱内酯(图6-50)。

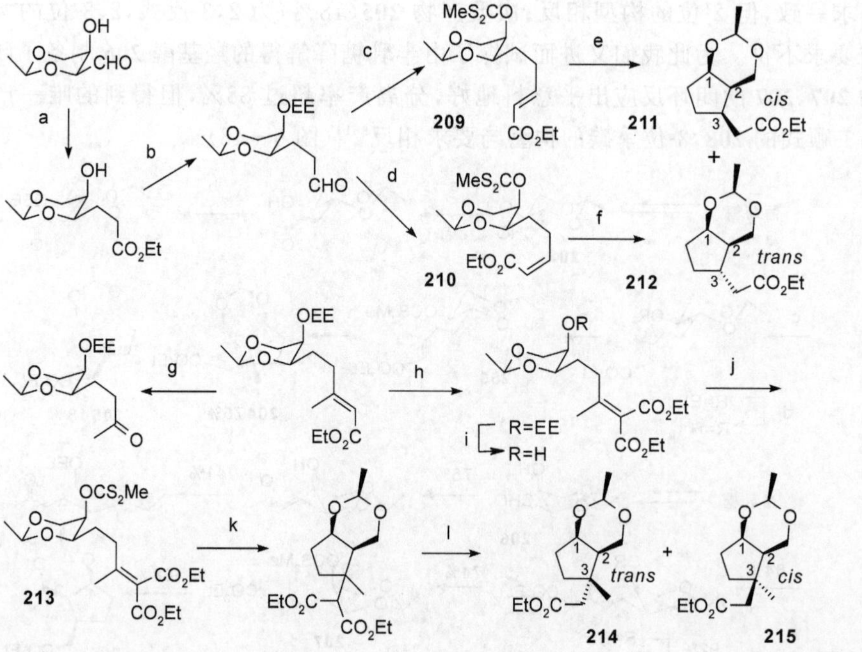

图 6-49

试剂和反应条件：a. i) $Ph_3P=CHCO_2Et$, THF, ii) H_2/Pd, MeOH r. t., 80%；b. i) $CH_3CH_2OCH=CH_2$, PPTS, CH_2Cl_2, ii) LAH, THF, iii) $(COCl)_2$, DMSO, Et_3N, CH_2Cl_2 79%；c. i) Ph_3P $CHCO_2C_2H_5$, THF, 回流, ii) 1mol/L HCl, r. t., iii) CS_2, DBU, MeI, DMF, 74%；d. i) $(PhO)_2P(O)CH_2CO_2Et$, NaH, THF, ii) 1mol/L HCl, r. t., iii) CS_2, DBU, MeI, DMF, 83%, (*E*)∶(*Z*)=1∶11.5；e. Bu_3SnH, AIBN, 91%, **211**∶**212**=4.2∶1；f. Bu_3SnH, AIBN, 98%, **211**∶**212**=1∶1.2；g. $(EtO)_2P(O)CH_2CO_2Et$, NaH, THF, 84%；h. LDA, HMPA, $ClCO_2Et$, −78 ℃至 r. t. 20% 回收原料；i. 1mol/L HCl；j. CS_2, DBU, MeI, DMF, 45%（3步）；k. Bu_3SnH, AIBN, 苯, 回流；l. DMSO, LiCl, H_2O, 190℃, 51%（2步）, **214**∶**215**=2.7∶1

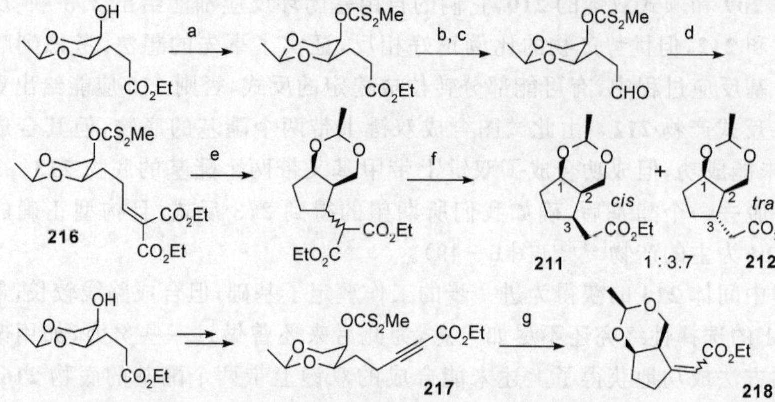

图 6-50

试剂和反应条件：a. CS_2, DBU, MeI, DMF, 89%；b. LAH, THF, 60%；c. Dess-Martin 氧化, CH_2Cl_2, 80%；d. $CH_2(COOEt)_2$, $NH_2CH_2CH_2COOH$, EtOH, 70%；e. Bu_3SnH, AIBN, 苯, 回流, 88%；f. DMSO, LiCl, H_2O, 180 ℃, 63%, **211**∶**212**=1∶3.7；g. Bu_3SnH, AIBN, 苯, 回流, 63%

尽管 **191** 类型正确构型的关键中间体获得不易，但已可开展下一步的探索。第一步是将中间体的缩乙醛保护基除去，缩乙醛的优点是稳定，适用于合成路线的开始阶段，但缺点也是稳定，在合成路线的后阶段难以除去。在除去 **214** 和 **215** 的缩乙醛时还有趣地发现 2，3-顺式的 **215** 自动转化成内酯 **219**，而 **214** 则成水溶性较大的双羟基酯 **220**，因此 **214** 和 **215** 的混合物去保护后的产物就可因水溶性不同而方便地分开。分开的 **220** 再保护成易于操作的对甲氧基苯甲醛的缩醛 **221**，以后几步是引入分子的下半部分，关键是采用了三氟乙醇的磷酸酯进行 HWE 反应保证获得了顺式双键，为了先试探十一元环的闭环反应，分子的上半部分也是用 HWE 反应引入了四个碳原子，其中关键

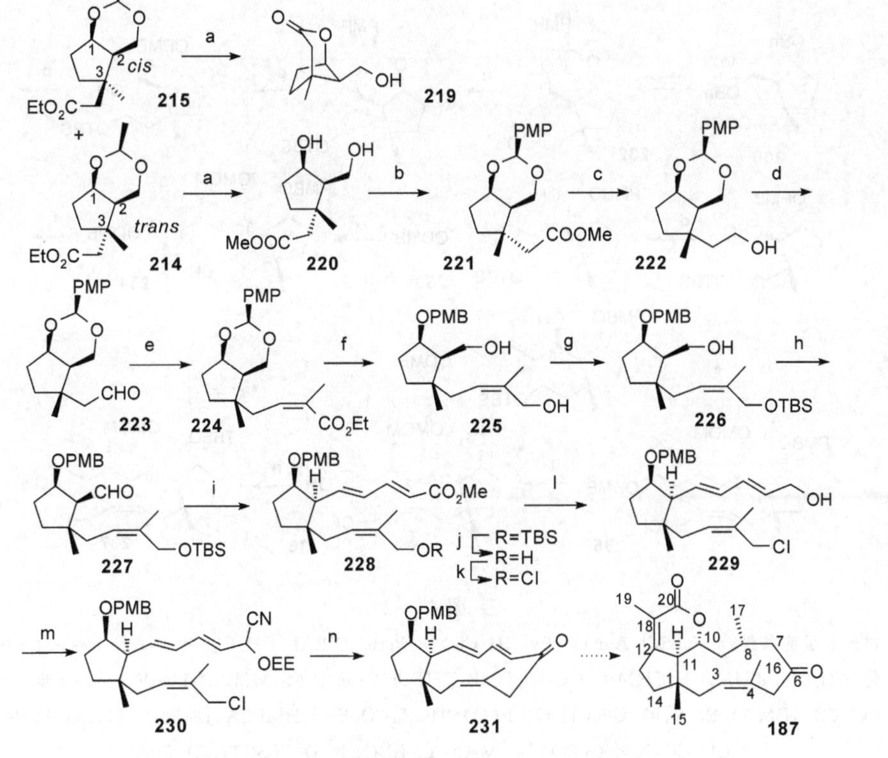

图 6 - 51

试剂和反应条件：a. TsOH，CH_3OH，回流；b. $(EtO)_2CHC_6H_4OCH_3$，DMF；c. DIBAL，CH_2Cl_2，83%；d. $(COCl)_2$，DMSO，Et_3N；e. $(CF_3CH_2O)_2P(O)CHCH_3CO_2Et$，KHMDSA，18-冠-6，THF，90%(2步)，(*Z*)∶(*E*)＝26∶1；f. DIBAL-H，CH_2Cl_2，97%；g. TBSCl，咪唑，DMF，73%；h. Dess-Martin氧化，93%；i. $(EtO)_2P(O)CH_2CH{=}CHCOOMe$，LiOH · H_2O，4ÅMS，THF，回流，70%；j. CSA，MeOH，95%；k. CH_3SO_2Cl，Et_3N，LiCl，DMF，83%；l. DIBAL-H，CH_2Cl_2，86%；m. i) Dess-Martin 氧化，CH_2Cl_2，85%，ii) TMSCN，18-冠-6，KCN，CH_2Cl_2，iii) 1mol/L HCl，THF，94%，iv) $CH_3CH_2OCH{=}CH_2$，PPTS，CH_2Cl_2，87%；n. NaHMDSA，THF，1mol/L HCl，63%

之点是醛 **227** 很易发生 β-消除，因此只能采用 Dess-Martin 氧化的方法，而且生成的醛需立即进行下一步反应，最后采用腈醇烷基化的方法闭环获得了群柱内酯五元、十一元并环的分子骨架[85]（图 6－51）。

在上述试探十一元环的构筑之前，也曾应用由葡萄糖合成得的中间体 **200** 先行引进分子的上半部分，此时反应的选择性为 1.4∶1，获得的 10-位羟基的构型与天然相同的略多，10-羟基保护后引入下面的部分，最后再经多步保护基团的变换获得了闭环前体的前体 **237**[79]。**237** 的结构、构型均符合合成群柱内酯分子的要求，但此路线中几步关键反应选择性不佳，保护基团的上下多次反复，操作繁琐，造成合成路线冗长，工作十分艰巨，因此在重新探索时做了改动（图 6－52）。

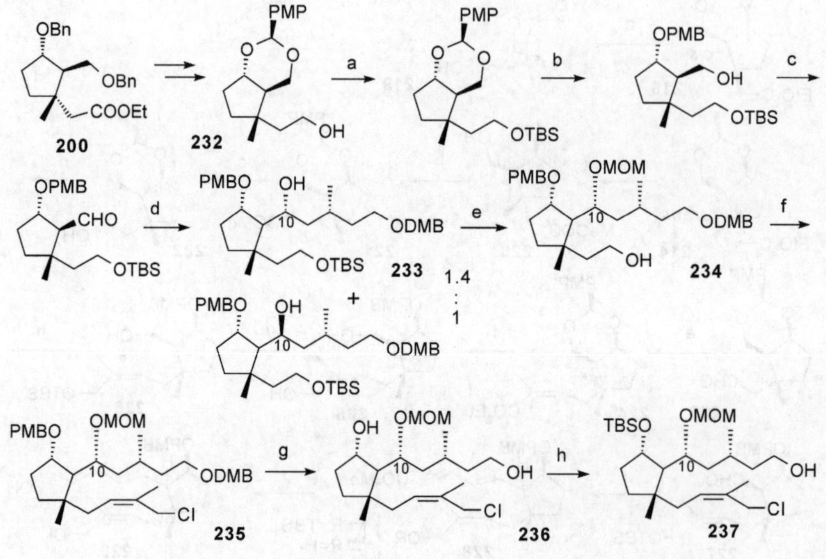

图 6－52

试剂和反应条件：a. TBSCl，$AgNO_3$，Py，CH_2Cl_2，95%；b. DIBAL，CH_2Cl_2，90 %；c. Dess-Martin 氧化，CH_2Cl_2；d. $IMgCH_2CHMeCH_2CH_2ODMB$，THF，0 ℃；e. i) MOMCl，ii) TBAF，85%（2 步）；f. i) $(COCl)_2$，DMSO，Et_3N，ii) $(CF_3CH_2O)_2P(O)CHCH_3CO_2Et$，KHMDSA，18-冠-6，THF，iii) DIBAL，CH_2Cl_2，70%（3 步），iv) MsCl；g) DDQ；h. i) TBSOTf，ii) TBAF

群柱内酯的全合成虽然还没有完成，但在分子三部分的构筑上都进行了有益的探索，尤其由糖出发通过自由基闭环反应合成带季碳手性中心的环戊环，不仅对群柱内酯今后的合成有很大参考意义，而且对其他天然产物、复杂分子的合成也能有所借鉴，对自由基反应的选择性控制也提供了很好的例证。

参 考 文 献

1 Nicolaou K C, Vourloumis D, Winssinger N, Baran P S. The art and science of total synthesis at the dawn of twenty-first century. Angew. Chem. Int. Ed. Engl., 2000, 39: 44～122.

2 Liu J M, Ni M Y, Fan Y F, Tu Y Y, Wu Z H, Wu Y L, Chou W S. Structure and reactions of arteannuin. Huaxue Xuebao, 1979, 37(2): 129～141.

3 Lansbury P T, Nowak D M. An efficient partial synthesis of (+)-artemisinin and (+)-deoxoartemisinin. Tetrahedron Lett., 1992, 33(8): 1029～1032.

4 Nowak D M, Lansbury P T. Synthesis of (+)-artemisinin and (+)-deoxoartemisinin from arteannuin B and arteannuin acid. Tetrahedron, 1998, 54(3/4): 319～336.

5 许杏祥,吴照华,沈季铭,陈朝环,吴毓林,周维善.青蒿素降解产物失碳倍半萜内酯的全合成.科学通报,1981,26(13): 823～825.(Xu X X, Wu Z H, Shen J M, Chen C H, Wu Y L, Zhou W S. The total synthesis of arteannuin degradation product, a norsesquiterpenoid lactone. Kexue Tongbao, 1981, 26(13): 823～825.)

6 许杏祥,吴照华,沈季铭,陈朝环,吴毓林,周维善.青蒿素及其一类物的结构和合成.Ⅲ.青蒿素降解产物失碳倍半萜内酯的全合成及其内酯构型的测定.化学学报,1984,42(4): 333～339.(Xu X X, Wu Z H, Shen J M, Chen C H, Wu Y L, Zhou W S. Studies on the structure and synthesis of arteannuin and related compounds. Ⅲ. The total synthesis of arteannuin degradation product, a norsesquiterpenoid lactone and the determination of lactone ring configuration. Huaxue Xuebao, 1984, 42(4): 333～339.)

7 邓定安,朱大元,高耀良,戴金媛,徐任生.青蒿酸的结构研究.科学通报,1981,26(19): 1209～1211.(Deng D A, Zhu D Y, Gao Y L, Dai Y L, Xu R S. Study on the structure of Artemisic acid. Kexue Tongbao, 1981, 26(19): 1209～1211.)

8 Kellogg R M, Asveld E W H. Formation of 1,2-dioxetanes and probable trapping of an intermediate in the reaction of some enol ethers with singlet oxygen. J. Am. Chem. Soc., 1980, 102: 3644～3646.

9 许杏祥,朱杰,黄大中,周维善.青蒿素及其一类物的结构和合成.Ⅹ.从青蒿酸立体控制合成青蒿素和脱氧青蒿素.化学学报,1983,41(6): 574～576.(Xu X X, Zhu J, Huang D Z, Zhou W S. Studies on structure and synthesis of arteannuin and related compound. Ⅹ. The stereo controlled synthesis of arteannuin and deoxyarteannuin from arteannuic acid. Huaxue Xuebao, 1983, 41(6): 574～576.)

10 许杏祥,朱杰,黄大中,周维善.青蒿素及其一类物的结构和合成.ⅩⅧ.双氢青蒿酸甲酯的立体控制性全合成——青蒿素全合成.化学学报,1984,42(9): 940～942.(Xu X X, Zhu J, Huang D Z, Zhou W. S. Studies on the structure and synthesis of arteannuin and related compound. ⅩⅧ. The stereo controlled total synthesis of methyl dihydroarteannuate—the total synthesis of arteannuin. Huaxue Xuebao, 1984, 42(9): 940～942.)

11 Zhou W S, Xu X X, Zhu J, Huang D Z. Total synthesis of arteannuin and deoxyarteannuin. Tetrahedron, 1986, 42(3): 819～828.

12 Schmid G, Hofheinz W. Total synthesis of qinghaosu. J. Am. Chem. Soc., 1983, 105: 624～625.

13 Li Y, Wu Y L. An over Four millennium story behind qinghaosu (artemisinin)—a fantastic antimalarial drug from a traditional Chinese herb. Current Med. Chem., 2003, 10(21): 2197～2230.

14 李英,吴毓林.青蒿素化合物的药物化学和药理研究进展//白东鲁,陈凯先.药物化学进展,北京:化学工业出版社,2005: 433～503.(Li Y, Wu Y L. Progress in Medicinal Chemistry and Pharmacology of Qinghaosu Compound. Bai D L, Chen K X. Advances in Pharmaceutical Chemistry. Beijing: Chemical

Industry Press,2005：433～503.）

15 Li Y, Huang H, Wu Y L. Qinghaosu (artemisinin)—a fantastic antimalarial drug from a traditional Chinese medicine// Liang X T, Fang W S. Medicinal chemistry of bioactive natural Products, Hoboken. New Jersey：Wiley-Interscience,2006：183～256.

16 Wu Y L, Li Y. Study on the chemistry of qinghaosu (artemisinin). Med. Chem. Res.,1995,5(8)：569～586.

17 吴毓林,张景丽.青蒿素的锂铝氢还原.有机化学,1986,6(2)：153～156.（Wu Y L, Zhang J L. Reduction of qinghaosu with lithium aluminium hydride. Youji Huaxue, 1986,6(2)：153～156.）

18 Sy L K, Hui S M, Cheung K K, Brown G D. A rearranged hydroperoxide from the reduction of artemisinin. Tetrahedron,1997,53(22)：7493～7500.

19 周维善,温业淳.青蒿素及其一类物的结构和合成.Ⅵ.青蒿素降解产物的结构.化学学报,1984,42(5)：455～459.（Zhou W S, Wen Y C. Studies on structure and synthesis of arteannuin and related compound. Ⅵ. The structure of arteannuin degradation products. Huaxue Xuebao, 1984,42(5), 455～459.）

20 a. 李英,虞佩琳,陈一心,张景丽,吴毓林.青蒿素类似物的研究.Ⅴ.青蒿素的一些酸性降解反应.科学通报,1985,30(17)：1313～1315.（Li Y, Yu P L, Chen Y X, Zhang J L, Wu Y L. Studies on analogs of qinghaosu. Ⅴ. Some acidic degradations of qinghaosu. Kexue Tongbao, 1985,30(17),1313～1315.）;b. Li Y, Yu P L, Chen Y X, Zhang J L, Wu Y L Studies on analogs of qinghaosu, some acidic degradations of qinghaosu. Kexue Tongbao (Eng.), 1986,31(15)：1038～1040.

21 吴毓林,张景丽,李金翠.青蒿素及其类似物的合成研究——由青蒿素降解产物重组青蒿素.化学学报,1985,43：901～903.（Wu Y L, Zhang J L, Li J C. Studies on the synthesis of qinghaosu and its analogs—reconstruction of qinghaosu from its degradation product. Huaxue Xuebao, 1985,43：901～903.）

22 朱杰,许杏祥,周维善.青蒿素及其一类物的结构和合成.ⅩⅨ.2-(3′-氧丁基)环己醛酸中1,6-醛酮的选择性保护.化学学报,1987,45：150～153.（Zhu J, Xu X X, Zhou W S. Studies on structures and synthesis of artteannuin and related compound. ⅩⅨ. Selective protection of 1,6-aldehyde-ketone in 2-(3′-oxobutyl)-cyclohexanecarboxaldehyde. Huaxue Xuebao, 1987,45：150～153.）

23 Ye B, Wu Y L. Syntheses of carba-analogues of qinghaosu. Tetrahedron,1989,45(23)：7287～7290.

24 Ye B, Wu Y L. An efficient synthesis of qinghaosu and deoxoqinghaosu from arteannuic acid. J. Chem. Soc. Chem. Commun, 1990,(10)：726～727.

25 叶斌,吴毓林,李国福,焦岫卿.脱羰青蒿素的抗疟活性.药学学报,1991,26(3)：228～230.（Ye B, Wu Y L, Li G F, Jiao X Q. Antimalarial activity of deoxoqinghaosu. Yaoxue Xuebao, 1991,26(3)：228～230.）

26 Jung M, Li X, Bustos D A, El-Sohly H N, McChesney J D. A short and stereospecific synthesis of (+)-deoxoartemisinin and (−)-deoxodesoxyartemisinin. Tetrahedron Lett., 1989,30(44)：5973～5976.

27 Rong Y J, Ye B, Zhang C, Wu Y L. An efficient synthesis of deoxoqinghaosu of deoxoqinghaosu from dihydroqinghaosu. Chinese Chem. Lett.,1993,4(10)：859～860.

28 O′Neill P M, Posner G H. A medicinal chemistry perspective on artemisinin and related endoperoxides. J. Med. Chem.,2004,47(12)：2945～2964.

29 Rong Y J, Wu Y L. Synthesis of C-4-substituted qinghaosu analogues. J. Chem. Soc. Perkin Trans. I, 1993,(18)：2147～2148.

30 Ye B, Zhang C, Wu Y L. Synthetic studies on 15-nor-qinghaosu. Chinese Chem. Lett.,1993,4(7)：569～572.

31 易天. 中国科学院上海有机化学研究所博士论文,1998.

32 张景丽,李金翠,吴毓林. 臭氧化合成青蒿素类似物. 药学学报,1988,23(6)：452～455.（Zhang J L, Li J C, Wu Y L. Synthesis of qinghaosu analogues via ozonization. Yaoxue Xuebao, 1988, 23(6)：452～455.）

33 Yang Z S, Wu W M, Li Y, Wu Y L. Design and synthesis of novel artemisinin-like ozonides with antischistosomal activity. Helv. Chem. Acta,2005,88(11)：2865～2872.

34 Ye B, Zhang J L, Chen M Q, Wu Y L. Synthesis of 1,6-diepi-dihydroarteannuic acid. Chinese Chem. Lett,1990,1(1)：65～68.

35 张景丽,潘銮凤,叶斌,吴毓林. 2-(2′-乙氧羰基乙基)香茅醛的分子内烯反应. 有机化学,1991,11：488～493.（Zhang J L, Pan L F, Ye B, Wu Y L. Intramolecular ene reaction of 2-(2′-ethoxycarbonyl)-citronellal. Youji Huaxue, 1991,11：488～493.）

36 Rong Y J, Wu Y L. Synthesis of steroidal 1,2,4-trioxane as potential antimalarial agent. J. Chem. Soc. Perkin Trans. I,1993,(18)：2149～2150.

37 易天,史震旦,秦东光,张瑜峰,伍贻康,李英,吴毓林. 无C环青蒿素类似物的合成研究. 化学学报,2000,58(4)：448～453.（Yi T, Shi Z D, Qin D G, Zhang Y E, Wu Y K, Li Y, Wu Y L. Study on the synthesis of C-norqinghaosu analogues. Huaxue Xuebao, 2000,58(4)：448～453.）

38 Wu W M, Yao Z J, Wu Y L, Jiang K, Wang Y F, Chen H B, Shan F, Li Y. Ferrous ion induced cleavage of the peroxy bond in qinghaosu and its derivatives and the DNA damage associated with this process. J. Chem. Soc. Chem. Commun.,1996,(18)：2213～2214.

39 Wu W M, Wu Y K, Wu Y L, Yao Z J, Zhou C M, Li Y, Shan F. A unified mechanism framework for the Fe(Ⅱ)-induced cleavage of qinghaosu and derivatives/analogs. The first spin-trapping evidence for the earlier postulated secondary C_4 radical. J. Am. Chem. Soc., 1998,120(14)：3316～3325.

40 Wu Y L, Chen H B, Jiang K, Li Y, Shan F, Wang D Y, Wang Y F, Wu W M, Wu Y, Yao Z J, Yue Z Y, Zhou C M. Interaction of biomolecules with qinghaosu (artemisinin) and its derivatives in the presence of ferrous ion—an exploration of antimalarial mechanism. Pure & Appl. Chem.,1999,71(6)：1139～1142.

41 Wang D Y, Wu Y, Wu Y L, Li Y, Shan F. Synthesis, iron(Ⅱ)-induced cleavage and in vivo antimalarial efficacy of 10-(2-hydroxy-1-naphthyl)-deoxoqinghaosu (-deoxoartemisinin). J. Chem. Soc. Perkin Trans. I,1999,(13)：1827～1832.

42 Wang D Y, Wu Y L, Wu Y K, Liang J, Li Y. Further evidence for the participation of primary carbon-centered free radical in the antimalarial action of qinghaosu (artemisinin) series compounds. J. Chem. Soc. Perkin Trans. I, 2001,(6)：605～609.

43 Nakanishi K, Kubo I, Lee Y W, Pettei M, Pilkiewic Z F. Potent army worm antifeedants from African Warburgia plants. J. Chem. Soc. Chem. Commun.,1976：1013～1014.

44 Jansen B J M, Degroot A. The synthesis of drimane sesquiterpenoids. Nat. Prod. Rep.,1991,8(3)：319～337.

45 Ohsuka A, Matsukawa A. Syntheses of (±)-warburganal and (±)-isotadeonal. Chem. Lett.,1979：635.

46 Tanis S P, Nakanishi K. Stereospecific total synthesis of (±)-warburganal and related compounds. J. Am. Chem. Soc.,1979,101：4398～4400.

47 Nakata T, Akita H, Naito T, Oishi T. A total synthesis of (±)-warburganal. J. Am. Chem. Soc., 1979,101：4400～4401.

48 He J F, Wu Y L. The intramolecular Diels-Alder approach to drimane related sesquiterpene, synthesis of drimenin, polygolyodial and cinnamolde. Youji Huaxue, 1987, 7(5): 354～356.

49 He J F, Wu Y L. Synthesis of drimane sesquiterpenes, an intramolecular Diels-Alder approach. Tetrahedron, 1988, 44(7): 1933～1940.

50 Cayzer T N, PaddonRow M N, Moran D, Payne A D, Sherburn M S, Turner P. Intramolecular diels-alder reactions of ester-linked 1,3,8- nonatrienes. J. Org. Chem., 2005, 70(14): 5561～5570.

51 贺菊芳，吴毓林.(±)-warburganal 和 (±)-polygodial 的全合成新途径. 科学通报，1989，(6)：432～433.（He J F, Wu Y L. A new approach to the total synthesis of (±)-warburganal and (±)-polygodial. Kexue Tongbao, 1989, 34(19): 1615～1616.）

52 陈鸿毅，吴毓林，高耀良. 反-丁烯二酸　酯与环戊二烯的不对称加成反应. 有机化学，1980，(3)：38～43.（Chen H Y, Wu Y L, Gao Y L. Asymmetric addition of menthyl fumarate and cyclopentadiene. Youji Huaxue, 1980, (3): 38～43.）

53 贺菊芳. 中国科学院上海有机化学研究所博士论文，1987.

54 Ayer W A, Fung S. Metabolites of bird's nest fungi. Ⅶ. Bicyclofarnesane sesquiterpenes of mycocalia reticulata petch. Tetrahedron, 1977, 33(21): 2771～2774.

55 何虎明，吴毓林. 毛喉萜的合成研究概况. 有机化学，1991，11(1)：1～12.（He H M, Wu Y L. Review of forskolin syntheses. Youji Huaxue, 1991, 11(1), 1～12.）

56 He J F, Wu Y L. A facile synthesis of 3-hydroxycyclocitral. Syn. Commun., 1985, 15(2): 95～99.

57 Li T, Wu Y L. An approach to forskolin an efficient synthesis of a tricyclic lactone intermediate. Tetrahedron Lett., 1988, 29(33): 4039～4040.

58 He J F, Wu Y L. Synthetic study on warbuganal and its analogues—synthesis of 1- hydroxy-drimane intermediate. Youji Huaxue, 1989, 9(1): 61～64.

59 赵荣宝，吴毓林. 中环萜类化合物的合成. 有机化学，1988，8(1)：97～103.（Zhao R B, Wu Y L. Synthesis of medium ring terpenoids. Youji Huaxue, 1988, 8(1): 97～103.）

60 赵荣宝，吴毓林. 脱氧莪术二酮的合成. 有机化学，1989，9：547～552.（Zhao R B, Wu Y L. Synthesis of deoxycurdione. Youji Huaxue, 1989, 9: 547～552.）

61 前列腺素研究小组. 外消旋前列腺素 E_1 和 $F_{1\alpha}$ 甲酯的合成. 化学学报，1978，36(2)：155～158.（Prostaglandin Research Group. Synthesis of the racemic prostaglandin E_1 and $F_{1\alpha}$ methyl esters. Huaxue Xuebao, 1978, 36(2): 155～158.）

62 赵荣宝，吴毓林.(−)-莪术二酮的全合成. 化学学报，1988，46：615～616.（Zhao R B, Wu Y L. Total synthesis of (−)-curdione. Huaxue Xuebao, 1989, (1): 86～87.）

63 Zhao R B, Wu Y L. Total synthesis of (−)-curdione. Proceedings for the Princess Congress Ⅰ, 1987: 224～228.

64 Zhao R B, Zhao Y F, Song G Q, Wu Y L. Double Michael reaction of carvone and its derivatives. Tetrahedron Lett., 1990, 31(25): 3559～3562.

65 赵玉芬，赵荣宝，吴毓林. 香芹酮的双重 Michael 反应和在天然产物手性合成中的应用. 化学学报，1994，52(8)：823～830.（Zhao Y F, Zhao R B, Wu Y L. Double Michael reaction of carvone and its utilization in chiral synthesis of natural products. Huaxue Xuebao, 1994, 52(8): 823～830.）

66 Danishefsky S, Duman D. Total synthesis of racemic patchouli and epi-patchouli alcohol. J. Chem. Soc. Chem. Commun., 1968, (21): 1287～1288.

67 Zhao R B, Wu Y L. A formal synthesis of (−)-patchouli alcohol from (−)-carvone. Chinese J. Chem.,

1991,9(4)：377～380.

68　Srikrishna A,Satyanarayana G. An enantiospecic total synthesis of (－)-patchouli alcohol. Tetrahedron Asymmetry,2005,16(24)：3992～3997

69　Srikrishna A, Satyanarayana G. A formal total-synthesis of (＋/－)-9-iso cyanoneopupukeanane. Tetrahedron,2005,61(37)：8855～8859

70　Ye B,Qiao L X,Zhang Y B,Wu Y L. Tandem syntheses of cyclohexane derivatives via sequential Michael-Michael-Aldol reaction. Tetrahedron,1994,50(30)：9061～9066

71　李金翠,张志明,夏宗芗,倪朝周,吴毓林.软珊瑚群柱虫中新的二萜化合物——群柱内酯萜的分离和结构测定.化学学报,1987,45：558～563.(Li J C, Zhang Z M, Xia Z X, Ni; C Z, Wu Y L. New diterpene from soft coral qunzhuchong (*Clavularia* sp.)—isolation and structural elucidation of clavulactone. Huaxue Xuebao, 1987,45：558～563.)

72　王绮文,吴毓林.群柱内酯萜二维核磁共振谱的研究.波谱学杂志,1987,4(4)：365～368.(Wang Q W, Wu Y L. 2D NMR study of clavulactone. Chin. J. Spectr. 1987,4(4)：365～368.)

73　Su J Y,Zhong Y L,Shi K L,Qi C, Snyder J K, Hu S Z, Huang Y Q. Clavudiol-A and clavirolide-A,2 marine dolabellane diterpenes from the soft coral clavularia-viridis. J. Org. Chem., 1991, 56(7)：2337～2344.

74　Su J Y, Zhong Y L, Zeng L M. 4 novel diterpenoids—clavirolide-B, clavirolide-C, clavirolide-D, and clavirolide-E from the Chinese soft coral clavularia-viridis. J. Nat. Prod. Lloydia., 1991, 54(2)：380～385.

75　Rodriguez A D, Gonzalez E, Ramirez C. The structural chemistry, reactivity and total synthesis of dolabellane diterpenes. Tetrahedron,1998,54(39)：11 683～11 729.

76　Hiersemann M, Helmboldt H. Recent progress in the total-synthesis of dolabellane and dolastane diterpenes// Mulzer J H. Natural products synthesis Ⅰ：targets methods concepts. Berlin：Springer-Verlag,2005：73～136.

77　Sun B F,Xu X X. General synthetic approach to bicyclo[9. 3. 0]tetradecenone -a versatile intermediate to clavulactone and clavirolides. Tetrahedron Lett.,2005,46(48)：8431～8434.

78　Kingsbury J S,Corey E J. Enantioselective total-synthesis of isoedunol and beta- araneosene featuring unconventional strategy and methodology. J. Am. Chem. Soc.,2005,127(40)：13813～13815

79　乔立新.中国科学院上海有机化学研究所博士论文,1996.

80　Rondot B,Durand T,Girard J P,Rossi J C, Schio L, Khanapure S P, Rokach J. A free radical route to syn lactones and other prostanoid intermediates in isoprostaglandin synthesis. Tetrahedron Lett.,1993, 34(51)：8245～8248.

81　Zhu Q,Qiao L X,Wu Y K,Wu Y L. Radical-mediated construction of cyclopentane with concurrent formation of a well-defined quaternary center. J. Org. Chem.,1999,64(7)：2428～2432.

82　Zhu Q,Fan K Y,Ma H W,Qiao L X, Wu Y L, Wu Y. Radical-mediated diastereoselective construction of a chiral synthon for synthesis of dolabellanes. Org. Lett.,1999,1(5)：757～759.

83　朱强.中国科学院上海有机化学研究所,博士学位论文.2000.

84　胡守刚.中国科学院上海有机化学研究所,博士学位论文.2003.

85　Zhu Q,Qiao L X,Wu Y,Wu Y L. Studies toward the total synthesis of clavulactone. J. Org. Chem., 2001,66(8)：2692～2699.

第 7 章　茼蒿素类化合物的合成

20 世纪 80 年代中有报道称日本科学家发现蔬菜茼蒿(日本称春菊,shungiku)有昆虫拒食成分,当时由剧毒农药所造成的对环境和人民健康的影响正引起普遍的关注,发展天然农药,尤其是从蔬菜中发展新的昆虫防治制剂因而也受到了很大的关注,由此茼蒿中拒食成分的研究也引起了我们的兴趣。茼蒿是一很普通的蔬菜,在我国江南地区称蓬蒿,春秋两季均有上市,有特殊的气味,也确很少见受虫害的迹象。植物学家鉴定茼蒿学名为 *Chrysanthemum segetum* L.,按此学名检索文献后未见其中含有任何特殊的成分,由此我们开展了茼蒿中拒食组分的再研究,特别是从茼蒿水蒸气蒸馏所得精油中进行成分的研究,意图从中找到可能产生拒食效应的、有茼蒿特殊的气味的挥发性成分。与昆虫学家合作,将茼蒿精油进行硅胶柱层析分段,并由拒食活性测定进行跟踪,以确定其有效的馏分。茼蒿精油约为茼蒿风干品的 0.05%～0.065%,成分十分复杂,但具有一定的拒食活性,而由石油醚-乙酸乙酯冲洗的中间馏分则具有很好的拒食活性。对此活性馏分进行气相层析-质谱和气相层析-FT 红外光谱分析,综合得到的数据确定了其中较大量的成分为芳樟醇、紫罗兰酮和一些酚类化合物,另也有两个 5.4%和 4.4%的组分,相对分子质量均为 200,红外光谱显示有叁键,但检索不到相应的分子结构[1]。于是就专门致力于这两种成分的分离,经硅胶柱层析分离后,再以 C_{18} 柱的 HPLC 纯化,分到的成分在氘代氯仿中进行核磁共振测定,确定为一种两种组分的混合物,比例大致为 3∶2,相应于气相层析中相对分子质量为 200 的两种成分。由核磁共振、质谱、紫外光谱和红外光谱确定了这两种化合物分别为 2(1′)*Z* 和 2(1′)*E* 的二氧杂螺环化合物(**1*Z*** 和 **1*E***),它们的系统命名为(2*Z*)-(2′,4′-己二炔叉)-1,6-二氧杂螺环[4,4]-壬-3-烯{(2*Z*)- (2′,4′-hexadiynylidene)-1,6-dioxaspiro[4,4]-non-3-ene, **1*Z***}和(2*E*)-(2′,4′-己二炔叉)-1,6-二氧杂螺环[4,4]-壬-3-烯{(2*E*)-(2′,4′-hexadiynylidene)-1,6-dioxaspiro[4,4]-non-3-ene, **1*E***}[2](图 7-1)。

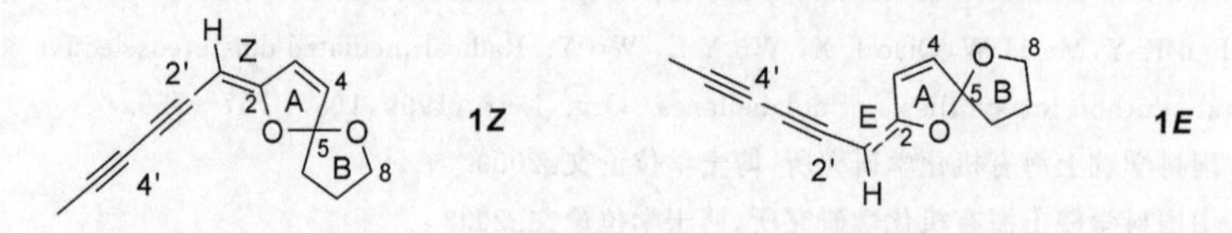

图 7-1

在推定了上述结构后,我们又从《植物志》中重新查找茼蒿的学名,发现了另外

的名称 *Chrysanthemum coronarium* L.，从这一学名检索文献则发现早在 20 世纪 60 年代，西柏林工业大学的 Bohlmann 已经从茼蒿和一些茼蒿属（*Chrysanthemum* L.）的植物中分离到了化合物 **1*Z*** 和 **1*E*** [3,4]，Bohlmann 报道的红外、紫外光谱以及当时粗略的核磁共振均与我们的数据相吻。1984 年日本东京农业和技术大学的 Tada 和 Chiba 则报道 *Chrysanthemum coronarium*（日本名春菊）中也分到了 **1*Z*** 和 **1*E***，并首次报道了化合物 **1*E*** 对五龄的家蚕有明显的拒食作用[5]。鉴于化合物 **1*Z*** 和 **1*E*** 是茼蒿中主要的独特成分，具拒食作用，又有茼蒿的特殊气味，因此我们称之为茼蒿素，并由此出发开展了茼蒿素课题的进一步探索工作。

7.1　茼蒿素的合成和茼蒿素类化合物库的建立

茼蒿素的结构在 20 世纪 60 年代已经清楚，少了新意，但它的螺环烯醇醚结构还是十分独特有趣，又新获悉它具有很好的拒食活性，而且也可能具有其他的生物活性，因此重启茼蒿素的化学研究，尤其是它的合成研究，也正当其时。虽然 Bohlmann 在开展茼蒿素分离、鉴定的同时，也进行了它的合成，但是路线较长，且产率不佳，难以应用[6]。稍晚他们还报道了茼蒿素的生物合成研究，在光照条件下实现了茼蒿素和 B-homo 茼蒿素的仿生合成，但也仅在学术上有一定意义[7]（图 7－2）。

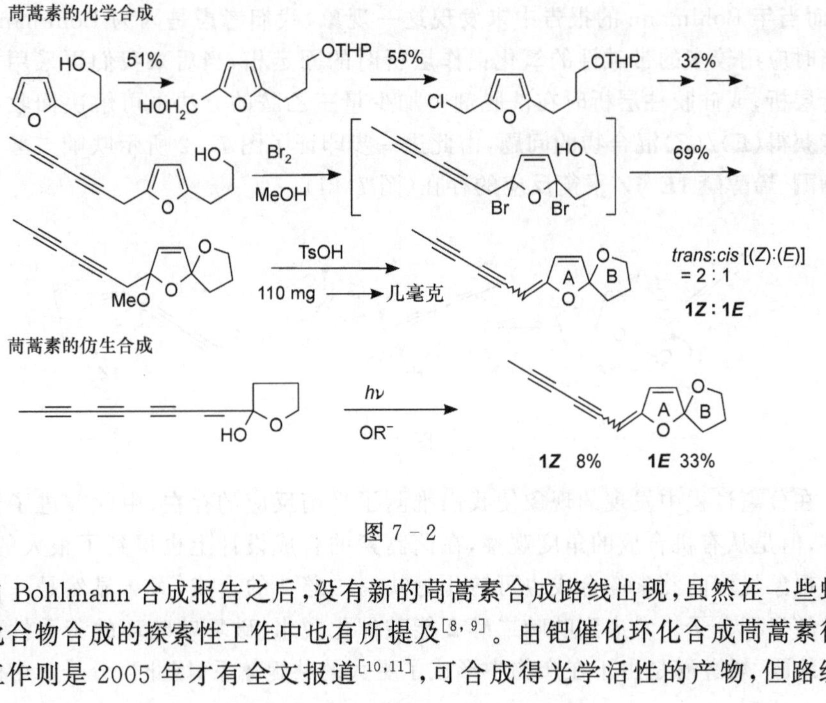

茼蒿素的化学合成

51%　HO　HOH_2C　OTHP　55%　Cl　OTHP　32%

HO　Br_2　MeOH　HO　Br　Br　69%

MeO　TsOH　110 mg ——→ 儿毫克　A　B　*trans*:*cis* [(*Z*):(*E*)] = 2 : 1　**1*Z*** : **1*E***

茼蒿素的仿生合成

HO　*hν*　OR^-　A　B　**1*Z*** 8%　**1*E*** 33%

图 7－2

自 Bohlmann 合成报告之后，没有新的茼蒿素合成路线出现，虽然在一些螺环缩酮化合物合成的探索性工作中也有所提及[8, 9]。由钯催化环化合成茼蒿素衍生物的工作则是 2005 年才有全文报道[10,11]，可合成得光学活性的产物，但路线较长,脱氧桥后可获得B-环扩环的茼蒿素,但也未提及B-环为五元环的茼蒿素衍生物和其本身的合成(图 7-3)。

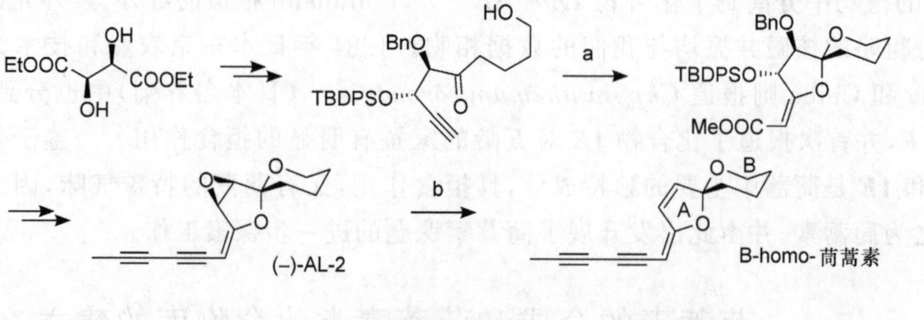

图 7-3

试剂和反应条件:a. $Pd_2(dba)_3$,$CHCl_3$(5%,摩尔分数),p-苯醌(20 eq),1 atm CO,MeOH,r. t.,41%;b. $N_2C(CO_2Me)_2$,$Rh_2(OAc)_4$-$2H_2O$,甲苯,回流,86%

7.1.1 螺环缩酮-烯醇醚合成方法学的探索

前面提及用硅胶固定相层析分离纯化茼蒿素时,回收率很低,而且总是得到(E)/(Z)-构型的混合物,当时发现还能分到比茼蒿素极性高的产物,但此产物很快又转变为茼蒿素(E)/(Z)的混合物,对此我们的设想是由于硅胶的微酸性和微量水的存在使茼蒿素分子在硅胶柱上发生呋喃二醇和螺环缩酮-烯醇醚的平衡反应,而当年 Bohlmann 的报告中未发现这一现象,我们考虑是因为 Bohlmann 采用了当时应用较多的带碱性的氧化铝作层析时的固定相,当后来我们再采用氧化铝进行层析,或硅胶柱层析时在洗脱剂中加少量三乙胺的方法也可解决回收率低和只能获得(E)/(Z)混合物的问题,由此进一步印证了图 7-2 所示呋喃二醇 **2** 和螺环缩酮-烯醇醚 **1*E*/1*Z*** 平衡反应的存在(图 7-4)。

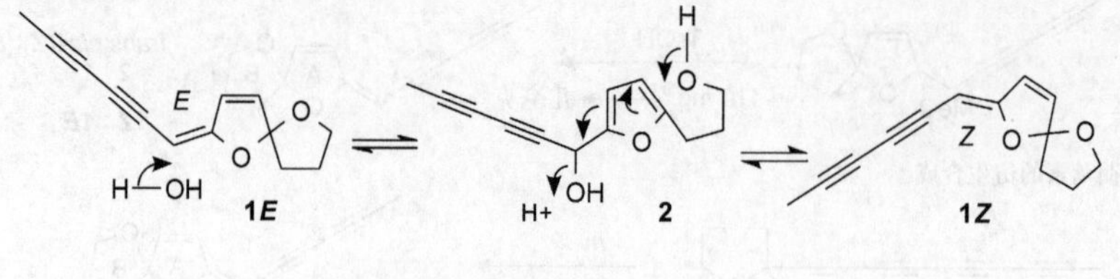

图 7-4

在分离过程中发现的现象使我们推测了平衡反应的存在,由此改进了分离的条件,但是从有机合成的角度观察,在茼蒿素的合成设计上也得到了很大的启发,这一现象显示茼蒿素的合成也可转化为呋喃二醇 **2** 的合成,而 **2** 显然是一个较易合成的目标分子。考虑到呋喃二醇 **2** 能酸催化脱水、破坏呋喃环的芳香性而形成螺环缩酮-烯醇醚是由于在产物中形成了更大的共轭体系,因此当分子 **2** 中的戊炔基替换为其他不饱和体系时，这一重排反应应仍可进行。为探索青蒿素新的简便的合成方法，也为了合成青蒿素的类似物，我们先设计以对硝基苯基为不饱和基团的合成路线，以验证方法的可行性。由糠醛出发，按已知方法制备得呋喃丙醇(**3**)，用两分子丁基锂处理后得的锂盐与对硝基苯甲醛反应得呋喃二醇**4**，产率中等，**4**用少量酸(HCl，TsOH)处理后以高产率得到单一产物，光谱和其他物理数据确证其为青蒿素型的螺环缩酮-烯醇醚化合物**5**。**5**的合成成功证明我们的设计思想是可行的，可以推广到其他类型的青蒿素类似物的合成上，包括B环扩环为六元环的类似物，但这时需用呋喃丁醇(**6**)为原料，也可以包括不饱和基团为杂环的类似物，如不饱和基团为噻吩的天然产物。在推广过程中也筛选了不同种类的酸催化剂，发现在大多数情况下应用平和的Lewis酸——硫酸铜($CuSO_4 \cdot 5H_2O$)为催化剂较一般的质子酸为佳，在甲苯中70℃进行反应可获得很高的产率。图7-5显示这一青蒿素型螺环缩酮-烯醇醚化合物的反合成分析和四个典型化合物，一个带

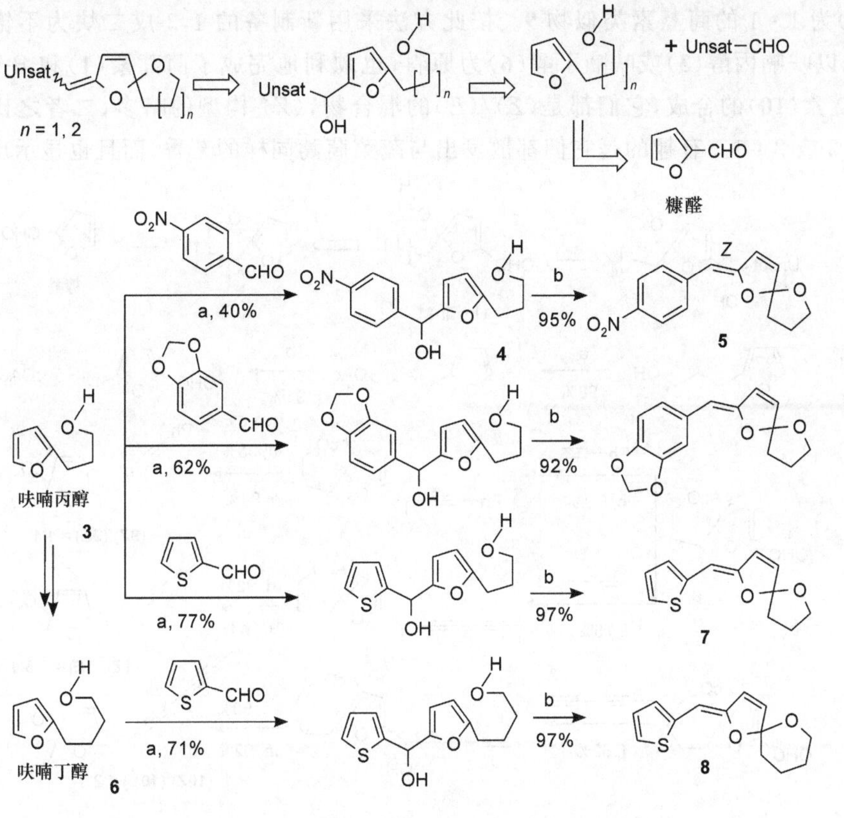

Unsat　$n = 1, 2$　Unsat　OH　+ Unsat—CHO　糠醛　CHO

O_2N　CHO　a, 40%　O_2N　OH　**4**　b　95%　Z　O_2N　**5**

CHO　a, 62%　OH　b　92%

呋喃丙醇　**3**

S　CHO　a, 77%　S　OH　b　97%　S　**7**

呋喃丁醇　**6**　S　CHO　a, 71%　S　OH　b　97%　S　**8**

图7-5

试剂和反应条件：a. *n*-BuLi/THF-TMEDA，−78℃，41%；b. $CuSO_4 \cdot 5H_2O$，甲苯，70℃

Unsat指不饱和基团，即该基团中含有双键或叁键

吸电子基团、一个带推电子基团和两个含噻吩基团的天然产物(**7**,**8**)的合成情况[12,13]。

7.1.2 螺环缩酮-烯醇醚合成中间体呋喃二醇的其他制备方法

模型试验证明化合物 **2** 类型的呋喃二醇确是茼蒿素类化合物合成极佳的前体,由呋喃丙醇的锂盐与不饱和醛反应正是获得这一前体最直接、便捷的方法。但是在不饱和醛不易获得的情况下,如制备茼蒿素所需 2,4-己二炔醛的情况下,就不得不另做打算。于是先用 Vilsmier 反应先在呋喃丙(丁)醇 5-位上引入醛基,随后再与炔负离子、烯基负离子或芳基负离子(芳基锂或芳基 Grignard 试剂)反应,由此即可得相应的呋喃二醇,并进一步用酸处理后得含炔基或芳基的茼蒿素或茼蒿素的类似物。按此设计我们先以现成的苯乙炔作为不饱和基团进行模型试验,顺利获得了带苯乙炔基的呋喃二醇,再用硫酸铜脱水闭环得烯醇双键构型(Z)∶(E)为 1∶1 的茼蒿素类似物 **9**。按此方法采用新制备的 1,3-戊二炔为不饱和基团,以呋喃丙醇(**3**)或呋喃丁醇(**6**)为原料,也顺利地完成了茼蒿素(**1**)和 B-homo-茼蒿素(**10**)的合成,它们都是(Z)/(E)的混合物,(Z)-构型的略多,二者之比约为 3∶2 或 2∶1。有趣的是它们都散发出与蔬菜茼蒿同样的芳香,而且也显示出很好

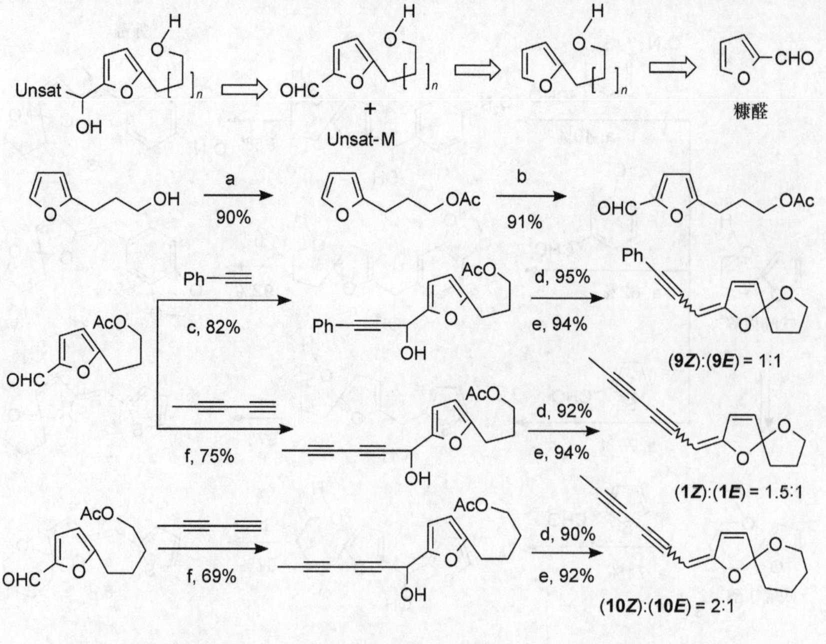

Unsat—CH(OH)—(呋喃)—[ ]$_n$—OH ⟹ OHC—(呋喃)—[ ]$_n$—OH + Unsat-M ⟹ (呋喃)—[ ]$_n$—OH ⟹ (呋喃)—CHO 糠醛

a 90%; b 91%; c, 82%; d, 95%; e, 94%; (**9*Z***):(**9*E***) = 1:1

f, 75%; d, 92%; e, 94%; (**1*Z***):(**1*E***) = 1.5:1

f, 69%; d, 90%; e, 92%; (**10*Z***):(**10*E***) = 2:1

图 7-6

试剂和反应条件:a. 乙酸酐,Py,DMAP;b. DMF,$POCl_3$,CH_2Cl_2;c. n-BuLi/THF-TMEDA,0℃;d. $KHCO_3$,MeOH-H_2O;e. $CuSO_4 \cdot 5H_2O$,甲苯,70℃;f. n-BuLi/THF,−78℃

的昆虫拒食活性[12,13](图 7-6)。

上述中间体呋喃二醇另一合成路线的成功,以及 7.1.1 小节的合成路线使我们可以方便地合成到茼蒿素 **1**、B-homo-茼蒿素 **10** 和两个含噻吩基团的天然产物(**7**, **8**)以及一批不饱和基团为芳环的茼蒿素类似物,而且这些类似物也具有类似的拒食活性,因此有必要进一步改进它们的合成路线,以能放大量制备样品,满足进一步生物试验的需要。考虑到呋喃环上很易进行亲电反应,应可以 Friedel-Crafts 反应引入芳香酰基,于是以苯甲酰氯等一系列芳香酰氯,以二氯乙烷为溶剂,在氯化锌催化下与呋喃丙醇乙酸酯反应,以 80%～90%的产率获得了预期的产物,所得芳酮钠硼氢还原后,用硫酸铜脱水环化即可高产率地转化为茼蒿素的类似物,仅其中芳环为喹啉的呋喃二醇可能因成盐的关系不能环化,所得茼蒿素类似物的烯醇醚双键构型均为(*Z*)-式[14](图 7-7)。这条三步合成路线中,无需丁基锂一类的试剂,不用较严格的反应条件,在相应酰氯等酰化试剂易得的场合下,这确实是一个高效、简捷的茼蒿素类似物合成方法。

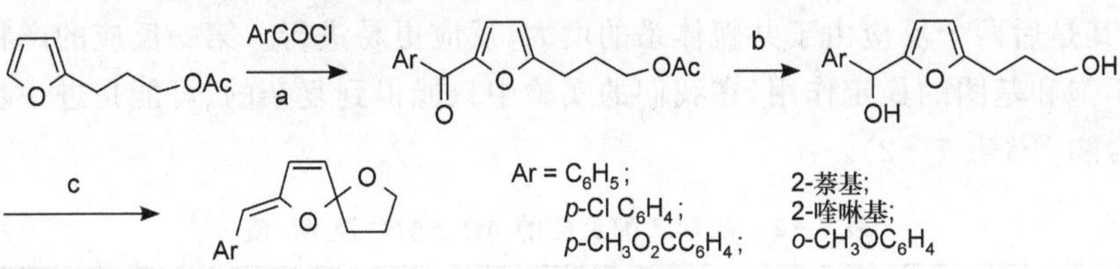

OAc　ArCOCl / a　Ar　O　OAc　b　Ar　OH　OH　c　Ar　O　O

Ar = C_6H_5; p-Cl C_6H_4; p-$CH_3O_2CC_6H_4$; 2-萘基; 2-喹啉基; o-$CH_3OC_6H_4$

图 7-7

试剂和反应条件:a. $ZnCl_2$, $ClCH_2CH_2Cl$, 回流;b. $NaBH_4$, EtOH, r. t., 再 K_2CO_3, CH_3OH, r. t.;c. $CuSO_4 \cdot 5H_2O$,甲苯, 85℃

7.1.3　呋喃二醇-螺环缩酮烯醇醚脱水环化反应和烯醚双键的立体化学

茼蒿素和茼蒿素类似物的合成主要是基于发现了呋喃二醇到螺环缩酮-烯醇醚的脱水环化反应,这一反应的顺利进行一方面是由于环化后形成了更大的共轭体系,另一方面则是由于这是易于发生的分子内反应。为了了解这一反应的应用范围,我们曾试探了在分子间进行脱水成缩酮-烯醇醚的反应情况[15]。苯基呋喃甲醇(**11**)在合成茼蒿素类化合物相类同的条件下,与甲醇、异丙醇、叔丁醇和薄荷醇 (menthol) 反应,主要生成正常的醚和较少的缩酮烯醚,随着醇的 R 基团体积增大,缩酮烯醚的比例略有增加,但总产率却显著下降(表 7-1)。与此对照,相应的分子内反应获得茼蒿素类化合物的产率一般均好于 90%,由此可见分子内反应是有利于螺环缩酮-烯醇醚形成的重要因素(表 7-1)。

表 7-1 醇的 R 基团的大小对产物比例及总产率的影响

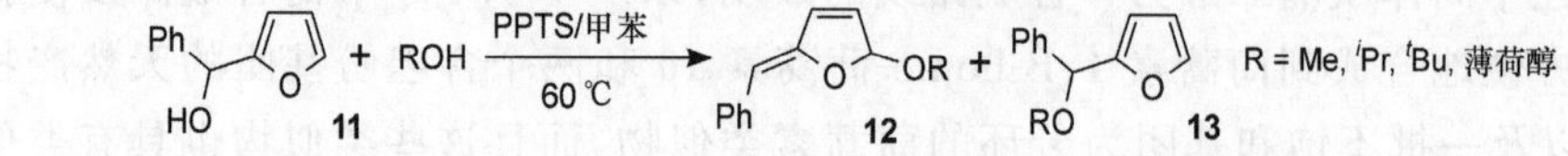

R = Me, ^{i}Pr, ^{t}Bu, 薄荷醇

序号	醇	产率/%			比例
		12	**13**	总	**12 : 13**
1	甲醇	14.4	70.7	85.1	1 : 4.6
2	^{i}PrOH	18.0	49.1	67.1	1 : 2.7
3	^{t}BuOH	13.0	22.3	35.3	1 : 1.7
4	薄荷醇	5.0	11.7	17.2	1 : 2.2

但是呋喃二醇能形成螺环缩酮-烯醇醚的主要原因还是热力学的因素，我们曾计算了下列三个反应的 ΔE、$\Delta\Delta H^0$ 和 ΔS，发现这三个反应在热力学上都是有利的，尤其是后两个反应由于共轭体系的增大，反应更易进行。第一反应的产物由于缺少不饱和基团的稳定作用，在我们的实验中只能得到复杂的、可能是进一步聚合的混合物[15]（表 7-2）。

表 7-2 呋喃二醇反应的 ΔE、$\Delta\Delta H^0$ 及 ΔS 值

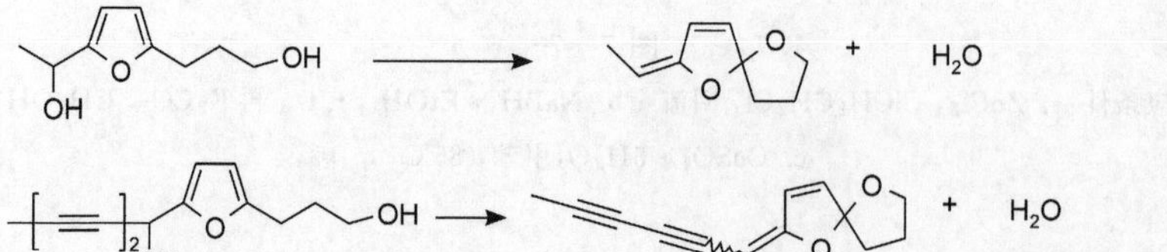

反应	ΔE/(kcal/mol)	$\Delta\Delta H^0_{298}$/(kcal/mol)	ΔS/[kcal/(mol·K)]
(1)	5.9(HF/6-31G*)	-3.7	-31.6
(2)	-2.3(HF/6-31G)	-4.1	-27.1
(3)	-0.4(HF/6-31G*)	-3.4	-28.1

生成茼蒿素类化合物的脱水-环化反应是一热力学控制的产物，因此生成产物中烯醇醚双键的构型也取决于(*E*)/(*Z*)-构型在热力学上的相对稳定性。在我们的合成工作中发现合成得的茼蒿素是(*E*)：(*Z*)为 1：1.5 的化合物，当不饱和基团为炔或烯时也总是得到(*E*)/(*Z*)的混合物，但当不饱和基团为芳环或芳杂环时

则通常只能分到(*Z*)-构型的产物。我们注意到在芳环为不饱和基团时,当芳环与共轭双键共平面时,(*E*)-构型异构体中的3-位氢会与芳环上的氢会发生交盖,破坏了共轭体系的共平面性,使分子的能量增高。(*Z*)-构型的异构体则就不存在这样的作用,整个共轭体系能很好地处于共平面的状态,较为稳定,而不饱和基团为炔或烯时,无论(*E*)-或(*Z*)-构型,它们分子内各基团间的排布都没有明显的冲突,因此二者热力学上的稳定性相近,有可能(*Z*)-构型的略好一些。通过对茼蒿素(**1**)和含噻吩的茼蒿素类似物**5**的量子力学计算,也证实了这一设想,**1*E***和**1*Z***的相对能量差别不大,不同计算方法均给出**1*E***能量略高,但不超过1 kcal/mol。**7*E***的能量则明显高于**7*Z*** 2～3 kcal/mol。因此天然分到的和合成得的茼蒿素都是有(*E*),(*Z*)两种构型,而天然和合成的**7**则只有(*Z*)-构型的。烯醇醚双键的构型可由核磁共振确定,(*Z*)-构型的茼蒿素类化合物烯醇醚双键上的质子1′-H与呋喃环上的3-H有NOE,另外在(*E*),(*Z*)两种构型异构体都存在时,也可从3-H和1′-H的化学位移来判断,(*E*)构型的这两个数值均较(*Z*)-构型的大[12,13,15](表7-3)。

表7-3　异构体的相对能量(单位:kcal/mol)

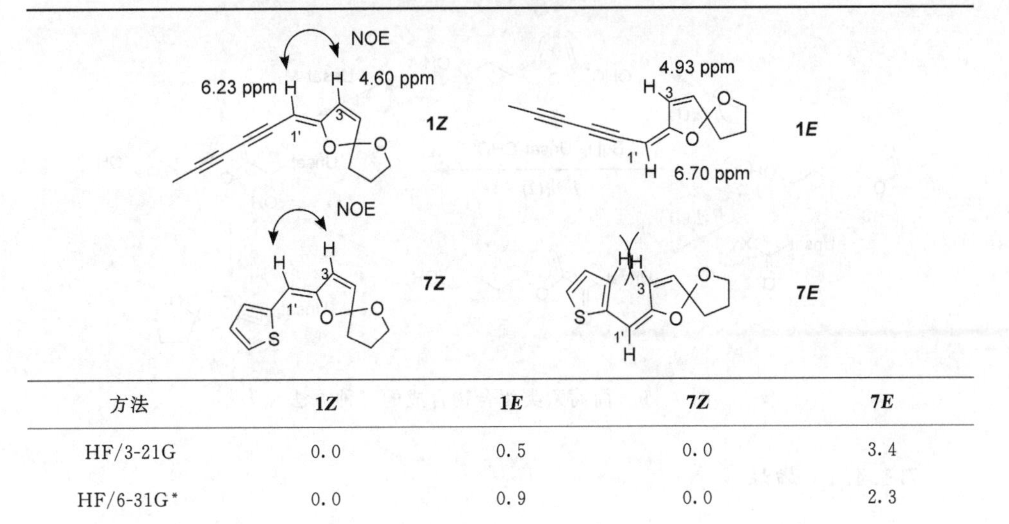

方法	**1Z**	**1E**	**7Z**	**7E**
HF/3-21G	0.0	0.5	0.0	3.4
HF/6-31G*	0.0	0.9	0.0	2.3
MP2/6-31G	0.0	0.6		

注:ppm为非法定用法,为了遵从学科和读者阅读习惯,本书仍沿用这一用法。

7.1.4　茼蒿素类化合物的多样性——改变不饱和基团

天然产物全合成的目的不仅仅是为了合成天然产物分子本身,也是为了通过它的合成建立起新的方法学,从而能合成出系列的此类天然产物的类似物,探索分子结构与功能的关系,研究发展具有各种生物功能的化合物,由此开发新的药物、农用化学品和新的功能材料。21世纪以来这样的要求更是明确地摆在有机合成化学家的面前,甚至成为一项紧迫的任务。茼蒿素合成的课题一开始,我们就考虑到从发展的方法学中能合成到多种类型的衍生物或类似物,从中能发展出活性更好的或较易制备的化合物。茼蒿素的基本结构是螺环缩酮-烯醇醚,一边的不饱和基团是很易改变的,而另一边的 B 环也是可以改变的(图 7-8)。

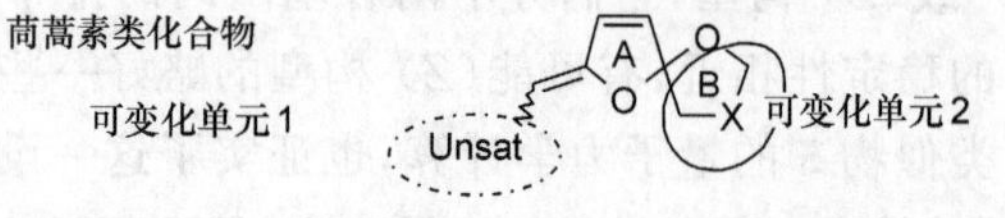

茼蒿素类化合物

可变化单元1　Unsat　A　B　X　可变化单元2

图 7-8

不饱和基团的改变,是我们一开始时就考虑的,按上述发展的三种茼蒿素类化合物的合成方法,只要有:①相应的不饱和碳负离子;②相应的不饱和醛;③相应的 Friedel-Crafts 反应中可用的酰化试剂,就可以合成所需的呋喃二醇,进而脱水闭环即可得不同的茼蒿素类似物(图 7-9)。由此我们合成了一系列的不饱和基团变化的茼蒿素类似物,下面按化合物类型列出了一些较典型的例子[12~14]。

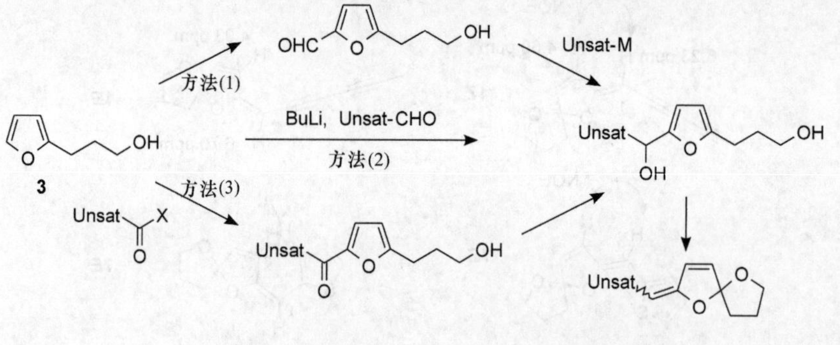

方法(1)　OHC　OH　Unsat-M

3　OH　BuLi, Unsat-CHO　方法(2)　Unsat　OH　OH

方法(3)　Unsat　X　O　Unsat　O　OH　Unsat

图 7-9　茼蒿素类化合物合成的三种方法

7.1.4.1　烯烃

由 α,β-不饱和醛出发按上面第二种方法合成,合成产物为(Z):(E)=3:1 的混合物[15](图 7-10)。

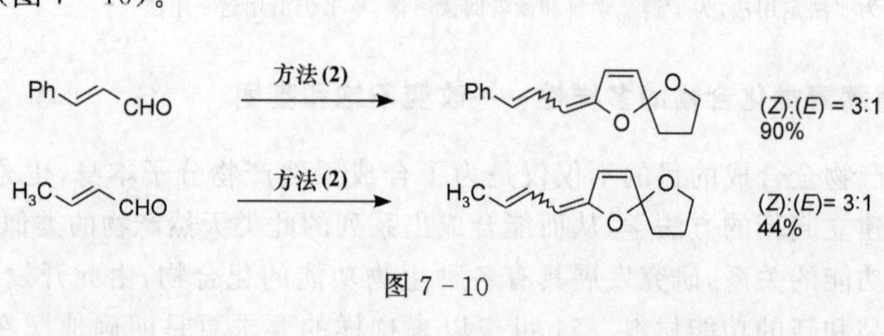

Ph　CHO　方法(2)　Ph　(Z):(E) = 3:1　90%

H_3C　CHO　方法(2)　H_3C　(Z):(E)= 3:1　44%

图 7-10

7.1.4.2　炔烃

不仅苯乙炔、戊二炔可作为不饱和基团按第一种方法合成得青蒿素和青蒿素的类似物，而且单炔也能顺利合成得含单炔的青蒿素类似物，闭环一步产率很好，(*Z*)/(*E*)-异构体可以分开[16,17]（图 7－11）。

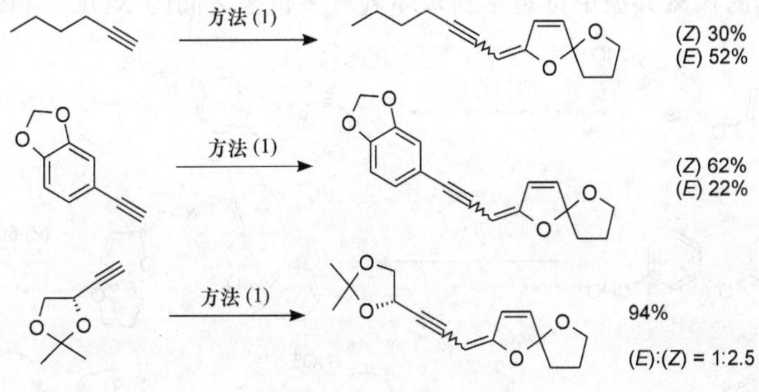

方法 (1)　(*Z*) 30%　(*E*) 52%

方法 (1)　(*Z*) 62%　(*E*) 22%

方法 (1)　94%　(*E*):(*Z*) = 1:2.5

图 7－11

7.1.4.3　芳烃

不饱和基团为芳烃的青蒿素类似物是合成得较多的一类，上述三种合成方法都曾用于它们的制备。含推电子取代基的、吸电子取代基的苯环和含氟取代基的苯环、萘环、蒽环都能作为青蒿素类化合物中的不饱和基团。它们最后一步的产率

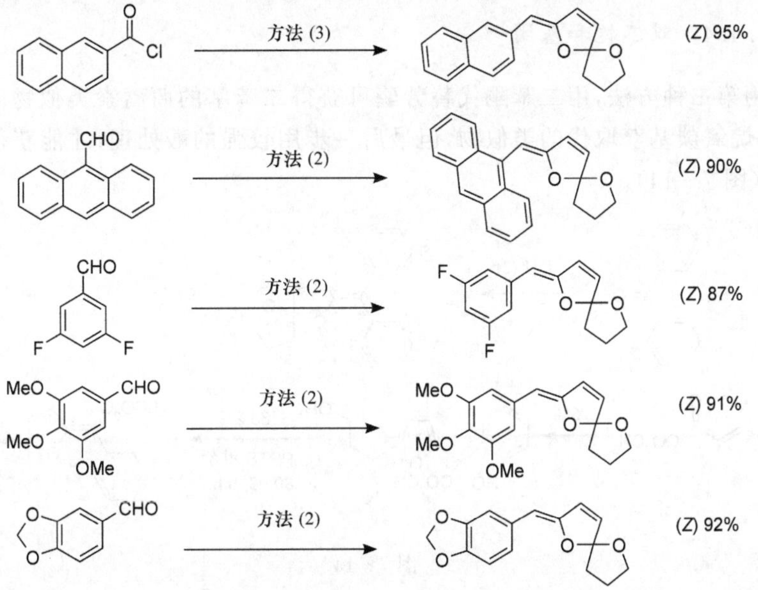

方法 (3)　(*Z*) 95%

CHO　方法 (2)　(*Z*) 90%

CHO　F　F　方法 (2)　F　F　(*Z*) 87%

MeO　CHO　MeO　OMe　方法 (2)　MeO　MeO　OMe　(*Z*) 91%

CHO　方法 (2)　(*Z*) 92%

图 7－12

都很好，一般都只有获得(*Z*)-构型的异构体[17,18]（图 7-12）。

近年在一些农药中引进了二苯醚的结构单元，获得了较好的效果，为此我们也合成了三种苯氧基苯甲醛，按第二种方法合成了含二苯醚结构的茼蒿素类似物。稍有意外的是在合成邻位二苯醚的茼蒿素类似物时有相当量(*E*)-构型异构体的生成，虽然间位二苯醚的茼蒿素类似物也有少量(*E*)-型异构体生成。(*E*)-型邻位二苯醚异构体的核磁共振中可观察到苯环氢与3-位氢之间的 NOE[19]（图 7-13）。

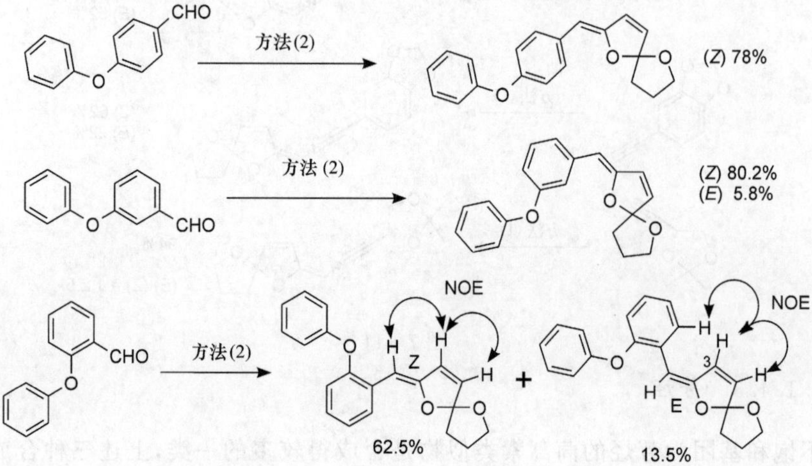

方法(2)　(Z) 78%

方法(2)　(Z) 80.2%　(E) 5.8%

方法(2)　NOE　62.5%　+　NOE　13.5%

图 7-13

7.1.4.4　双不饱和基团

应用第二种方法，用二苯酮代替芳醛可获得二苯基的茼蒿素类似物。也合成了苯基、烷氧羰基双取代的类似物，但最后一步用较强的酸处理，才能获得相应的产物[17]（图 7-14）。

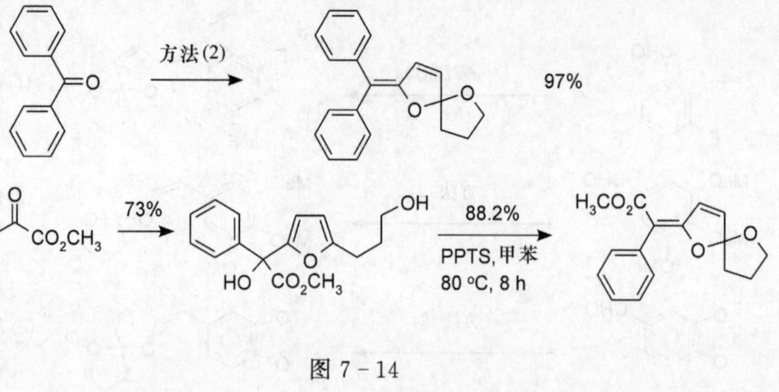

方法(2)　97%

CO_2CH_3　73%　OH　HO　CO_2CH_3　88.2%　PPTS，甲苯　80 °C，8 h　H_3CO_2C

图 7-14

7.1.4.5　芳杂环

杂环在农药以至药物中是常见的结构单元，因此我们由一些芳杂醛出发，按第二种方法合成了除含噻吩的天然产物 **7**,**8** 以外的一批茼蒿素类似物。它们烯醇醚双键的构型均为(*Z*)。一些含杂环的类似物，如由烟醛开始合成得到的化合物确实有较高的昆虫拒食活性[17,20,21]（图 7－15）。

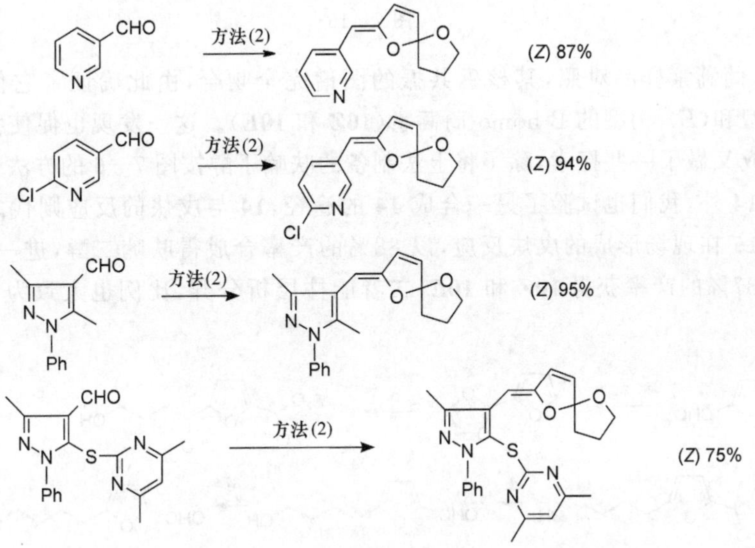

方法(2)　(*Z*) 87%

方法(2)　(*Z*) 94%

方法(2)　(*Z*) 95%

方法(2)　(*Z*) 75%

图 7－15

7.1.5　茼蒿素类化合物的多样性——B 环的改变

茼蒿素类化合物结构中另一可以变化的部位是 B 环，这就需要改变闭环前体呋喃二醇中成环的羟基链，这方面的改变的余地很大，但需在合成的开始阶段进行，有较大的工作量。下面介绍六元 B 环、含醚键 B 环、含酰胺单元的 B 环和在链上引入了取代基后的非对映选择性合成的情况。

7.1.5.1　B-homo-茼蒿素类化合物的合成

合成 B 环为六元环的茼蒿素类化合物需要将原来的起始原料由呋喃丙醇改为呋喃丁醇，开始我们采用用氰基增加一个碳原子的方法，由呋喃丙醇经四步反应制备。后也由呋喃开始，以 3～4 步反应直接制备了呋喃丁醇[22]（图 7－16）。

B-homo-茼蒿素在多种植物中存在，华南农业大学和昆明植物所合作研究采自神农架的神农香菊时，发现有两种昆虫拒食活性很好的组分，后经与我们合成的

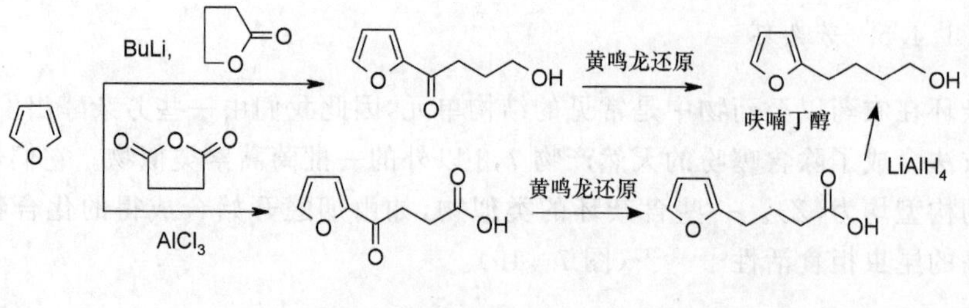

BuLi,

OH

黄鸣龙还原

OH

呋喃丁醇

LiAlH$_4$

$AlCl_3$

OH

黄鸣龙还原

OH

图 7-16

B-homo-茼蒿素样品对照，其核磁共振的图谱完全吻合，由此确证了它们分别是(Z)-构型和(E)-构型的 B-homo-茼蒿素(**10*Z*** 和 **10*E***)。这一发现也促使我们对它们的合成又做了一些探索，除了将上法制备的呋喃丁醇按图 7-6 的方法合成至醛乙酸酯 **14** 外，我们也试验了另一合成 **14** 的途径，**14** 与戊炔的反应则代之以与二溴烯炔 **15** 在现场形成的戊炔反应，以 88%的产率合成得呋喃二醇，进一步脱水-闭环以 87%的产率获得 **10*Z*** 和 **10*E***，二者能柱层析分开，比例也大致为 2∶1(图 7-17)。

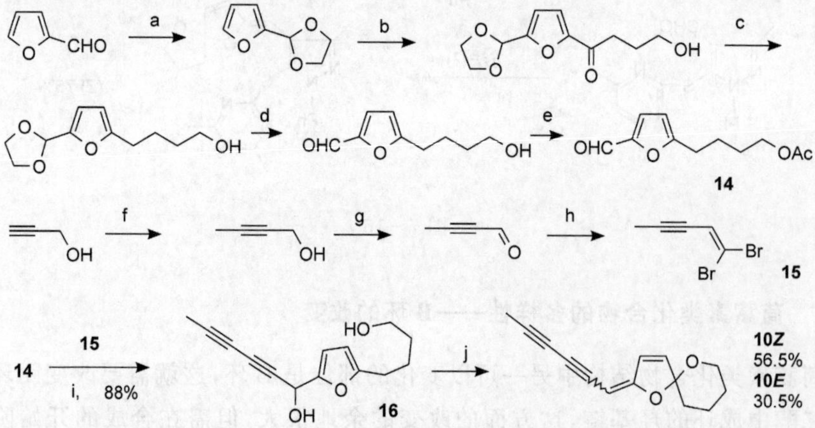

CHO a b OH c

OH d OHC OH e OHC OAc

14

OH f OH g O h Br Br 15

14 15 i, 88% HO OH 16 j

10*Z* 56.5%

10*E* 30.5%

图 7-17

试剂和反应条件：a. 乙二醇，p-TsOH·H_2O，苯，回流，2 h，53%；b. TMEDA，n-BuLi，γ-丁内酯，-78℃至 r.t.，52%；c. NaOH，$H_2NNH_2 \cdot H_2O$，180℃，6～8 h；d. HCl，丙酮，回流 1 h；e. Ac_2O，Py，DMAP，89%；f. 方法 A. i) PPTS，DHP，95%，ii) n-BuLi，CH_3I，94%，iii) p-TsOH·H_2O，93%；方法 B. $LiNH_2$，CH_3I，-40℃至 r.t.，68%；g. PCC；h. CBr_4，PPh_3，锌粉，0℃至 r.t.；i. TMEDA，n-BuLi，-78℃至 r.t.；j. $CuSO_4 \cdot 5H_2O$，甲苯，110℃，6 h

在此次合成 B-homo-茼蒿素的同时，我们也得到了一个意外的发现。1992 年有报道称从菊科植物 *Artemisia feddei* Levl. *et* Vant. 的地上部分分得了一对新的螺环类化合物 α-H-**17** 和 β-H-**17**，结构与 B-homo-茼蒿素相近。过去几年我们曾数次试图合成它们或它们的烯醇式，但总未能成功。这次我们偶然对照了 **10** 与 **17** 的核磁共振，发现它们的 ^{1}H NMR 和 ^{13}C NMR 两两之间完全一致，为此我们认为他们报道的化合物实际上正是 B-homo-茼蒿素的(E)-和(Z)-构型异构体，这也解释了无法合成 **17** 所示结构的原因，至于报道中的质谱数据 m/e 230 则可能是其少量水解产物呋喃二醇 **16** 所产生的[22]（图 7－18）。

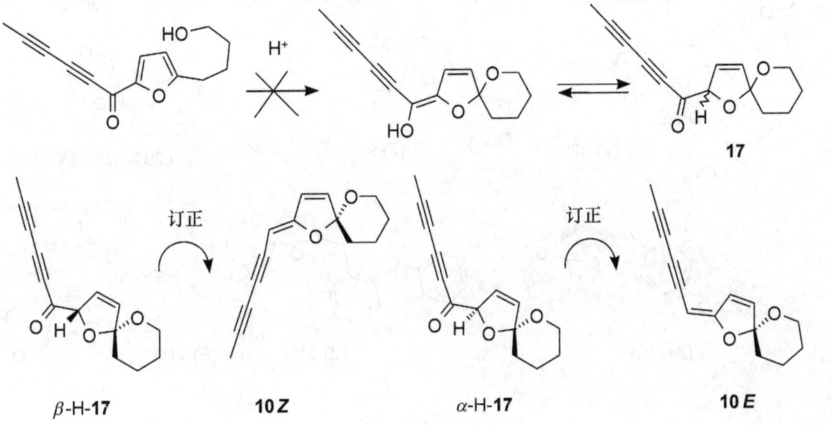

图 7－18

7.1.5.2　B 环含醚键类似物的合成

从放大合成的角度考虑，我们设想了用乙二醇单呋喃甲醚 **18** 来代替仍然较难放大制备的呋喃丁醇(**6**)，然后合成 B 环含醚键的茼蒿素类似物。由方便易得的糠醇和氯乙醇为原料，在相转移催化剂存在下与氢氧化钠水溶液作用，可以大量制备乙二醇单呋喃甲醚 **18**。进一步实验显示 **18** 完全可以像呋喃丁醇一样按图 7－9 中茼蒿素类合成方法(1)或方法(2)合成得 B 环含醚键的类似物。稍有遗憾的是不能采用 Friedel-Crafts 酰化反应的方法(3)，这时醚键会发生裂解。由 **18** 出发可以同样合成到不饱和基团为含推电子或吸电子基团的苯基、炔基以及芳杂环基团的茼蒿素类似物，图 7－19 列出它们中的一些典型代表和最后一步闭环的产率[23]。值得一提的是它们的昆虫拒食活性有时与相应的不含醚键的类似物相当[17,18]。

7.1.5.3　B 环含酰胺单元类似物的合成

考虑到有一些天然产物中含有酰胺单元，并且具有很好的生物活性，包括很好的杀虫活性，因此我们也试图在茼蒿素类化合物的 B 环中引入酰胺基团。按我们的脱水-闭环形成螺环的反应，呋喃二醇的右侧链必须是三个或四个原子链长的

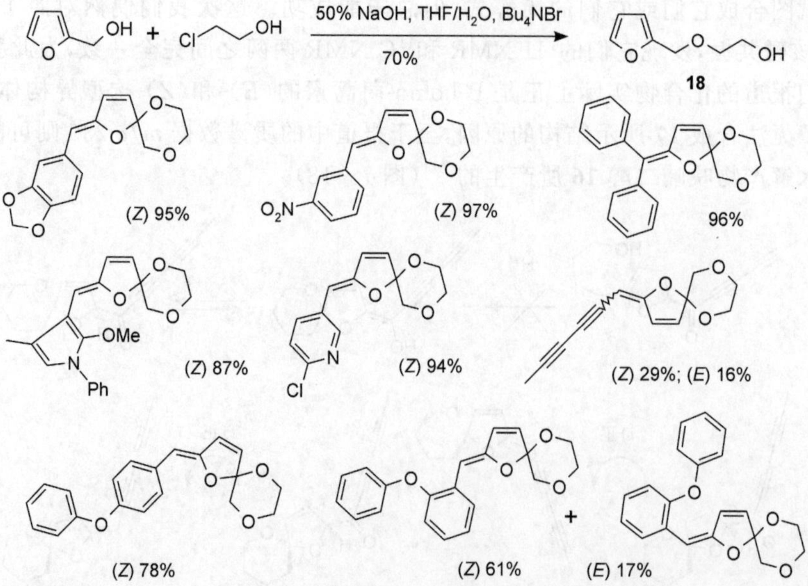

50% NaOH, THF/H_2O, Bu_4NBr 70% 18

(Z) 95% (Z) 97% 96%

(Z) 87% (Z) 94% (Z) 29%; (E) 16%

(Z) 78% (Z) 61% (E) 17%

图 7-19

醇，也许也可以是五个原子链长的醇，但尚未试过，因此我们先试验用氨基乙醇的衍生物作为酰胺侧链的结构单元。反合成分析得出可用易得的糠酸甲酯为起始原料(图 7-20)。

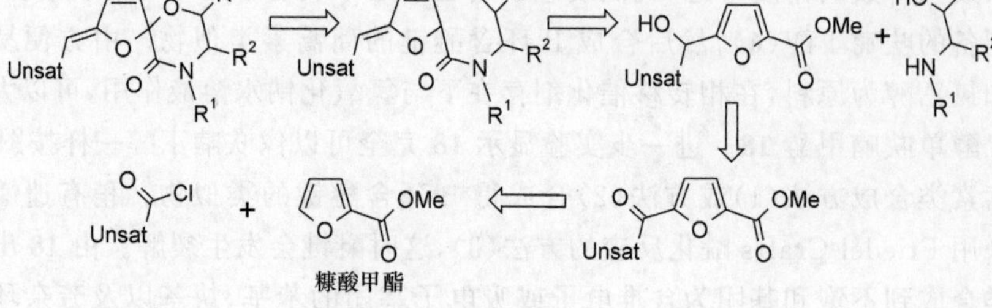

Unsat Unsat Unsat 糠酸甲酯 Unsat

图 7-20

按上述设计先试用苯甲酰氯与糠酸甲酯进行 Friedel-Crafts 反应，然后还原，与 *N*-乙基氨基乙醇形成酰胺，但也可先形成酰胺，再还原羰基。由此形成的含酰胺的呋喃二醇确可顺利闭环成螺环烯醇化合物，但此时需用较强的酸如樟脑磺酸(CSA)催化脱水。用其他的芳酰氯开始，也都顺利得到酰胺 B 环的茼蒿素类似物，由于酰胺基团的存在，产物大多为固体，也较稳定[24](图 7-21)。

用 *N*-乙基邻氨基苯酚代替 *N*-乙基氨基乙醇也可合成得 B 环并苯环的酰胺类茼蒿素类似物(图 7-22)。

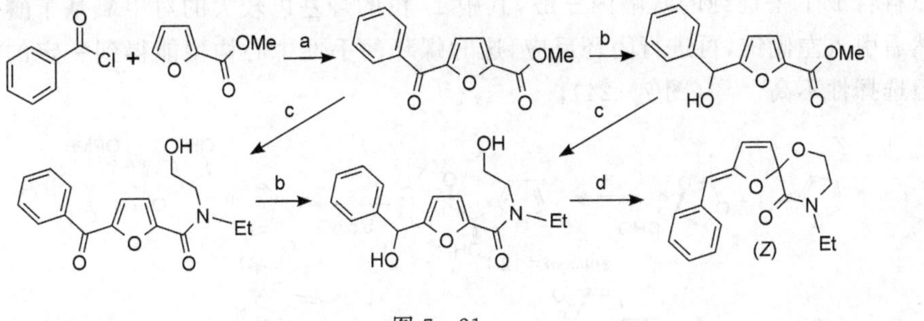

图 7-21

试剂和反应条件：a. 无水 $ZnCl_2$，1,2-二氯乙烷，回流，82%；b. $NaBH_4$，甲醇 95%；c. 2-乙胺基乙醇，Et_3N，MeOH，回流，24 h；d. CSA，DCM，r.t.，79%

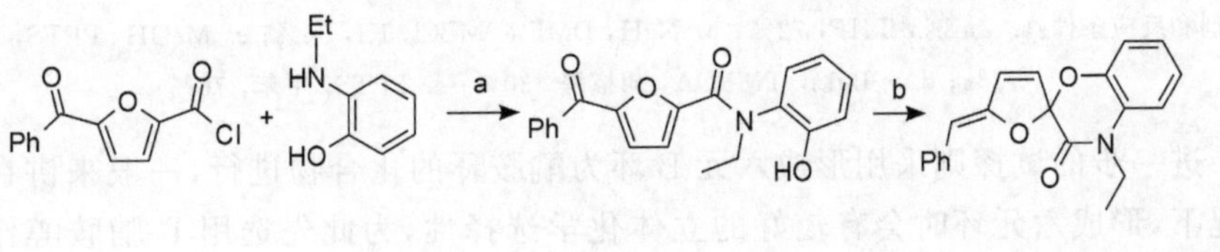

图 7-22

试剂和反应条件：a. Et_3N，CH_2Cl_2，89%；b. i) $NaBH_4$，MeOH，ii) CSA，CH_2Cl_2，r.t.，5h，84%

7.1.5.4　B 环带手性取代基类似物的非对映选择性合成——螺环手性中心的构型控制

茴蒿素和茴蒿素类似物的螺环节点原子是一手性中心，但以上我们所有合成的化合物都是消旋体，为此我们希望能在螺环形成时控制此中心的构型。最简单的办法是能否用手性的酸催化来实现螺环缩酮的不对称合成，曾试用了(*R*)-(+)-BINOL-Ti(O^iPr)$_4$、D-DET-Ti(O^iPr)$_4$、D-樟脑磺酸等，环化后产物用手性 HPLC 测定，仅发现 D-DET-Ti(O^iPr)$_4$ 能导致较好的不对称合成效果，但 *ee* 值也不超过 20%，说明这是一个平衡反应，很难由手性的酸催化剂来控制形成的手性中心[20]（图 7-23）。

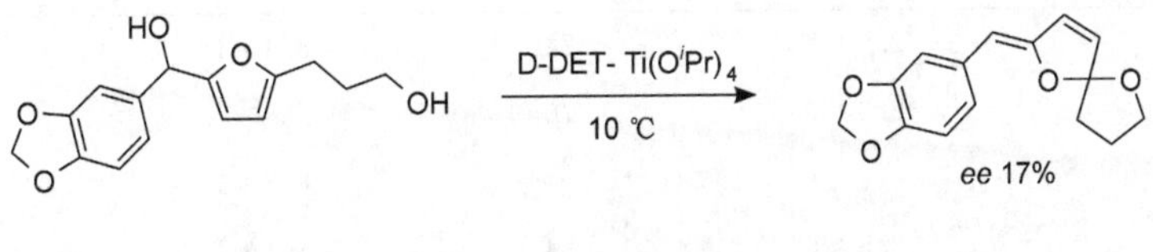

图 7-23

因此，我们就转而采用在呋喃二醇的右侧羟基链上，引入手性取代基，进而试探控制螺环手性中心的非对映选择性的合成。首先使用 D-甘油醛缩丙酮为手性原料合成了手性纯的呋喃丙三醇，其中 1′-位的羟基以较大的对甲氧基苄醚保护，然后引入左侧链，再进行闭环反应，这时螺环的手性中心构型能得到一定的控制，但选择性不高[15,25]（图 7－24）。

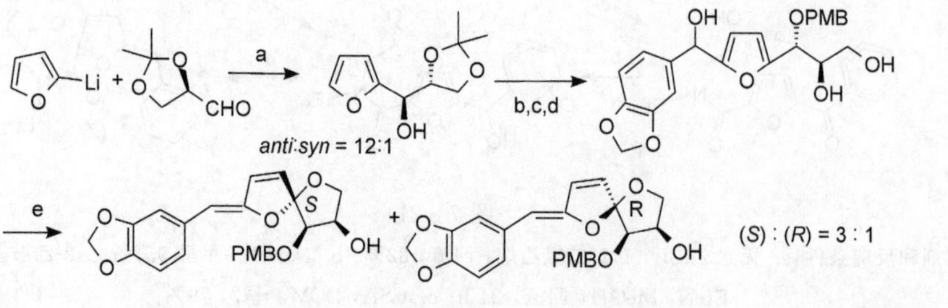

Li　CHO　a　OH　anti:syn = 12:1　b,c,d　OH　OPMB　OH　OH
e　S　PMBO　OH　R　PMBO　OH　(S)：(R) = 3：1

图 7－24

试剂和反应条件：a. $ZnBr_2$，THF，72%；b. NaH，DMF，PMBCl，KI，96%；c. MeOH，PPTS，回流，72%；d. *n*-BuLi，TMEDA，胡椒醛，30%；e. PPTS，甲苯，76%

进一步的试探则采用形成六元 B 环为酰胺环的化合物进行，一般来讲在类似情况下，形成六元环时会有较好的立体化学选择性，为此先选用 L-脯胺醇作为底物中的乙醇胺单元，按 7.1.5.3 小节方法合成得可分开的两个 B 环并五元环的青蒿素类似物，在用硫酸铜催化甲苯回流的条件时二者比例为（2～3）：1，而用樟脑磺酸在室温下反应时二者比例可达 8：1（表 7－4）。其中的优势产物经单晶 X 射线衍射分析确定螺环碳的构型为（S）[24,25]。

表 7－4　L-脯胺醇在不同反应条件下的反应

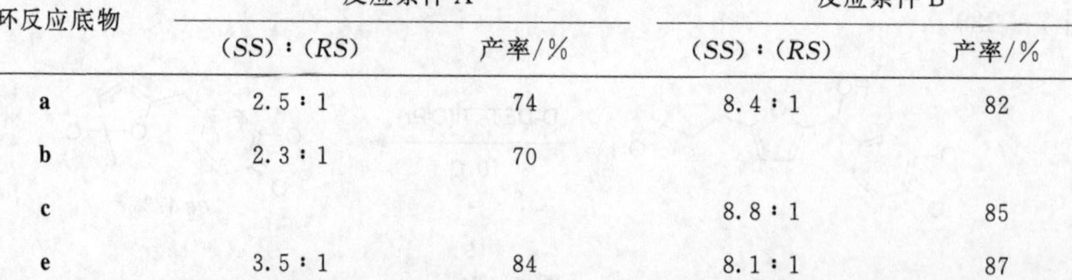

Ar　OH　OMe　a　HO　Ar　OH　N　O　b　Ar　(S)　(S)　N　O　(SS)　+　Ar　(R)　(S)　N　O　(RS)

a Ar = phenyl　**c** Ar = *p*-MeO-phenyl
b Ar = *p*-Cl-phenyl　**e** Ar = naphthalen-1-yl

闭环反应底物	反应条件 A		反应条件 B	
	(*SS*)：(*RS*)	产率/%	(*SS*)：(*RS*)	产率/%
a	2.5：1	74	8.4：1	82
b	2.3：1	70		
c			8.8：1	85
e	3.5：1	84	8.1：1	87

试剂和反应条件：a. (S)-脯氨醇，Et_3N，甲醇，回流；b. 反应条件 A. $CuSO_4.5H_2O$，甲苯，回流，24 h；反应条件 B. CSA，DCM，r.t.，24 h

进而我们采用链状的取代乙醇胺进行考察，发现简单的(*S*)-2-丙氨基丙醇时，由于仅有一个甲基的影响，对螺环碳构型的选择性形成影响不明显(图 7-25)。

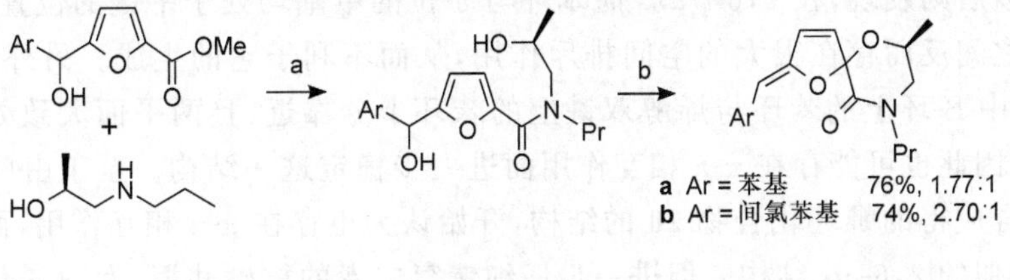

图 7-25

试剂和反应条件：a. Et_3N，甲醇，回流，24h；b. CSA，DCM，r.t.，12 h

但是当我们采用有大基团取代的乙醇胺衍生物——(1*R*,2*R*)-伪麻黄碱[(1*R*,2*R*)-pseudoephedrine]和(1*S*,2*R*)-麻黄碱[(1*S*, 2*R*)-ephedrine]时，所试验的底物都得到了单一的、对映纯的产物，也就是说完全控制了螺环碳手性构型的生成(图 7-26)。

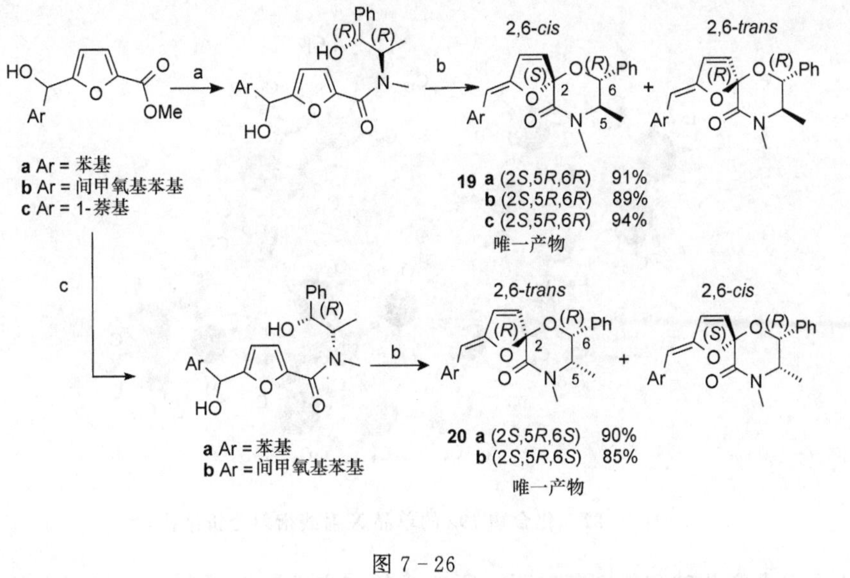

图 7-26

试剂和反应条件：a. (1*R*,2*R*)-伪麻黄碱，Et_3N，MeOH，回流；b. CSA，CH_2Cl_2，r.t.，24 h；c. (1*S*,2*R*)-麻黄碱，Et_3N，MeOH，回流

由(1*R*,2*R*)-伪麻黄碱合成得的螺环化合物 19 中螺环碳的绝对构型为(*S*)，B 环中 2,6-位氧与苯基的相对构型为 *cis*，这一立体化学关系是根据 **19a** 的单晶 X 射线衍射分析而确定的(图 7-27)。从图中可以清楚地看出 B 环中 6-位的苯环与 2-位螺环碳上的氧处于顺式双竖键的位置，螺环缩酮中六元环上的氧由于立体电子

效应(异头碳效应)通常总是处于竖键的位置,但苯环这一大的取代基也处于竖键位置则是出乎意料的,本来以为应该苯基处于平键而生成 2,6-*trans* 的产物。进一步分析以后则发现,在 2,6-*trans* 时苯环与 5-位的甲基均处于平键的位置,这时它们相互之间反而存在很大的空间排斥作用,从而不利于它的生成。另外,在 2,6-*cis* 结构中 B-环上的苯环与烯醇双键上的苯环十分靠近,且两平面大致处于平行的状态,因此也可能存在 π-π 相互作用而进一步稳定这一结构。至于由(1*S*,2*R*)-麻黄碱合成得的螺环化合物 **20** 的结构,开始认为也存在 π-π 相互作用,而提出了与 **19** 类似的 2,6-*cis* 结构。但进一步仔细考察二者的核磁共振,发现 6-位氢的化学位移彼此相差竟达 0.9 ppm,而且化合物 **20** 的 6-位氢还与烯醚双键上的苯环氢存在 NOE,因此我们改而推定 **20** 的结构为 2,6-*trans*(图 7-28),这时螺环碳的绝对构型为(*R*),B 环上的苯基处于平键的位置,与 5-位上的甲基无明显的空间排斥作用。因一时无法得到 **20** 的单晶,不能由 X 射线衍射分析来进一步证实,为此后来我们又通过类似化合物的单晶 X 射线衍射分析最终确证了 2,6-*trans* 的结构推定[25]。

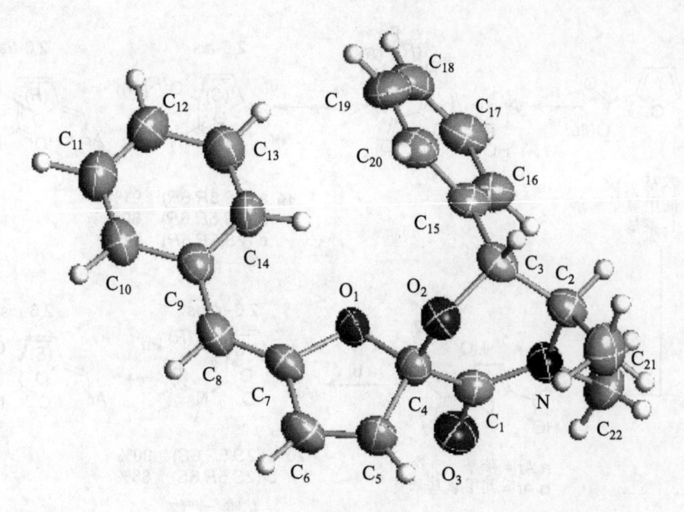

图 7-27　化合物 **19a** 的单晶 X 射线衍射分析结构

上面由麻黄碱和伪麻黄碱引入所造成的高度选择性引起了我们很大的兴趣,为了进一步考察这一螺环形成时非对映选择性的情况,我们设计合成了单苯基和与苯基体积相当的异丙基底物 **21** 和 **22**,然后在与上同样条件下脱水闭环(图 7-29)。由 **21** 也得到单一产物 **23**,6-位氢的化学位移 5.57ppm,与化合物 **20** 的 6-位氢数值相近,更明确的是得到了它的单晶 X 射线衍射分析结构(图 7-30),确定了它的苯环处于平键,相对构型为 2,6-*trans*,由此也肯定了 **20** 的构型。由 **22** 则得到了一 3.6∶1 的一对非对映异构体 **24** 和 **25**,主产物 **24** 的单晶 X 射线衍射分析

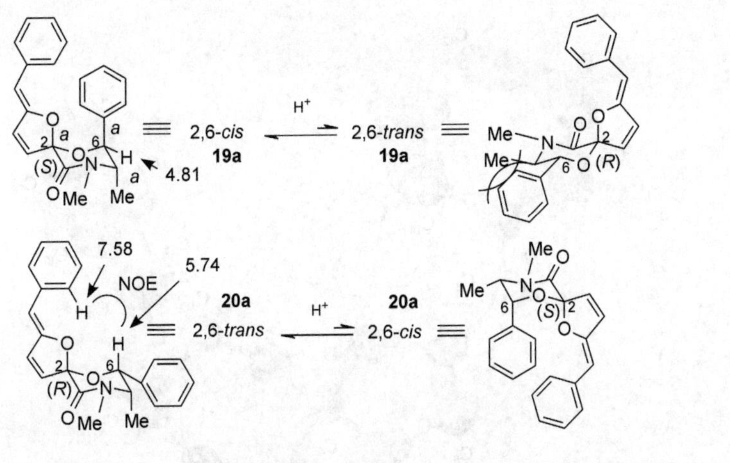

图 7-28

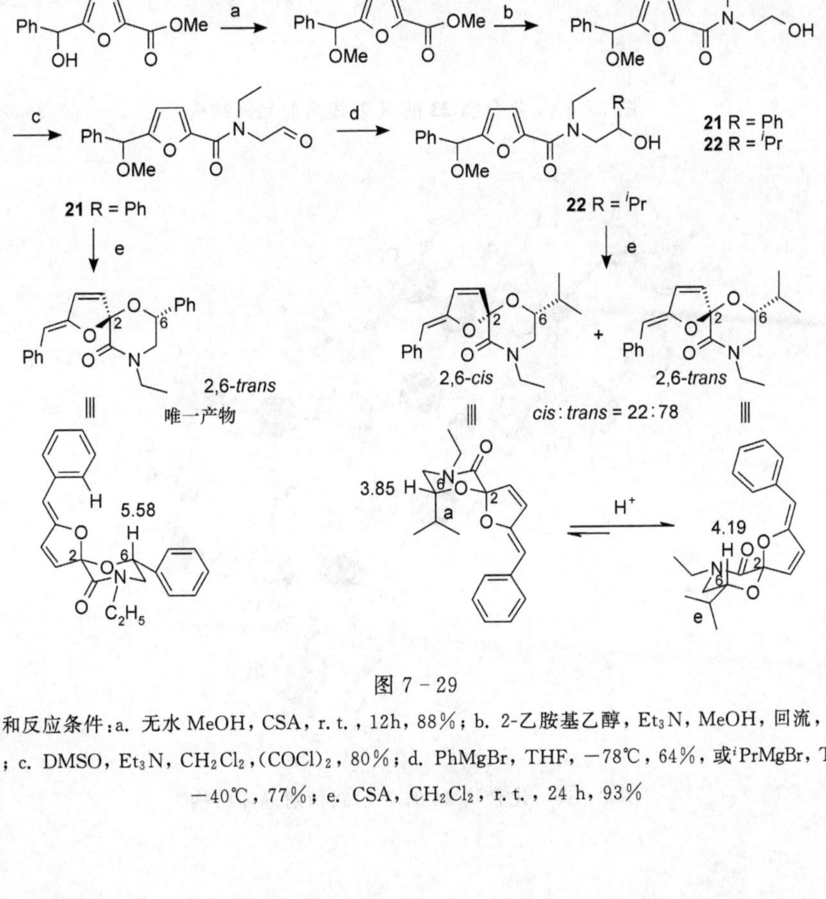

图 7-29

试剂和反应条件：a. 无水 MeOH，CSA，r. t.，12h，88%；b. 2-乙胺基乙醇，Et_3N，MeOH，回流，24h，91%；c. DMSO，Et_3N，CH_2Cl_2，$(COCl)_2$，80%；d. PhMgBr，THF，−78℃，64%，或^{i}PrMgBr，THF，−40℃，77%；e. CSA，CH_2Cl_2，r. t.，24 h，93%

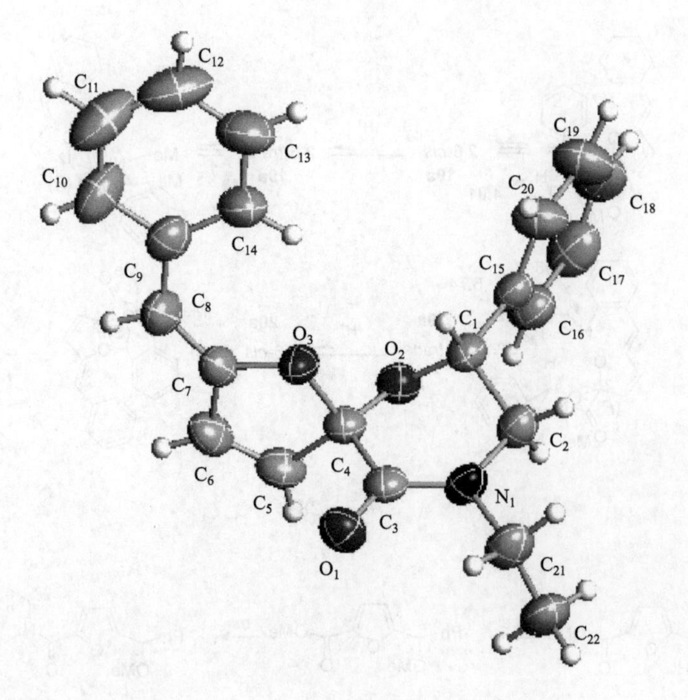

图 7-30　化合物 **23** 的 X 射线衍射晶体结构

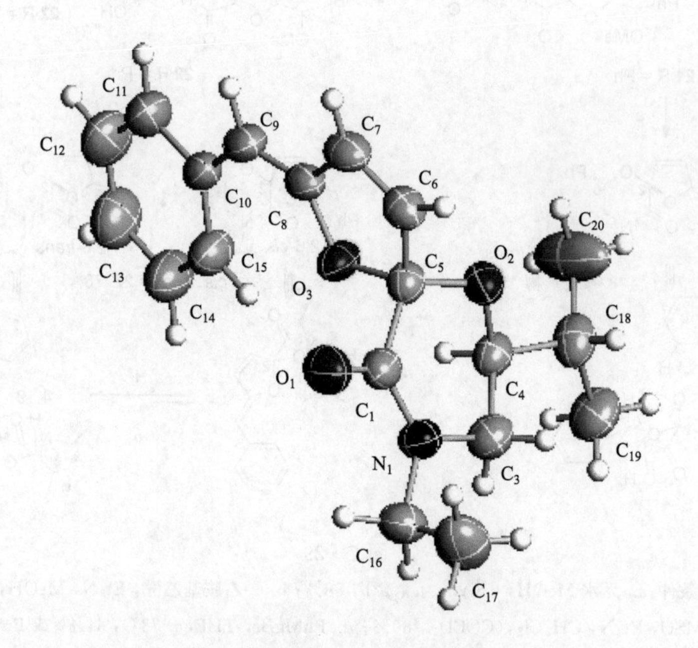

图 7-31　化合物 **24** 的 X 射线衍射晶体结构

确定它的相对构型也为2,6-*trans*,异丙基处于平键,也同样显示了6-位氢核磁共振中的化学位移2,6-*trans*异构体的处于较低场(图7-31)。这一结果说明了优势产物主要取决于形成B环的立体化学是否有利。

此后我们也将上述对[4.5]-螺环缩酮茼蒿素形成时非对映选择性的考察推广到[4.4]-螺环缩酮上去,我们选择做了带苯基和叔丁基的两个例子,发现带苯基时,虽然不是生成唯一产物,但非对映选择性比例也高达12∶1,优势产物经2D NMR确定为2,5-顺式产物,与[4.5]-螺环缩酮时有所差别。带叔丁基时也有较好的选择性,两个异构体的比例约为5∶1,无法分开,初步推断优势产物也为2,5-顺式[25](图7-32)。

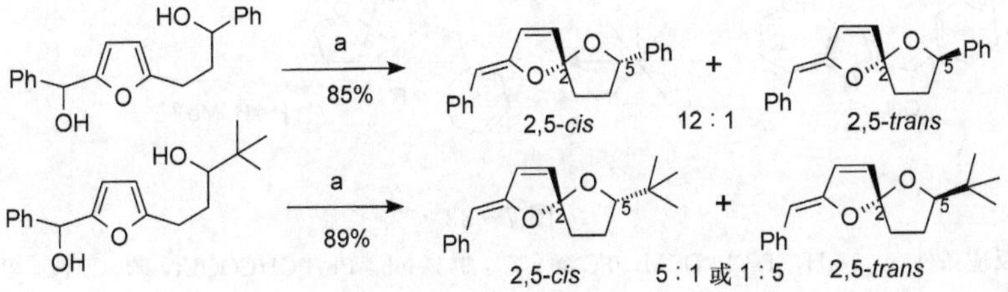

图7-32

试剂和反应条件:a. $CuSO_4 \cdot 5H_2O$,甲苯,70℃

总之,这一节的工作显示,茼蒿素类化合物螺环节点碳的构型是可以通过B环上的手性基团来加以控制,闭环时非对映选择性的情况也是有一定的规律可循,但是更深的影响因素还有待进一步探索。

7.1.6　茼蒿素类化合物的多样性——进一步的考虑

茼蒿素类的螺环缩酮-烯醇醚的结构十分独特,而现在的合成方法却相当简便,它的不饱和基团和B环可以有很多的变化,但是仍局限于由呋喃环出发的范围,因此从当今多样性导向合成的观念考虑,能否将现在的反应模式推广至其他类型的底物也就成了一个自然的问题。非呋喃环的A环,非缩酮型的螺环都是值得试探的,实际上也确实实现了A环为吡咯环的合成,只是吡咯环上的N需保护成对甲苯磺酰胺,不保护或烷基保护均将不能脱水形成螺环[17](图7-33)。这一成功为进一步实现其他诸如硫代的螺环乃至碳取代螺环茼蒿素类化合物的合成留下了遐想的空间,我们期待着它们的出现。

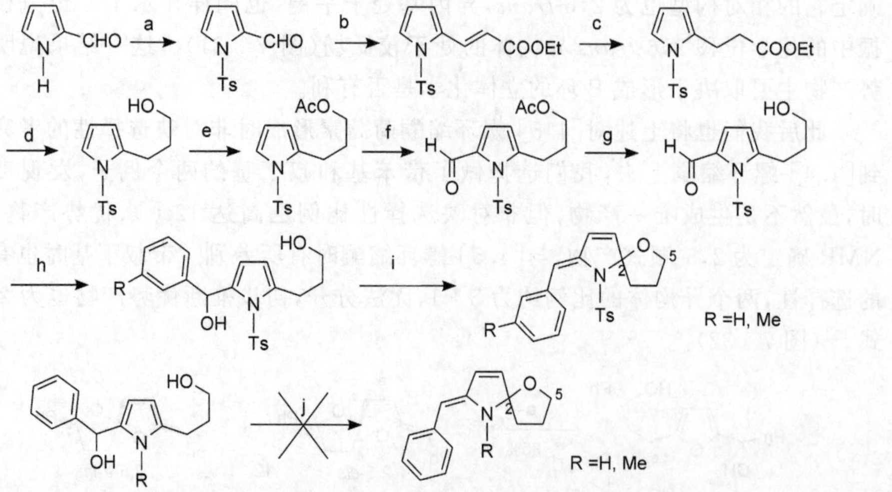

图 7-33

试剂和反应条件：a. NaH，TsCl，DCM，0℃至 r. t.，94%；b. $Ph_3PCHCOOEt$，苯，回流，2h，95%；c. H_2，Pd-C，～100%；d. $LiAlH_4$，THF，86%；e. Ac_2O，Et_3N，DMAP，DCM，0℃至 r. t.，97%；f. $POCl_3$，DMF，DME，－5℃至 r. t.，90%；g. K_2CO_3，MeOH：H_2O（3：1），r. t.，89%；h. C_6H_5Br或 p-$CH_3C_6H_4Br$，BuLi，THF，－78℃ 80.5%或 86%；i. PPTS，甲苯，r. t.，12 h，R＝H，94%或 92%；j. $CuSO_4$．$5H_2O$，甲苯，85℃，或 PPTS，甲苯，80℃

7.2　茼蒿素类化合物的反应和分子多样性

在茼蒿素课题酝酿之时，已经考虑发展的合成方法不仅要合成茼蒿素类的天然产物，而且也要能合成茼蒿素的非天然类似物，其实这也正是当时天然产物合成的一种发展趋势，20 世纪 90 年代以后组合化学出现，建立化合物库成为有机合成的一个重要方面，接着又提出了多样性导向的有机合成（diversity-oriented synthesis，DOS），在此气氛下天然产物的合成更是不能仅仅局限于天然产物的本身，而是以此起步，进一步发展到创造出丰富多彩的一大批结构新型的有机化合物。7.1 节中介绍我们发展了十分简捷的方法，从而合成了一系列的茼蒿素类似物，由此我们也就萌发了能否在此基础上，以它们为原料再合成到一系列另有特色的、结构多样的化合物。另外，茼蒿素类分子结构的特征确也给出进行多样性反应的可能，正有待我们去探索，表 7.5 显示了茼蒿素类分子中的反应活性中心和根据半经验量子力学计算得出的电荷分布。由此启示我们如何利用茼蒿素类分子作为底物去试探各种各样的反应[21,26]。

表 7-5　蒿蒿素类分子(Unsat=Ph)螺环缩酮烯醇醚部分的净电荷分布
(半经验量子力学计算法 AM1)

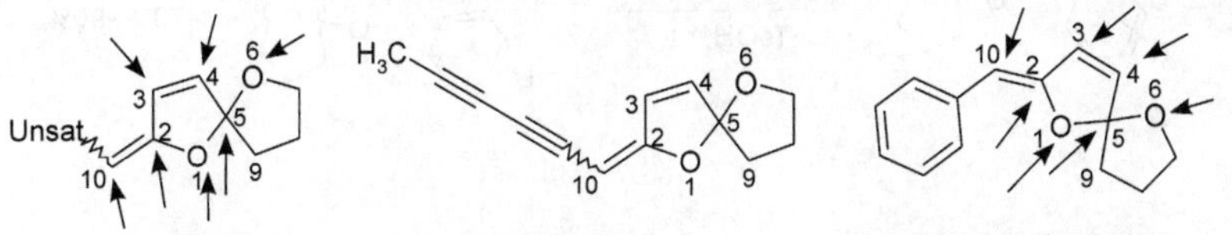

蒿蒿素类分子　　1 (蒿蒿素)　　蒿蒿素类分子(Unsat=Ph)

O_1	−0.224 451	C_2	0.049 685	C_3	−0.127 253	C_4	−0.172 121
C_5	0.202 139	O_6	−0.257 257	C_{10}	−0.149 155		

7.2.1　对蒿蒿素类化合物的亲核反应

在酸催化剂存在下,蒿蒿素类化合物可能有两种作用方式:一种是酸与 O_6 配位;另一种是与 O_1 配位。按上述计算的电荷分布情况,应是有利于前者,因而对蒿蒿素类化合物酸催化下的亲核反应将发生于中间体 A 或 B,而且更倾向于中间体 B,进攻 C_{10}-位,也即烯醇醚的 β-位(图 7-34)。

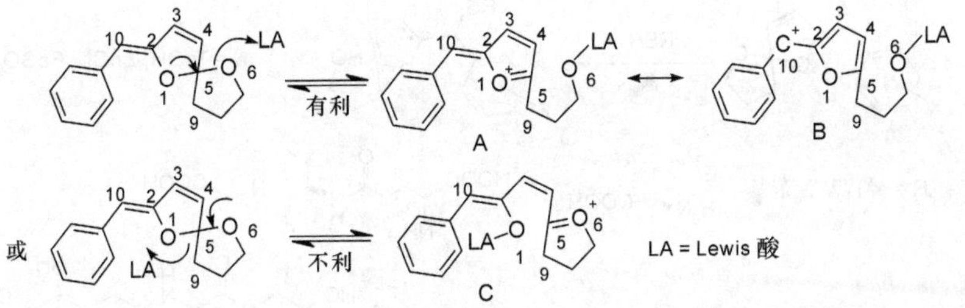

有利　　A　　B
或　　不利　　C　　LA = Lewis 酸

图 7-34

其实合成蒿蒿素类化合物的酸催化闭环反应也正是酸催化下水对它进行亲核加成的逆反应,蒿蒿素类化合物酸催化水解得呋喃二醇,水分子进攻 C_{10}-位(烯醇醚的 β-位)。为此我们进一步考察酸催化下其他亲核试剂是否也进攻 C_{10}-位而得到相应的产物。

7.2.1.1　与醇的反应

蒿蒿素类化合物在催化剂量的对甲苯磺酸存在下,室温时即能与甲醇或乙醇反应,醇进攻烯醇醚的 β-位,而得到呋喃二醇的单醚化合物,产率 70%~90%,但醇需要大大过量,实际上是用作溶剂,高级醇如异丙醇、苄醇在同样条件下几乎不发生反应。由此说明亲核反应确实是发生在烯醇醚的 β-位上,但对醇这样的弱亲核试剂反应不易进行[26](图 7-35)。

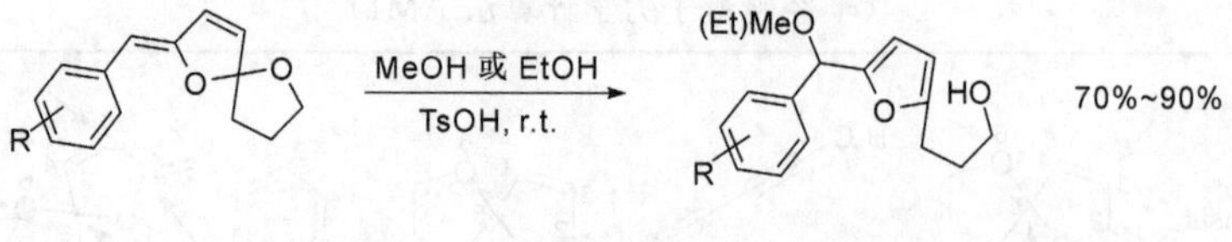

图 7-35

7.2.1.2 与硫醇的反应

茼蒿素类化合物与硫醇的反应则远较与醇的反应容易得多,酸催化剂可用对甲苯磺酸这样的质子酸,也可用 Lewis 酸,氯化锌、硫酸亚铁,异丙硫醇、苄硫醇都能反应,而且产率也都在 80%左右。考虑到巯基化合物广泛存在于生物体中,尤其是半胱氨酸和含半胱氨酸的多肽、蛋白质具有十分重要的作用。为此专门考察了茼蒿素类化合物与半胱氨酸和谷胱甘肽的反应。也曾推测茼蒿素与昆虫蛋白质中巯基的反应可能与拒食活性有关,昆虫取食的植物中含叶绿素,而叶绿素中是镁离子,因此我们也选用了镁离子来催化茼蒿素类化合物与谷胱甘肽的反应,以模拟这一过程。实验发现反应能顺利进行,产率也较好,C_{10} 的构型暂未定[26](图 7-36)。

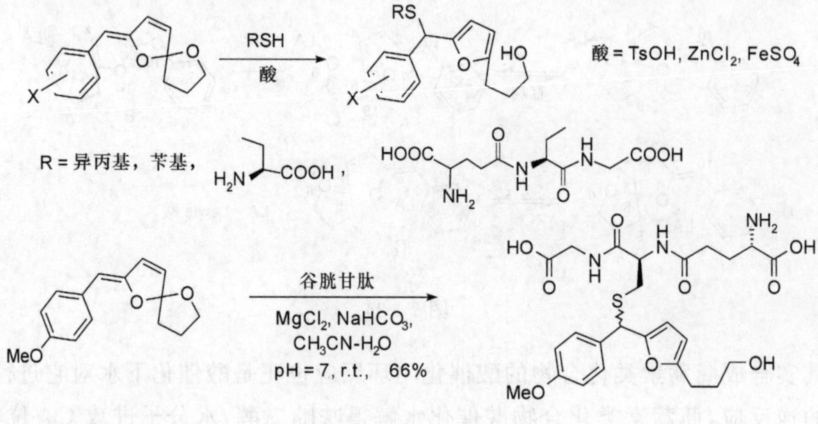

图 7-36

7.2.1.3 与 Grignard 试剂的反应

酸催化下的 Grignard 反应则较为复杂,两种 Grignard 试剂 EtMgBr 和 PhMgBr 在 Lewis 酸 $BF_3 \cdot Et_2O$ 催化下,THF 为溶剂,-78℃和-40℃时均可与茼蒿素类似物反应,但试剂进攻的碳原子则有所不同。对于 C_{10}-位上单不饱和取代基团的茼蒿素类似物,EtMgBr 进攻 C_{10}-位为主,但也有相当量的进攻 C_5-位(螺环碳)的产物;PhMgBr 则只进攻 C_{10}-位。对于 C_{10}-位上双苯基取代的茼蒿素类似物，两种 Grignard 试剂均只进攻 C_5-位，得到唯一产物[26]（图 7－37）。

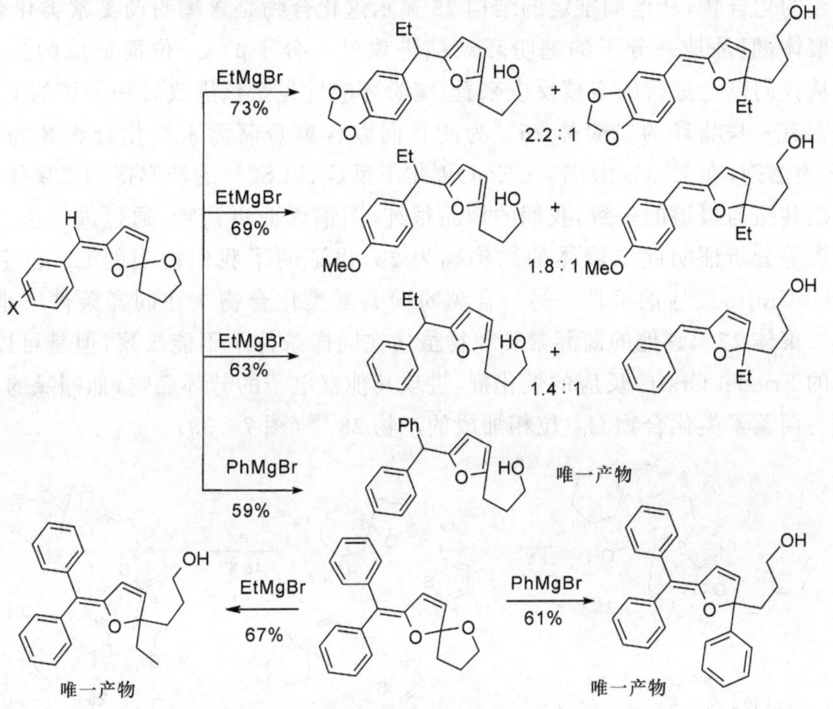

图 7－37

7.2.1.4　与 $LiAlH_4$-$AlCl_3$ 的反应

在催化剂量的三氯化铝存在下负氢离子的亲核进攻也生成两种产物，情况与 Grignard 反应类似，负氢离子可以进攻 C_{10}-位，也可以进攻 C_5-位，但比例更为接近[26]（图 7－38）。

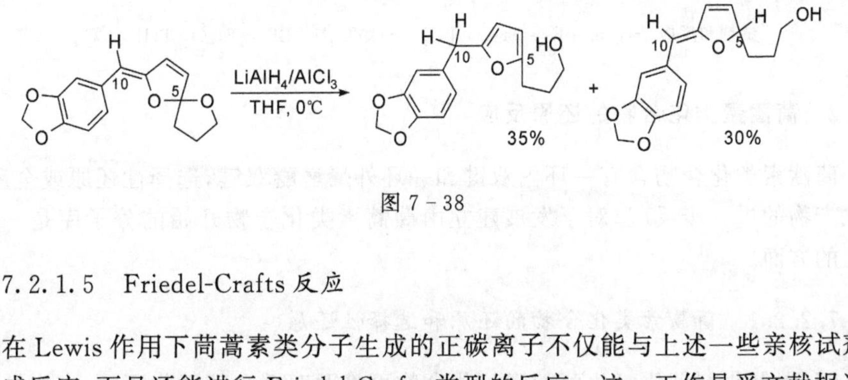

图 7－38

7.2.1.5　Friedel-Crafts 反应

在 Lewis 作用下青蒿素类分子生成的正碳离子不仅能与上述一些亲核试剂进行加成反应，而且还能进行 Friedel-Crafts 类型的反应。这一工作是受文献报道天然产物的启发而开展的，Hofer 报道从蒿类植物 *Artemisia ludoviciana* 分离得到一有趣的化合物，从他们推定的结构 **25** 显示这化合物是含噻吩茼蒿素类化合物 **8** 的二聚体，但是是一分子的噻吩环亲核进攻另一分子的 C_5-位而形成的二聚体。然而从我们以上进行的亲核反应来看，噻吩环应优先亲核进攻另一分子的 C_{10}-位，得到含有一呋喃环的二聚体 **26**。为此我们以含噻吩茼蒿素类化合物 **8** 为原料，THF 为溶剂，在 Lewis 酸$BF_3 \cdot Et_2O$催化下反应，以 52%的产率得到二聚体，产物的核磁共振与报道的一致，我们的样品很纯，图谱因而更清晰，通过进一步二维核磁共振等分析证明此二聚体的结构确为 **26**，也证明了我们提出的 C_{10}-位上进行 Friedel-Crafts 反应的机理。另一含噻吩茼蒿素类化合物 **7** 在同样条件下也可反应得二聚体 **27**。其他的茼蒿素类似物虽然在同样条件下不能二聚，但是可以作为很好的 Friedel-Crafts 反应的烷化剂，进攻其他富电子的芳环底物，如吲哚的 3-位，生成与茼蒿素类化合物 C_{10}-位相加成的产物 **28**[26]（图 7－39）。

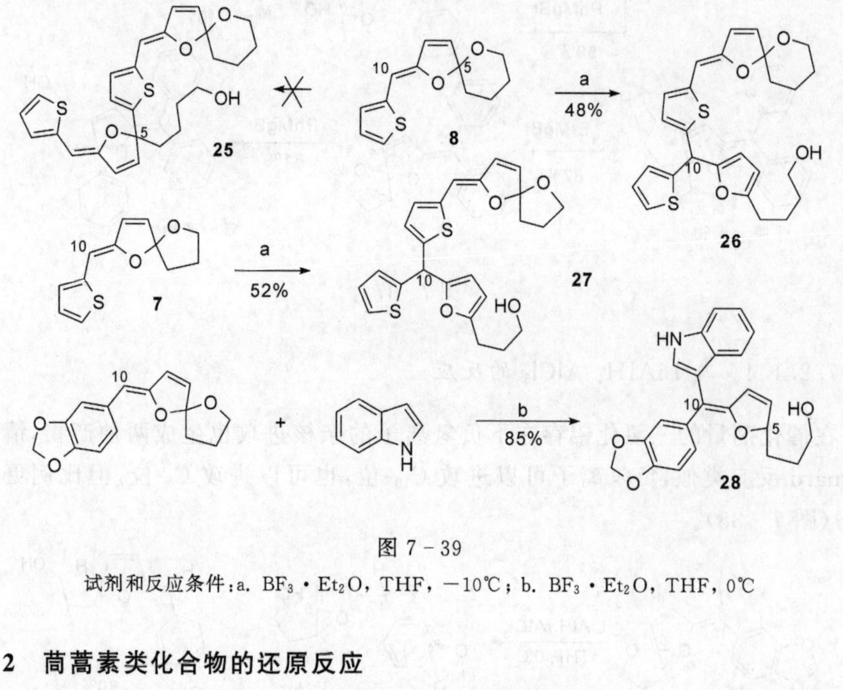

图 7－39

试剂和反应条件：a. $BF_3 \cdot Et_2O$, THF, -10℃；b. $BF_3 \cdot Et_2O$, THF, 0℃

7.2.2 茼蒿素类化合物的还原反应

茼蒿素类化合物含有一环内双键和一环外烯醇醚双键，选择性还原或全还原，还原产物的进一步反应，对于发展建立由茼蒿素类化合物开始的分子库是一个很重要的方面。

7.2.2.1 茼蒿素类化合物的还原和选择性还原

钯-碳催化剂催化氢化茼蒿素类化合物可将两双键全部氢化还原，在中性条件有较多副产物生成，产率不高，但在氢化时加入等量的三乙胺以维持还原体系微碱性，则可得 90%左右的全氢化产物。在严格控制加氢量的情况下可选择性地只还原环内双键。不饱和基团中带硝基时难于催化氢化[15]（图 7－40）。

H_2/Pd-C, Et_3N, EtOH, 90%　　1 eq H_2/Pd-C, EtOH, 81%

图 7－40

虽然选择性氢化可以以较好的产率得到二氢茼蒿素类似物，但严格控制加氢量的操作是较难掌握的，为此我们转而采用化学试剂来还原双键，亚胺（HN ═ NH）还原通常有较好的选择性，能选择还原空间阻碍较小的双键，果然用以还原茼蒿素类似物时竟也能以 90%左右的高产率选择性地还原环内双键。进一步考虑茼蒿素类化合物的电荷分布，可以看出环内双键系处于两个掩蔽了酮基之间，具有共轭烯酮双键的性质，有可能被还原 *α*,*β*-不饱和系统双键的试剂所还原，我们曾采用 $NaBH_4$-$NiCl_2$ 体系还原 *α*,*β*-不饱和酯或内酯，现转而用于还原环内双键，很幸运地发现在茼蒿素类似物分子上，环外双键不受影响，仅专一地还原环内双键。但需注意勿使反应体系成酸性，因茼蒿素类化合物对酸敏感，而二氢茼蒿素类对酸更敏感。这样我们找到了试剂简单易得、操作方便的选择性还原环内双键的方法，表 7－6 显示几类不同茼蒿素类似物亚胺和 $NaBH_4$-$NiCl_2$ 体系还原的情况[27]。

表 7－6　不同茼蒿素类似物的还原反应情况

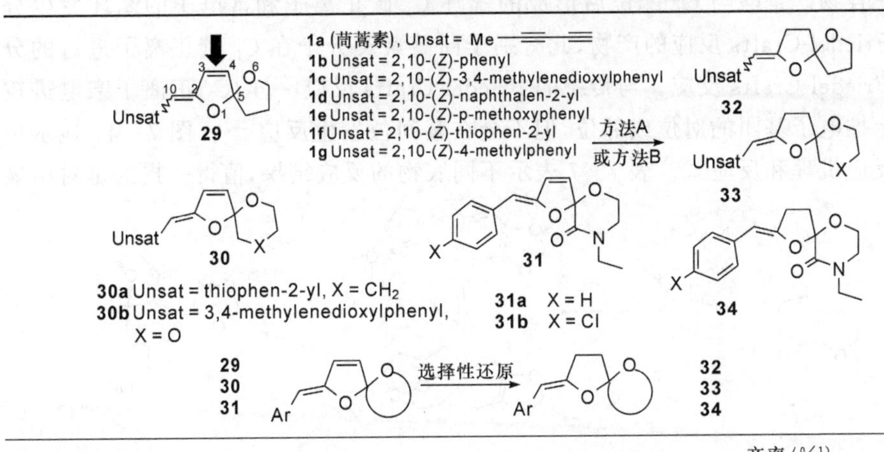

序号	原料	产物	产率/%[1)]	
			方法 A	方法 B
1	**29b**	**32b**	89	85
2	**29c**	**32c**	91	90

续表

序号	原料	产物	产率/%[1) 方法 A]	产率/%[1) 方法 B]
3	**29d**	**32d**	87	
4	**29e**	**32e**	90	93
5	**29f**	**32f**	92	88
6	**29g**	**32g**		85
7	**29f**	**32f**		80
8	**30a**	**33a**		82
9	**30b**	**33b**		85
10	**31a**	**34a**		92[2)]
11	**31b**	**34c**		90[2)]

1) 方法 A. $TsNHNH_2$，TMEDA，DME，回流，12 h；方法 B. $NaBH_4$，$NiCl_2$，DME/MeOH，r. t.，6 h。
2) 还原时间约 5 min。

7.2.2.2 还原产物的分子内 Friedel-Crafts 反应

不饱和基团为取代苯基的全氢化的茼蒿素类化合物实际上是一苄基取代的螺环缩酮，当用酸处理试图打开螺环时，却有趣地发现苯环上带给电子基团化合物以较好的产率形成一意外的新产物，苯环上发生了反应，经仔细分析产物是一氧杂的桥环化合物。是酸与 O_6 配位后形成的螺环 C_5 碳正离子和富电子的苯环发生分子内 Friedel-Crafts 反应的产物，此有别于茼蒿素类分子在 C_{10} 碳正离子进行的分子间 Friedel-Crafts 反应。与传统的 Friedel-Crafts 反应一样，C_5 正离子亲电进攻苯环上推电子基团的对位或邻位，但不会在其间位发生反应[28]。图 7－41 显示可能的反应机理和反应式。表 7－7 表示不同底物的反应结果，值得一提的是对甲氧

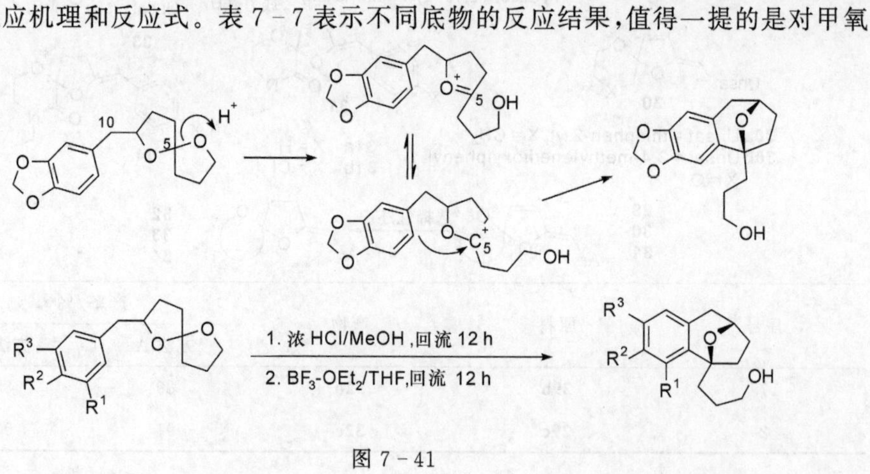

图 7－41

基苯基底物不发生分子内的 Friedel-Crafts 反应，因为此反应不利于在甲氧基的间位进行；还有在邻位上进行的反应由于空间阻碍关系而产率较低。

表 7-7　不同底物的反应结果

序号	化合物	产率/%	
		方法 A	方法 B
1	$R^1=H$, $R^2=R^3=-OCH_2O-$	70	85
2	$R^1=R^3=H$, $R^2=OMe$	不反应	不反应
3	$R^1=R^2=R^3=OMe$	<30	47
4	$R^1=H$, $R^2=OBn$, $R^3=OMe$	73	89
5	$R^1=R^2=H$, $R^3=OMe$	60	73
6	$R^1=R^2=H$, $R^3=Me$	56	65
7	$R^1=R^2=H$, $R^3=p-CH_3C_6H_4-$	70	78

通过全氢化的青蒿素类似物的反应探索，首次发现了缩酮也可以作为 Friedel-Crafts 反应时的亲电试剂，由此也合成了一类结构较为特殊，而其他方法又难以企及的化合物。在此基础上后来 Wu 和 Li 又将此方法推广至利用半缩醛出发进行分子内 Friedel-Crafts 反应，合成出类似的 [3.3.1] 桥环并环化合物[29]。

7.2.2.3　还原产物的重排反应

环内双键氢化的青蒿素类似物实际上是一掩蔽了的 1,4-二酮，在酸性条件下很易将它裸露出来，再碱化后即发生分子内 aldol 缩合成环戊烯酮。由此，三类 B 环不同的青蒿素类似物在四氢呋喃-水的混合溶剂中用稀盐酸处理后，再用氢氧化钠溶液调节至碱性，即能高产率地给出相应的 α-位带不饱和基团的环戊烯酮[27]（图 7-42）。

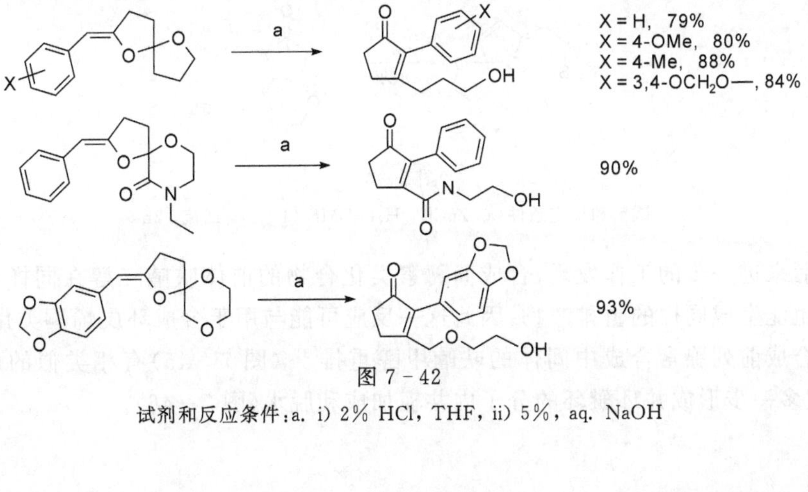

X = H, 79%
X = 4-OMe, 80%
X = 4-Me, 88%
X = 3,4-OCH₂O—, 84%

90%

93%

图 7-42

试剂和反应条件：a. i) 2% HCl, THF, ii) 5%, aq. NaOH

7.2.3 茼蒿素类化合物的重排反应

茼蒿素类化合物在酸性条件下不稳定，微量水的存在可使其返回成呋喃二醇，但在乙二醇二甲醚水为 1∶1 的混合溶剂中，加入催化剂量的 2%盐酸或氯化锌，回流 2h 后却能以 80%左右的产率给出一并环的环戊烯酮类化合物。后来也发现在不加酸催化剂时，仅仅加热回流也能得到同样的产物，仅产率略低和需要 24h 的加热回流。B 环含醚键的茼蒿素类似物也能类似地重排成环戊烯酮类化合物。但二苯基的茼蒿素类似物不能进行类似的重排(图 7－43)。

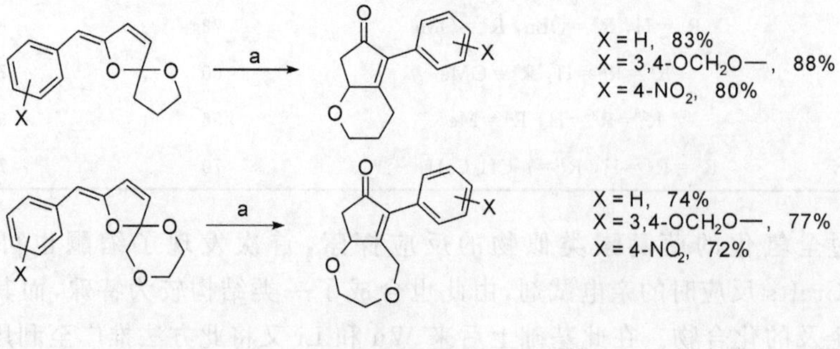

X = H, 83%
X = 3,4-OCH$_2$O—, 88%
X = 4-NO$_2$, 80%

X = H, 74%
X = 3,4-OCH$_2$O—, 77%
X = 4-NO$_2$, 72%

图 7－43

试剂和反应条件：a. $ZnCl_2$，H_2O-DME (1∶1)，回流，2h

Chrycorin (**35**) 是 1984 年 Tada 和 Chiba 从日本茼蒿中分离茼蒿素时发现的新化合物[5]，Chrycorin 对莴苣种子根系的生长有一定的抑制作用，结构不算复杂，但未见有合成的报道。但从上面的重排反应即可看出它能从另一含噻吩的天然茼蒿素类化合物 **7** 合成，而且很可能这也是生物体内的合成途径。实验证实化合物 **7** 在与上面同样的条件下确能以 88%的产率重排得 **35**，合成所得样品的光谱数据与报道的完全一致，由此完成了它的首次人工全合成[30] (图 7－44)。

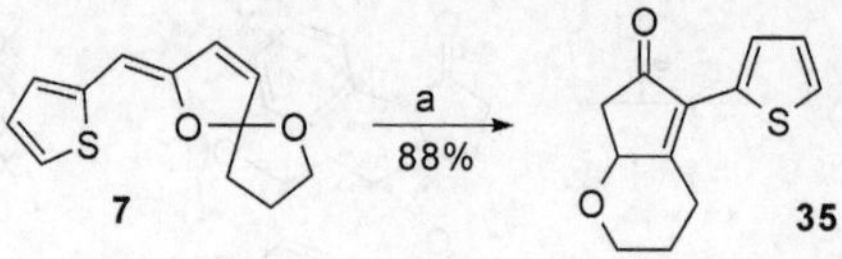

图 7－44

试剂和反应条件：a. $ZnCl_2$，H_2O-DME (1∶1)，回流，2h

后来进一步的工作发现，合成茼蒿素类化合物的前体呋喃二醇在同样反应条件下也能生成同样的重排产物，因此这一反应可能与用于合成环戊烯酮类化合物，包括合成前列腺素合成中间体的呋喃甲醇重排[31] (图 7－45)有相类似的反应历程，仅多一步形成并环醚环的分子内共轭加成和脱水(图 7－46)。

OH　$COOCH_3$
1. $ZnCl_2/H_2O$-二氧六环 (2:3),回流 22 h
2. CH_3I, K_2CO_3 丙酮,回流
O　$COOCH_3$　OH

三氯乙醛 (无水), 甲苯, Et_3N
O　$COOCH_3$　HO
前列腺素

图 7 - 45

Ar　O　O
Ar　HO　O　OH
a
O　Ar　OH　OH
O　Ar　O

图 7 - 46

试剂和反应条件:a. $ZnCl_2$, H_2O-DME (1∶1), 回流, 2h

7.2.4 茼蒿素类化合物的氢氨化反应

茼蒿素类化合物中的环内双键系处于两个掩蔽的酮基之间,具有共轭烯酮双键的性质,有可能作为 α,β-不饱和系统的双键发生 Michael 加成反应。烯键的氢氨化反应(hydroamination) 是一类应用广泛的反应,在 α,β-不饱和系统的烯键上进行的 Michael 加成型的氢氨化反应也多有报道,可以在平和的条件下进行,但基本上局限于与酮、酯、氰、亚砜、硝基等共轭的烯键,未见涉及缩酮共轭的烯键[32]。我们发现在 -78℃、丁基锂催化下,一些仲胺如六氢吡啶、四氢吡咯、吗啉都能与茼蒿素类发生 Michael 加成反应,产率 70%～90%(表 7 - 8)。有意义的是加成有很好的区域选择性和立体选择性,氨基加在 4-位而不是在负电荷较低的 3-位,氨基与螺环氧的同侧。前者可能是由于第一步加成后生成的负碳离子处于双键的 α-位较为稳定,而后者则可能由于反应过程中锂离子与螺环氧配位的原因。这一立体化学的关系由加成产物 **36** 的单晶 X 射线衍射分析所证实(图 7 - 47)。苯胺不能反应,正丁基胺能反应,但产率较低。当仲胺的加成反应在 -40℃下进行时,则有少量 3-位加成产物出现表 7 - 9,如反应时丁基锂过量则生成螺环开环产物 **37**(图 7 - 48)。茼蒿素类分子环内双键的氢氨化反应不仅丰富了由茼蒿素类化合物出发的分子多样性,而且也首次实现了缩酮共轭烯键上的反应[33,34]。

表 7-8　茼蒿素类化合物与六氢吡啶、四氢吡咯等的氢氨化反应

$\xrightarrow[\text{HNR}^1\text{R}^2,\ \text{THF},\ -78℃]{n\text{-BuLi, TMEDA}}$

$H—NR^1R^2$	Ar: Ph	Ar: 3,4-methylenedioxyphenyl	Ar: MeO-phenyl	Ar: H_3C-phenyl	Ar: O_2N-phenyl	Ar: 1-Ph-2,4-dimethyl(H_3C, CH_3)pyrrolyl
morpholine (O, NH)	**36** 94%	87%	83%	90%	44%	87%
pyrrolidine (NH)	—	82%	80%	70%	—	—
piperidine (NH)	—	—	—	—	—	71%
2-amino-4,6-dimethylpyrimidine (H_3C, NH_2, H_3C)	无反应					
$PhNH_2$	无反应					
$BuNH_2$	41%					

36

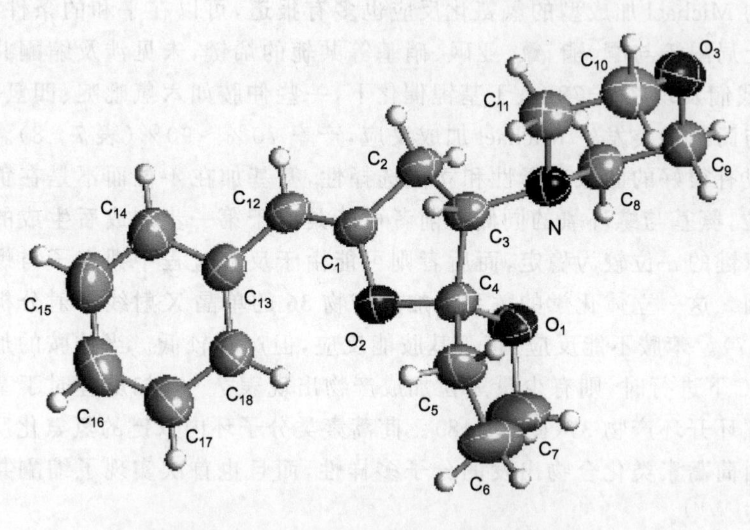

图 7-47　化合物 **36** 的 X 射线衍射分析结构

表 7-9　茼蒿素类化合物与胺化反应

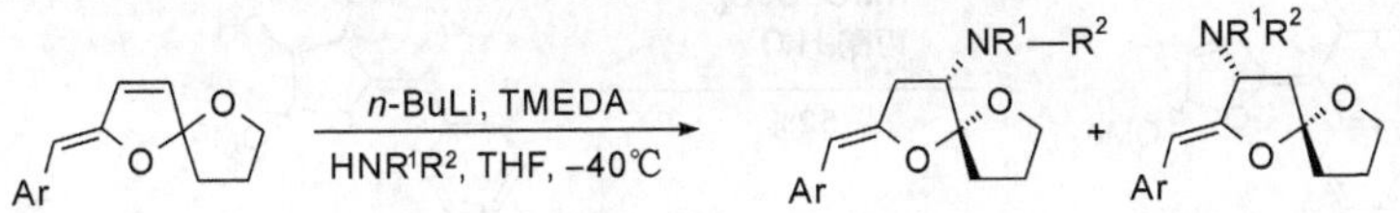

n-BuLi, TMEDA; HNR^1R^2, THF, -40℃

Ar	$H—NR^1R^2$	产物 1	产物 2	比例
Ar=Ph	$H—NR^1R^2$=吗啉	72.4%	5.6%	13∶1
Ar=3,4-亚甲二氧基苯基 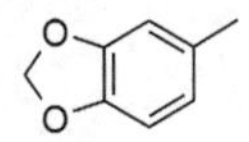	$H—NR^1R^2$=吗啉	68.4%	6.4%	11∶1
	$H—NR^1R^2$=吡咯烷	63.7%	4.3%	15∶1
Ar=H_3C-苯基 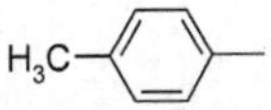	$H—NR^1R^2$=吡咯烷	65.0%	5.0%	13∶1

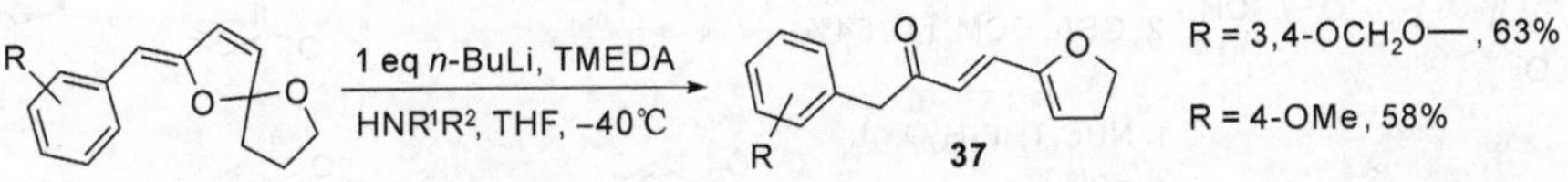

1 eq n-BuLi, TMEDA; HNR^1R^2, THF, -40℃ → 37

R = 3,4-OCH_2O—, 63%

R = 4-OMe, 58%

图 7-48

7.2.5　茼蒿素类化合物的氧化反应

茼蒿素类天然产物中有一些相当于环内双键氧化的产物，或为双羟基的衍生物，或为氧桥，如 2005 年通过冗长路线合成成功的 **38** 和 **39**[11]。

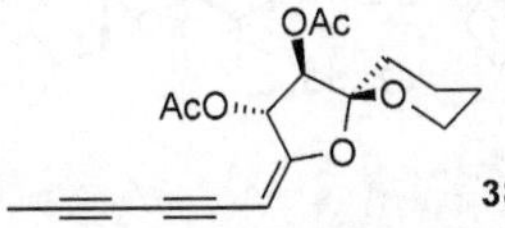

38 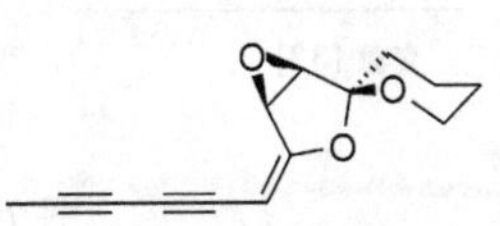　　**39** [(–)-AL-2]

从合成的角度讲，茼蒿素类化合物环内双键的选择性氧化无疑是一条捷径，为此我们试探了一些双羟基化反应和环氧化反应，NMO-OsO_4 方法在非螺环的二苯基底物上，可以以 52%的产率得到环内双键选择性双羟基化的产物，但当用于螺环的茼蒿素类似物时，反应复杂无法分得所需产物。$NaHCO_3$ 存在下用间氯过苯甲酸(MCPBA)环氧化也未获得氧桥产物，而发现有烯醇双键断裂得芳键的产物。仅用 MCPBA 时则得重排成吡喃酮类的产物，用 NBS 溴代、再用硝酸银处理也得同样产物，B 环带醚键的茼蒿素类似物也发生同样的反应[15,20]。这与已知的呋喃甲醇氧化反应相类似[35]，因此有可能与茼蒿素类化合物的酸重排反应一样，氧化反应是通过呋喃二醇而进行的(图 7-49)。

虽然迄今的实验结果显示，茼蒿素类分子环内双键选择性氧化的设想尚无法实现，但还是值得进一步探索，如能实现则将为茼蒿素类分子的多样性发展提供更多简捷的通道。

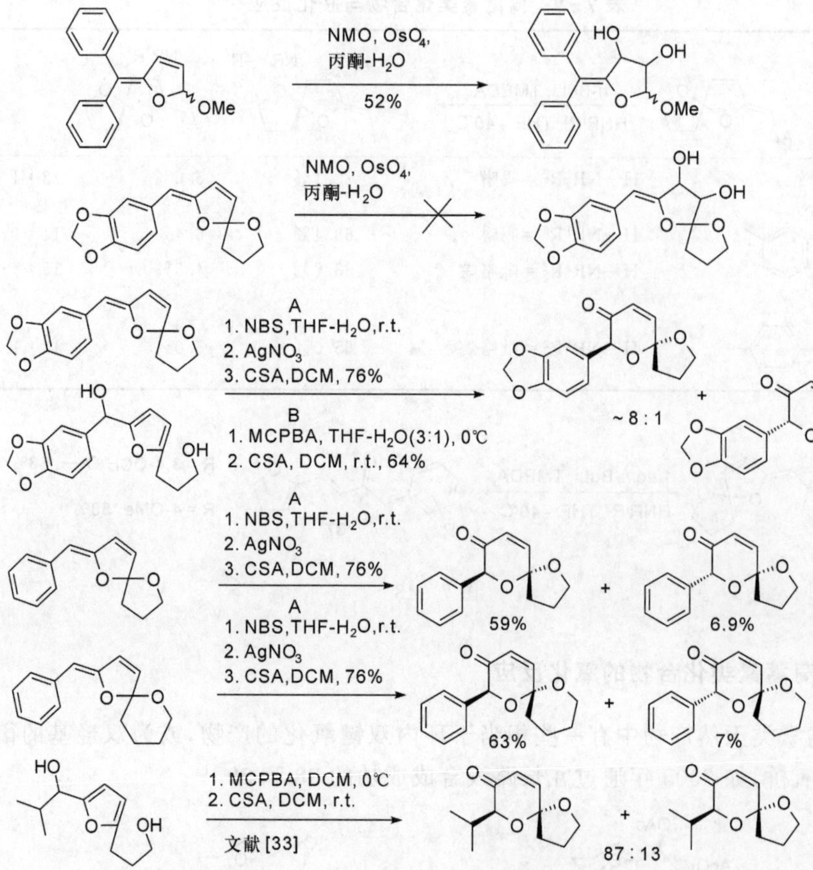

NMO, OsO_4, 丙酮-H_2O 52%

NMO, OsO_4, 丙酮-H_2O

A 1. NBS, THF-H_2O, r.t. 2. $AgNO_3$ 3. CSA, DCM, 76%

B 1. MCPBA, THF-H_2O(3:1), 0℃ 2. CSA, DCM, r.t., 64%

~8 : 1

A 1. NBS, THF-H_2O, r.t. 2. $AgNO_3$ 3. CSA, DCM, 76%

59% 6.9%

A 1. NBS, THF-H_2O, r.t. 2. $AgNO_3$ 3. CSA, DCM, 76%

63% 7%

1. MCPBA, DCM, 0℃ 2. CSA, DCM, r.t. 文献 [33]

87 : 13

图 7-49

7.3 本章撷要——天然产物合成和分子多样性

茼蒿素课题的开始缘自从茼蒿中寻找昆虫拒食的化学成分，也是因为没有熟悉茼蒿植物的所有拉丁学名，假如我们当时就以 *Chrysanthemum coronarium* L. 这一学名检索文献，则就早知道茼蒿素的结构和它的拒食活性，会采用另外的分离方式，因而也就无从萌发从呋喃二醇合成茼蒿素的设计思想，也不会扩展到一系列茼蒿素类似物的合成。由于这样一个缘由，这一章的工作虽然还是继续着传统的天然产物合成探索，和第 2～6 章一样是天然产物目标分子导向的合成(target oriented synthesis，TOS)，在这一章中合成了天然产物分子茼蒿素 (**1**)、B 环扩环茼蒿素 (**10**)、两个含噻吩环的茼蒿素类似物 **7** 和 **8**、chrycorin(**35**) 和 **8** 的二聚体 **26**，在 **26** 的合成中也改正了文献报道的结构错误，另外在无法合成两个天然产物的结构报道之后，也确定了原来它们也是 B 环扩环茼蒿素（**10**）的一对(E)/(Z)-异构体。但是这一系列的合成却是从探索螺环缩酮烯醇醚的合成方法起步，一开始就很着重于合成茼蒿素类的类天然产物，进而又致力于研究茼蒿素类化合物的反应，以图进一步创造出一批结构新型的，或其他方法难以获得的有趣化合物，这也是我们顺应当代有机合成发展的另一个趋势——多样性导向的合成(diversity oriented synthesis, DOS)而做的一次尝试。因此这一章的第一部分从改变不饱和基团片段和 B 环结构着手，合成了一系列的茼蒿素类似物，期间也成功实现了螺环碳构型的控制；第二部分则探索了从合成的茼蒿素类似物出发进行各种反应，从而又获得了一系列的茼蒿素类化合物的衍生产物，尤其是从环内双键和环外烯醚双键上选择性反应获得了多种类型的新化合物。这些结果显示茼蒿素和其类似物确是一类可以发展分子多样性的化合物，而且还有更多的发展空间有待于进一步的探索。

分子多样性导向的合成是与研究分子结构与功能关系相关联的，茼蒿素课题的开始就是与其昆虫拒食活性相关，合成中发现一些结构改变、更易合成的类似物也具有相似或更好的拒食活性，一些茼蒿素类化合物对杀灭孑孓也有很好的活性[15～20,22]。其他在药物筛选中也发现了一些活性，如抗 PAF(血小板凝集因子)、抗肿瘤细胞、抗单胺氧化酶等。但是这一些都还是较初步的工作，茼蒿素类化合物更多的生物活性还有待发掘，现有的工作也有待深入。总的看来茼蒿素类化合物在生物学方面也还有很大的发展空间，本章介绍的只是在化学合成上迈出的第一步。

参 考 文 献

1 吴照华，王军，李金翠，徐永珍，于爱军，冯祖儒，沈钧，吴毓林，郭培福，王延年. 茼蒿精油的拒食活性和化学组分. 天然产物研究与开发，1994，6(1)：1～4.（Wu Z H，Wang J，Li J C，Xu Y Z，Yu A J，Feng Z R，Shen J，Wu Y L，Guo P F，Wang Y N. Antifeeding activity and chemical composition of the essential oil from *Chrysanthemum segetum* L. Nat. Prod. Res. Develop.，1994，6(1)：1～4.）

2 吴毓林，吴照华等. 工作报告(未发表). 中国科学院上海有机化学研究所. [Wu，Y L，Wu Z H，et al. Research report (unpublished)，Shanghai Institute of Organic Chemistry，Chinese Academy of Sciences.]

3 Bohlmann F，Herbst P，Arndt C，Schoenowsky H，Gleinig H. Polyacetylene compounds. XXXIV. A new type of polyacetylene compounds from various representatives of the tribe Anthemideae. Chemische Berichte，1961，94(12)：3193～3216.

4 Bohlmann F，Arndt C，Bornowski H，Kleine K M，Herbst P. Polyacetylenic compounds. VI. New acetylene derivatives from *Chrysanthemum* species. Chemische Berichte，1964，97(4)：1179～1192.

5 Tada M，Chiba K. Novel plant growth inhibitors and an insect antifeedant from *Chresanthemum coronarium* (Japanese name：shungiku). Agric. Biol. Chem.，1984，48：1367～1369.

6 Bohlmann F，Jastrow H，Ertingshausen G，Kramer D. Polyacetylenic compounds. LIII. Synthesis of natural acetylene compounds from the tribe Anthemideae. Chemische，Berichte，1964，97(3)：801～808.

7 Bohlmann F，Florentz G. Polyacetylenic compounds. XCVI. About the biosynthesis of spiroketal

enolether polyacetylene. Chemische Berichte，1966，99：990～994.

8 Tu Y Q，Byriel K A，Kennard C H L，Kitching W. Bromination-dehydrobromination route to some naturally occurring 1,6-dioxaspiro[4.4]-nonenes and nonadienes. J. Chem. Soc. Perkin Trans. I，1995：1309～1315.

9 Toshima H，Furumoto Y，Inamura S，Ichihara A. Synthesis of spiroacetals enol ethers via intramolecular conjugate addition of hemiacetal alkoxides to alkynoates. Tetrahedron Lett.，1996：5707～5710.

10 Miyakoshi N，Mukai C. First total syntheses of (−)-AL-2. Org. Lett.，2003，5(13)：2335～2338.

11 Miyakoshi N，Aburano D，Mukai C. Total syntheses of naturally-occurring diacetylenic spiroacetal enol ethers. J. Org. Chem.，2005，70(15)：6045～6052.

12 Gao Y，Wu W L，Ye B，Zhou R Wu Y L. Convenient syntheses of tonghaosu and two thiophene substituted spiroketal enol ether natural products. Tetrahedron Lett.，1996，37(6)：893～896.

13 Gao Y，Wu W L，Wu Y L，Ye B，Zhou R. A straightforward synthetic approach to the spiroketal-enol ethers，Synthesis of natural antifeeding compound tonghaosu and its analogs. Tetrahedron，1998，54(41)：12 523～12 538.

14 Fan J F，Zhang Y F，Wu Y，Wu Y L. A practical approach to the synthesis of insect antifeedant tonghaosu analogs. Chinese J. Chem.，2001，19(12)：1254～1258.

15 高阳.中国科学院上海有机化学研究所博士论文,1997.

16 Chen L，Xu H H，Yin B L，Xiao C，Hu T S，Wu Y L. Synthesis and antifeeding activities of tonghaosu analogs. J. Agr. Food Chem.，2004，52(22)：6719～6723.

17 范俊发博士论文,中国科学院上海有机化学研究所,2000.

18 Chen L，Xu H H，Hu T S，Wu Y L. Synthesis of spiroketal enol ethers related to tonghaosu and their insecticidal activities. Pest Man Sci.，2005，61(3)：477～482.

19 Chen L，Xu H H，Yin B L，Xiao C，Hu T S，Wu Y L. Synthesis and biological activity of tonghaosu analogs containing phenoxy-phenyl moiety. Chin. J. Chem.，2004，22(9)：984～989.

20 尹标林.中国科学院上海有机化学研究所,博士论文,2003.

21 Yin B L，Fan J F，Gao Y，Wu Y L. Progress in molecular diversity of tonghaosu and its analogs. Arkivoc.，2003，2：70～83.

22 Chen L，Yin B L，Xu H H，Chiu M H，Wu Y L. Study on tonghaosu and its analogs：isolation，structure identification and synthesis of antifeedant B-ring-homo-tonghaosu. Chinese J. Chem.，2004，22(1)：92～99.

23 范俊发,尹标林,张瑜峰,吴毓林,伍贻康. 茼蒿素类似物的分子多样性 2-(*Z*)-亚苄基-1,6,9-三氧杂螺环[4,5]癸-3-烯类化合物的合成. 化学学报,2001，59(10)：1756～1762.（Fan J F，Yin B L，Zhang Y F，Wu Y L，Wu Y K. Molecular diversity of tonghaosu analogs. Synthesis of 2-(*Z*)-benzylidene-1,6,9-trioxaspiro[4,5]dec-3-ene. Huaxue Xuebao，2001，59(10)：1756～1762.）

24 Yin B L，Yang Z M，Hu T S，Wu Y L. Molecular diversity of tonghaosu，synthesis of lactam containing tonghaosu analogs. Synthesis，2003，13：1995～2000.

25 Yin B L，Hu T S，Yue H J，Gao Y，Wu W M，Wu Y L. Diastereoselective synthesis of chiral [4.4]-& [4.5]-spiroketals from furan derivatives：study on the asymmetric synthesis of tonghaosu analogs. Syn. Lett.，2004，2：306～310.

26 Yin B L，Wu W M，Hu T S，Wu Y L. Chemistry of tonghaosu analogs，novel acid catalyzed nucleophilic addition to the dienyl acetal system. Eur. J. Org. Chem.，2003：4016～4022.

27 Yin B L，Fan J F，Gao Y，Wu Y L. Molecular diversity from tonghaosu analogs：selective reduction of the endo-cyclic double bond of tonghaosu analogs and the synthesis of cyclopentenone derivatives. Syn. Lett.，2003，3：399～401.

28 Fan J F，Wu Y，Wu Y L. First examples of Friedel-Crafts alkylation using ketals as alkylating agents：an expeditious access to the benzo-8-oxabicyclo-[3. 2. 1]-octane ring system. J. Chem. Soc. Perkin Trans. I，1999，9：1189～1192.

29 Wu Y，Li Y，Wu Y L. Tandem hemiketal formation-intramoleculaar Friedel-Crafts alkylation：a facile route to hetero-atom-substituted benzo-fused bicyclo[3. 3. 1]nonanes. Helv. Chem. Acta ,2001，84(2)：163～171.

30 Yin B L，Wu Y K，Wu Y L. Acid catalysed rearrangement of spiroketal enol-ether. An easy synthesis of chrycorin. J. Chem. Soc. Perkin Trans. I，2002，15;1746～1747.

31 Dygos J H，Adamek J P，Babiak K A，et al. An efficient synthesis of the antisecretory prostaglandin enisoprost. J. Org. Chem.，1991，56：2549～2552.

32 Seayad J，Tillack A，Hartung C G，Beller M. Base-catalyzed hydroamination of olefin：an environmentally friendly route to amines. Adv. Synth. Catal.，2002，344(8)；795～813.

33 Yin B L，Hu T S，Wu Y L. Hydroamination of olefin in a special conjugated spiroketal enol ether system，diastereoselective synthesis of amino-containing tonghaosu analogs. Tetrahedron Lett.，2004，45(9)；2017～2021.

34 Yin B L，Chen L，Xu H H，Hu T S，Wu Y L. Synthesis and insecticidal structure-activity relationships of novel tonghaosu analogs. Chin. J. Chem.，2006，24(2)：240～246.

35 deshong，P，Waltermire R E，Ammon H L. A general approach to the stereoselective synthesis of spiroketals. A total synthesis of the pheromones of the olive fruit fly and related compounds. J. Am. Chem. Soc.，1988，110(6)：1901～1910.

附录一　合成的天然产物分子结构汇集

1. 第 2 章中合成的天然产物分子

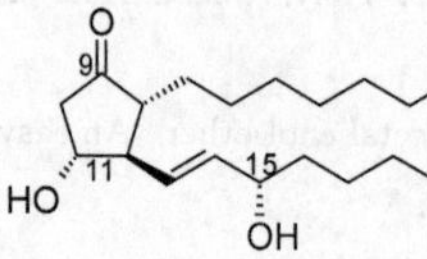

PGE_1 甲酯 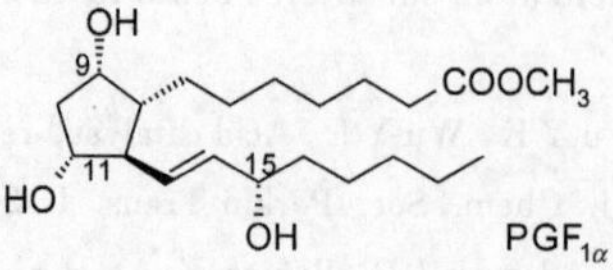　　$PGF_{1\alpha}$ 甲酯

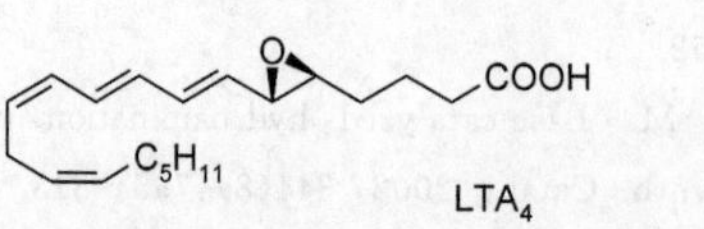

LTA_4 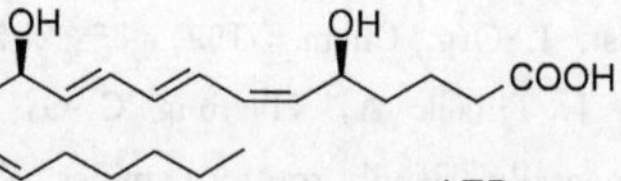　　LTB_4

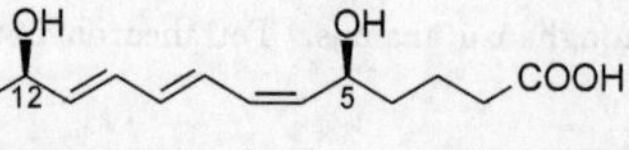

LTB_3（形式合成）

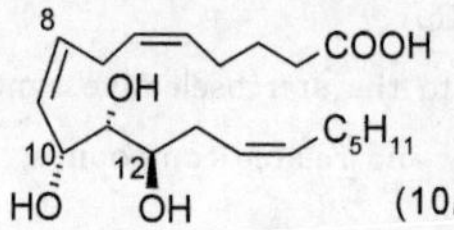

(10*R*)-Trioxilin B_3 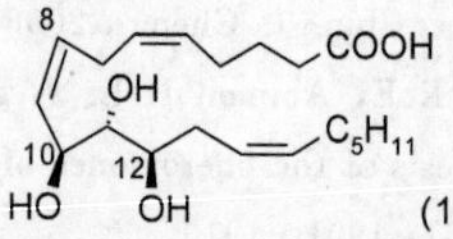　　(10*S*)-Trioxilin B_3

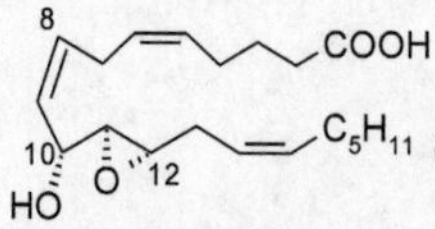

(10*R*)-Hepoxilin B_3 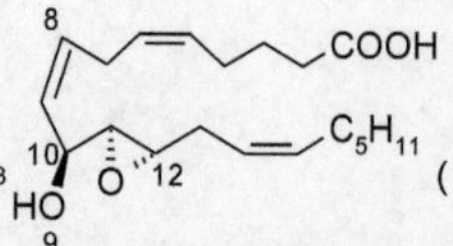　　(10*S*)-Hepoxilin B_3

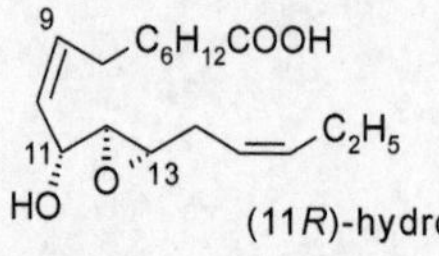

(11*R*)-hydroxy-epoxy-SARBD 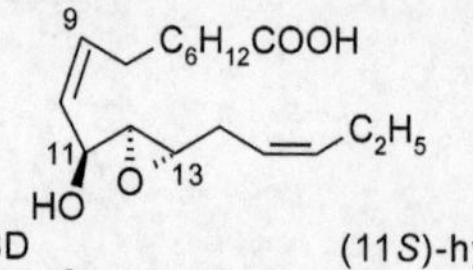　　(11*S*)-hydroxy-epoxy-SARBD

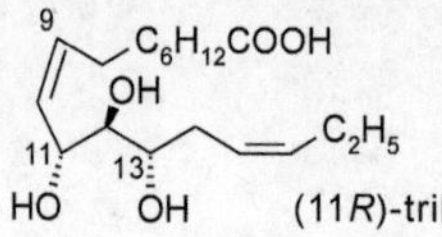

(11*R*)-trihydroxy-SARBD 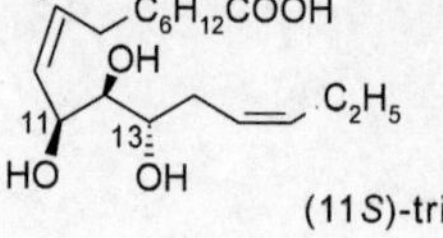　　(11*S*)-trihydroxy-SARBD

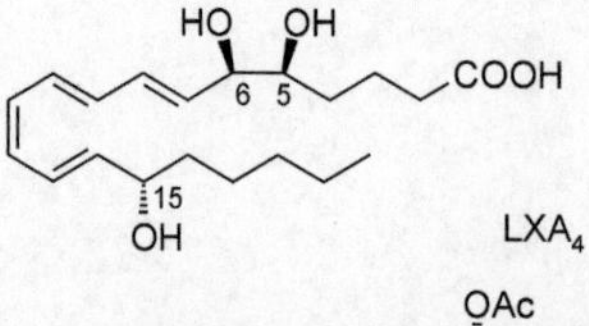

LXA_4 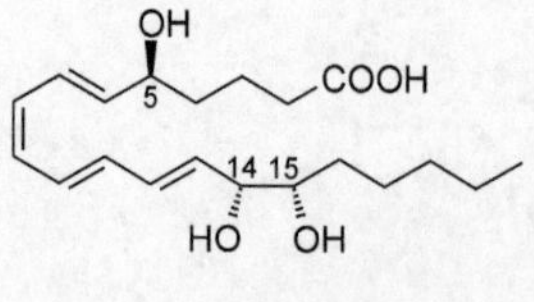　　LXB_4

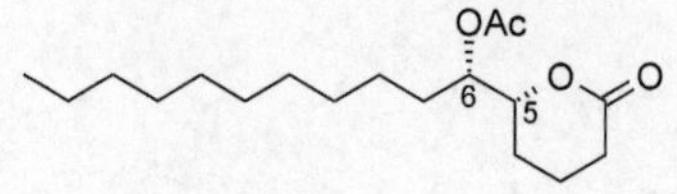

(−)-(5*R*, 6*S*)-6-乙酰氧基-5-十六烷酸内酯

HO OH
HO
2-脱氧-D-核糖

HO OH
HO
2-脱氧-L-核糖

OAc OAc
O
O
OAc
(+)-boronolide

2. 第 3 章中合成的天然产物分子

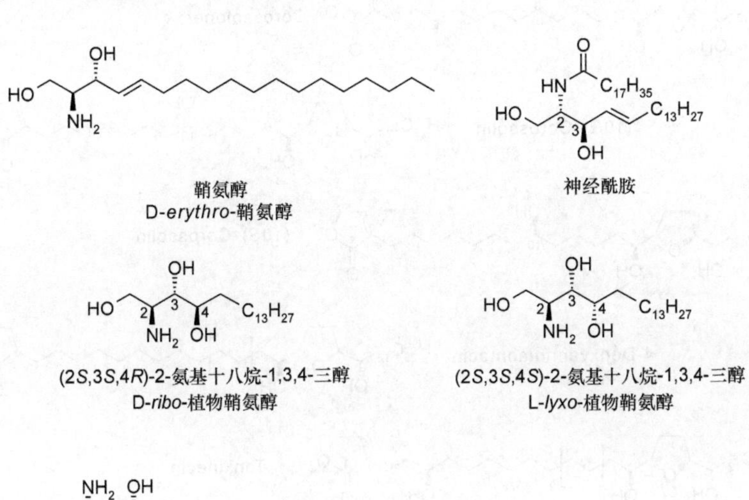

鞘氨醇
D-*erythro*-鞘氨醇

神经酰胺

(2*S*,3*S*,4*R*)-2-氨基十八烷-1,3,4-三醇
D-*ribo*-植物鞘氨醇

(2*S*,3*S*,4*S*)-2-氨基十八烷-1,3,4-三醇
L-*lyxo*-植物鞘氨醇

十八碳四羟基长链碱

NH2
HO 2 3 4 8 9 C9H19
OH CH3

(2*S*,3*R*,4*E*,8*E*)-9-甲基-十八碳二烯鞘氨醇

NH2
HO 2 3 4 8 9 C9H19
OH

(2*S*,3*R*,4*E*,8*E*)-十八碳二烯鞘氨醇

OH
O 2 22
OH
NH
HO
HO
HO
O 1 2 4 5 8 9 18
OH

白附子脑苷A
(typhoniside A)

3. 第 4 章中合成的天然产物分子

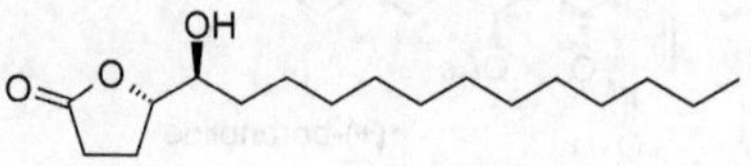

OH O O (+)-(4*S*,5*S*)-Muricatacin

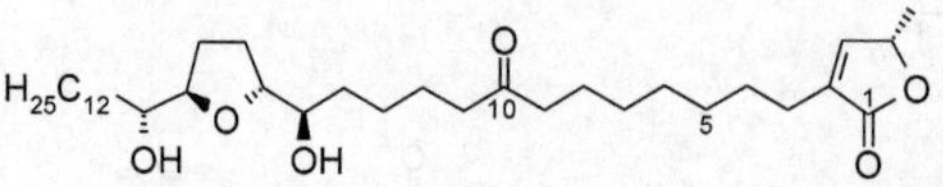

$H_{25}C_{12}$ OH O OH O 10 5 O 1 O Corossolone

(10*R*)-Corossolin $H_{25}C_{12}$ OH O OH OH 10 5 O 1 O

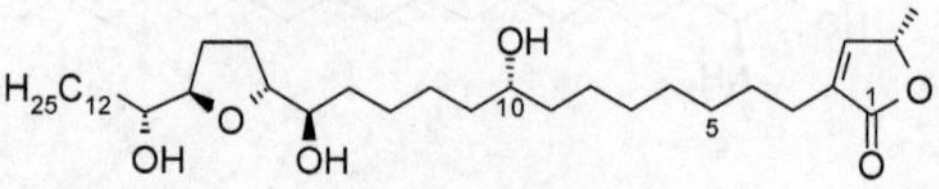

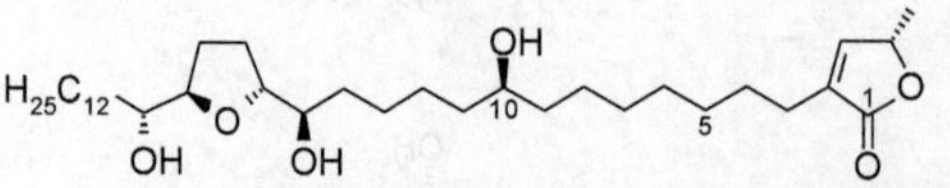

$H_{25}C_{12}$ OH O OH OH 10 5 O 1 O (10*S*)-Corossolin

4-Deoxyannomontacin $H_{25}C_{12}$ OH O OH [ ]$_2$ 10 5 O 1 O

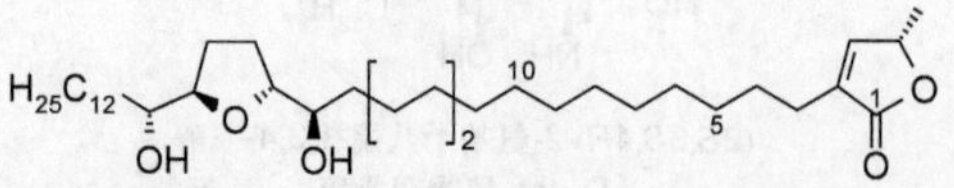

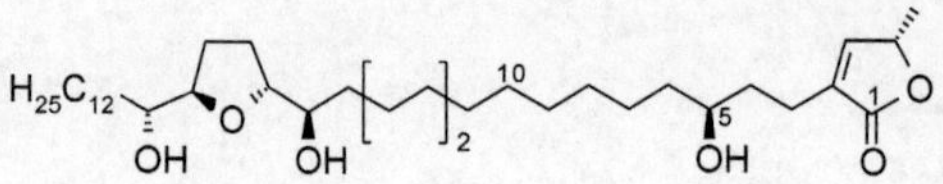

$H_{25}C_{12}$ OH O OH [ ]$_2$ 10 OH 5 O 1 O Tonkinecin

Annonacin $H_{25}C_{12}$ OH O OH OH 10 OH 5 O 1 O

[ ]$_6$ OH O O OH OH O O Longimcin C

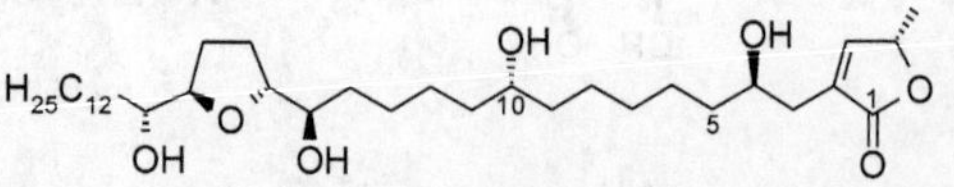

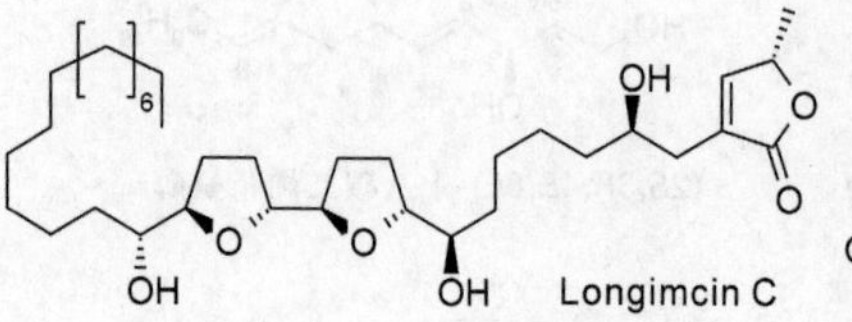

(+)-ancepsenolide O O O O

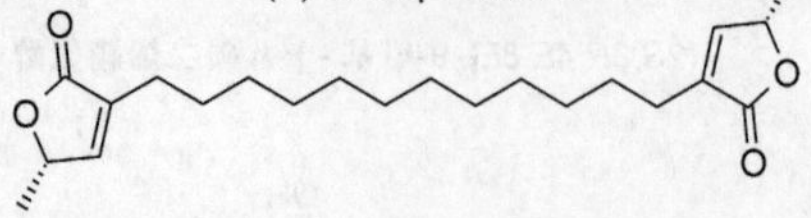

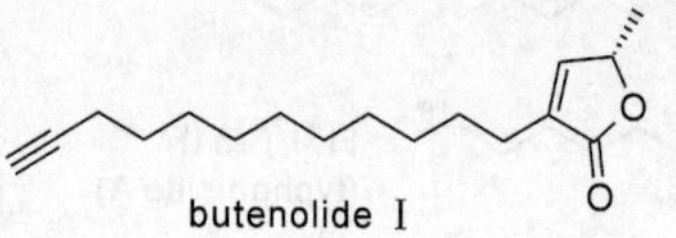

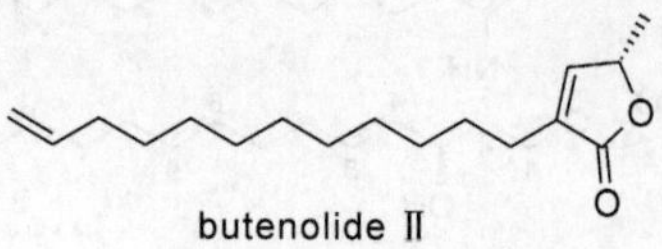

O O butenolide Ⅰ

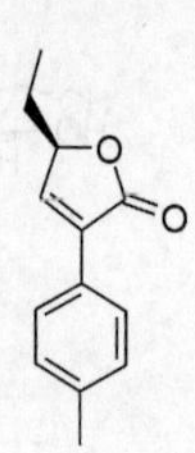

O O butenolide Ⅱ

O O incrustoporin 1

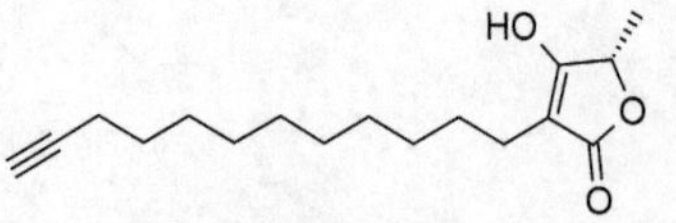

HO O O rotundifolide A

HO O O rotundifolide B

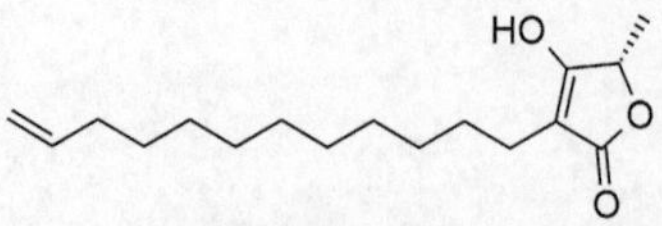

4. 第 5 章中合成的天然产物分子、3-脱氧酮糖酸

DAH　　DRH　　KDO　　KDN

3-deoxy-D-erythro-hex-2-ulosonic acid　　3-deoxy-L-erythro-hex-2-ulosonic acid　　唾液酸(*N*-acetylneuraminic acid, sialic acid)

5. 第 6 章中合成的天然产物分子

5.1　青蒿素及其代表性类似物

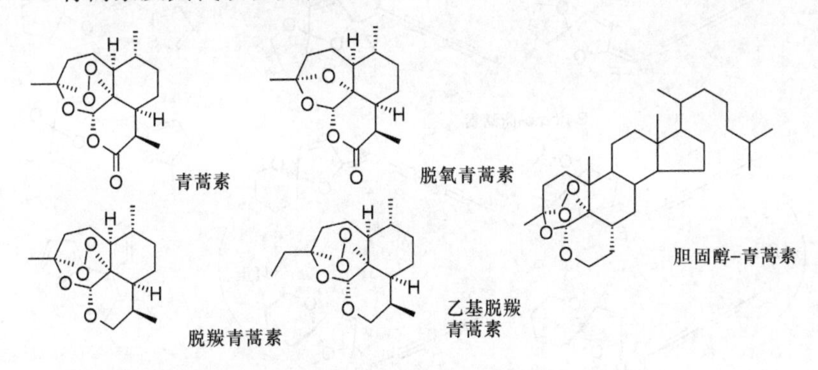

5.2　Drimane 倍半萜类化合物

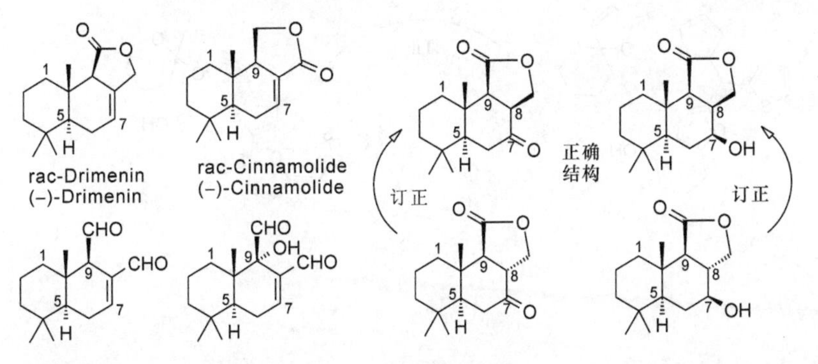

5.3 莪术二酮

5.4 群柱内酯

6. 第 7 章中合成的天然产物分子

附录二　缩写语汇录

4Å MS，4Å molecular sieves：4Å 分子筛

Ac，acetyl：乙酰基

acac，acetylacetonate：乙酰丙酮

AIBN，2,2′-azobisisobutyronitrile：偶氮二异丁腈

anhyd，anhydrous：无水

aq，aqueous：水溶液

Ar，aryl：芳基

atm，atmosphere(s)：大气压

av，average：平均

9-BBN，9-borabicyclo[3.3.1]nonane：9-硼-双环[3.3.1]壬烷

BINAP，2,2′-bis(diphenylphosphanyl)-1,1′-binphthyl

bpy 或 bipy，2,2′-bipyridyl：2′,2′-联吡啶基

b. p.，boiling point：沸点

Bn，benzyl：苄基

Boc，*tert*-butoxycarbonyl：叔丁氧羰基

BOM，benzyloxymethyl：苄氧基甲基

Bu 或 *n*-Bu，normal (primary) butyl：正丁基

^{s}Bu，*sec*-butyl：仲丁基

^{t}Bu，*tert*-butyl：叔丁基

Bz，benzoyl：苯甲酰基

CAN，ceric ammonium nitrate：硝酸铈铵

cat.，catalyst 或 catalytic：催化剂或催化剂量的

Cbz，benzyloxycarbonyl：苄氧羰基

compd，compound：化合物

concd，concentrated：浓缩

concn，concentration：浓度

COD，cod，cyclooctadiene：环辛二烯

COT，cot，cyclooctatetraene：环辛四烯

Cp，cyclopentadienyl：环戊二烯基

CSA，camphorsulfonic acid：樟脑磺酸

d，day(s)：天

d，density：密度

DABCO，1,4-diazabicyclo[2.2.2]octane：1,4-二氮杂双环[2.2.2]辛烷

DAST，(diethylamino)sulfur trifluoride：二乙胺基三氟化硫

dba，dibenzylideneacetone：二苯亚甲基丙酮

DBN，1,5-diazabicyclo[4.3.0]non-5-ene：1,5-二氮杂双环[4.3.0]壬-5-烯

DBU，1,8-diazabicyclo[5.4.0]undec-7-ene：1,8-二氮杂双环[5.4.0]十一-7-烯

DCC，*N*,*N*′-dicyclohexylcarbodiimide：二环已基碳二亚胺

DCM，dichloromethane：二氯甲烷

DDQ，2,3-dichloro-5,6-dicyano-1,4-benzoquinone：2,3-二氯-5,6-二氰基-1,4-苯醌；

DEAD，diethyl azodicarboxylate：偶氮二羧酸二乙酯

DHP，3,4-dihydro-2*H*-pyran：3,4-二氢-2*H*-吡喃

DIAD，diisopropyl azodicarboxylate：偶氮二羧酸二异丙酯

DIBAL-H，diisobutylaluminium hydride：二异丁基氢化铝

DIPEA，diisopropylethylamine：二异丙基乙基胺

DMB，3,4-dimethoxybenzyl：3,4-二甲氧基苄基

DMAP，4-dimethylaminopyridine：4-二甲氨基吡啶

DME，1,2-dimethoxyethane：1,2-二甲氧基乙烷

DMF，dimethylformamide：*N*,*N*-二甲基甲酰氨

DMPU，1,3-dimethyl-3,4,5,6-tetrahydropyrimidin-2(1*H*)-one：1,3-二甲基-3,4,5,6-四氢嘧啶-2(1*H*)-酮

DMSO，dimethyl sulfoxide：二甲亚砜

de，diastereomeric excess：非对映体过量

dr，diastereomeric ratio：非对映体比例（注意和 diastereomeric excess 区别）

dppe，1,2-bis(diphenylphosphino)ethane：1,2-二(二苯基膦)-乙烷

E1，unimolecular elimination：单分子消除反应

E2，bimolecular elimination：双分子消除反应

ED_{50}，dose that is effective in 50% of test subjects：半有效量

EDTA，ethylenediaminetetraacetic acid：乙二胺四乙酸

eq，equation：方程式

eq 或 equiv，equivalent：当量

EE，2-ethoxyethyl：2-乙氧基乙基

ee，enantiomeric excess：对映体过量

er，enantiomeric ratio：对映体比例（not enantiomeric excess）

Et，ethyl：乙基

g，gram(s)：克

GC，gas chromatography：气相色谱

h，hour(s)：小时

HMDS，1,1,1,3,3,3-hexamethyldisilazane：1,1,1,3,3,3-六甲基二硅胺烷

HMPA，hexamethylphosphoric triamide（hexamethylphosphoramide）：六甲基磷酰胺

$h\nu$，represents "light irradiation"：表示"光照"

HOAt，1-hydroxy-7-azabenzotriazole：1-羟基-7-氮-苯并三唑

HOBT，1-hydroxybenzotriazole：1-羟基苯并三唑

HPLC，high-performance liquid chromatography：高效液相色谱

HRMS，high-resolution mass spectrometry：高分辨质谱

Hz，Hertz：赫兹

IBDA，iodobenzene diacetate：二乙酸碘苯

Im，imidazolyl：咪唑基

IR，infrared：红外

J，coupling constant（in NMR spectrometry）：偶合常数

L，liter(s)：升

LAH，lithium aluminum hydride：锂铝氢

LD_{50}，dose that is lethal in 50% of test subjects：半致死量

LDA，lithium diisopropylamide：二异丙基胺基锂

LHMDS，lithium hexamethyldisilazane（lithium bis(trimethylsilyl)-amide）：六甲基二硅胺基锂

lit.，literature（abbreviation used with period）：文献

LTMP，lithium 2,2,6,6-tetramethylpiperidide：2,2,6,6-四甲基哌啶锂盐

MCPBA，*m*-chloroperbenzoic acid：间氯过苯甲酸

Me，methyl：甲基

Mes，2,4,6-trimethylphenyl（mesityl）[not methanesulfonyl(mesyl)]：1,3,5-三甲基苯基

MHz，megahertz：兆赫兹

min，minute(s)：分钟 或者 minimum：最小

mol，mole(s)：摩[尔]

MOM，methoxymethyl：甲氧基甲基

m. p.，melting point：熔点

MsCl，methanesulfonyl chloride：甲磺酰氯

M_W，molecular weight：相对分子质量
NBS，*N*-bromosuccinimide：*N*-溴丁二酰亚胺
NCS，*N*-chlorosuccinimide：*N*-氯丁二酰亚胺
NIS，*N*-iodosuccinimide：*N*-碘丁二酰亚胺
NMO，4-methylmorpholine *N*-oxide：*N*-氧化甲基吗啉
NMP，1-methylpyrrolidi*N*-2- one：1-甲基-2-吡咯烷酮
NOE，nuclear Overhauser effect：核 Overhauser 效应
NOESY，nuclear Overhauser effect spectroscopy：二维核 Overhauser 效应谱
Ns，2-nitrobenzenesulfonamide：2-硝基苯甲磺酰胺
Nu，nucleophile：亲核试剂
PCC，pyridinium chlorochromate：吡啶氯铬酸盐
PDC，pyridinium dichromate：吡啶二铬酸盐
Ph，phenyl：苯基
Pht，phthalimido：苯邻二甲酰亚胺基
Piv，pivaloyl：新戊酰基
PLE，pig liver esterase：猪肝酶
PMB，*p*-methoxybenzyl：*p*-甲氧基苄基
PPA，poly(phosphoric acid)：多聚磷酸
PPTS，pyridinium *para*-toluenesulfonate：对甲苯磺酸吡啶盐
Pr，propyl：丙基
^{i}Pr，isopropyl：异丙基
PTSA 或 PTS = TsOH
Pyr 或 Py，Pyridine：吡啶
quant.，quantitative：定量的
rac，racemic：消旋的
RCM，ring closing metathesis：闭环复分解反应
refl.，reflux：回流
r. t.，room temperature：室温
S_N1，unimolecular nucleophilic substitution：单分子亲核取代反应
S_N2，bimolecular nucleophilic substitution：双分子亲核取代反应
S_N2'，nucleophilic substitution with allylic rearrangement：伴随烯丙基重排的亲核取代反应
Su，succinimide：丁二酰亚胺
TBAF，tetrabutylammonium fluoride：四丁基氟化铵
TBDPS，*tert*-butyldiphenylsilyl：叔丁基二苯基硅基

TBDPSCl，*tert*-butyldiphenylsilyl chloride：叔丁基二苯基氯硅烷

TBS 或 TBDMS，*tert*-butyldimethylsilyl：叔丁基二甲基硅基

TBSCl 或 TBDMSCl，*tert*-butyldimethylsilyl chloride：叔丁基二甲基氯硅烷

TBSOTf，*tert*-butyldimethylsilyl triflate：三氟甲磺酸叔丁基二甲基硅基酯

TCNE，tetracyanoethylene：四腈基乙烷

TESCl，triethylsilyl chloride：三乙基氯硅烷

TESOTf，triethylsilyl triflate：三氟甲磺酸三乙基硅基酯

Tf，trifluoromethanesulfonyl (triflyl)：三氟甲磺酰基

TFA，trifluoroacetic acid：三氟乙酸

TFAA，trifluoroacetic anhydride：三氟乙酸酐

TfOH，trifluoromethanesulfonic acid：三氟甲磺酸

THF，tetrahydrofuran：四氢呋喃

THP，tetrahydropyra-2-yl：四氢吡喃基

TIPSCl，triisopropylsilyl chloride：三异丙基氯硅烷

TIPSOTf，triisopropylsilyl triflate：三氟甲磺酸三异丙基硅基酯

TMEDA，*N*,*N*,*N*′*N*′-tetramethylethylenediamine：*N*,*N*,*N*′*N*′-四甲基乙二胺

TMS，trimethylsilyl 或 tetramethylsilane：三甲硅基或三甲硅烷

TMSBr，trimethylsilyl bromide：三甲基溴硅烷

TMSCl，chlorotrimethylsilane：三甲基氯硅烷

TMSE，2-(trimethylsilyl)ethyl：2-(三甲基硅基)乙基

TMSI，trimethylsilyl iodide：三甲基碘硅烷

TMSOTf，trimethylsilyl trifluoromethanesulfonate：三氟甲磺酸三甲基硅基酯

Ts，*p*-toluenesulfonyl：对甲苯磺酸基

TsOH，toluene-*p*-sulfonic acid：对甲苯磺酸

UV，ultraviolet：紫外线

Vol，volume：体积

后　记

在面屏四月后，终于完成了这本书的初稿。书中大致整理归纳了课题组20年来在天然产物合成方面所做的探索，没有太多值得炫耀的发现，只是记录了当年一批年青人，在较为简陋的实验条件下，勤思苦干而做出的一些成果。虽然对于一个小组来说，合成的目标分子面可能太宽，研究工作不那么集中，但欣慰的是这些工作还是反映出了我们的特色：利用十分易得的原料、采取常规的技术手段、发展和应用新的反应方法、走通了简捷而有新意的合成路线，在一些天然产物的合成领域中显现出一定的影响。参加书中所述合成工作的共有20多位研究生、4位博士后、多位来课题组完成毕业论文的同学，更有我们多位同事一起讨论、探索，书中有关生物活性和细胞生物化学方面的工作则都是在兄弟院校的协作下完成的，对他们做出的卓越贡献在此谨表最诚挚的感谢。在书内各章所引文献的作者名单中可以看到他们的名字，因此就不再一一列出。书中进行的天然产物合成也都得到所内前辈师长和其他室组的鼓励，所有的课题分别得到了中国科学院基金、国家自然科学基金、科技部基金和上海市科学技术委员会基金的支持，在此一并表示感谢。最后还要特别感谢中国科学院科学出版基金委员会的扶植，使本书的出版成为可能，感谢戴立信和陆熙炎两位前辈对撰写、出版本书的鼓励和推荐，并在完稿后还专门为本书作了序。

本书的写作完全是一次新的尝试，而且期间又十分匆忙，因此文中肯定有很多不妥之处，希望读者不吝指正。

作者

2006年2月于上海